蔡礼旭

古文名篇

蔡礼旭 著

孝悌忠信
凝聚中华
正能量

世界知识 出版社

出版说明

　　"文言文：开启智慧宝藏的钥匙"丛书，根据蔡礼旭老师系列演讲整理而成。蔡老师演讲共分"孝悌忠信礼义廉耻"八个单元，我们将其分成四本书陆续出版。

　　"孝"是人生的根，也是中华文化之根，作为重点阐述单元，我们将其主题分成"家道"和"师道"，相应图书为《承传千年不衰的家道》和《代代出圣贤的教育智慧》。前者相应古文为《礼运·大同篇》《德育课本·孝篇·绪余》《陈情表》《说苑（节录）》《论语·论孝悌》《诫子书》《诫兄子严、敦书》《勤训》《训俭示康》《德育古鉴·奢俭类》。后者相应古文为《左忠毅公逸事》《师说》《论语·论学习》《礼记·学记》《说苑（节录）》。

　　"悌忠信"以孝为基，是做人的根本，有此三德，才能在人群中立足。这是第三本的主题，相应图书为《孝悌忠信：凝聚中华正能量》，相应古文为《德育课本·悌篇·绪余》《祭十二郎文》《左传·郑伯克段于鄢》《德育课本·忠篇·绪余》《出师表》《岳阳楼记》《谏太宗十思疏》《才德论》《左传·介之推不言禄》《德育课本·信篇·绪余》《曹刿论战》《说苑（节录）》《论语·论忠信》。

　　"礼义廉耻"是枝干，有此四德，才能利益大众，乃至带领好团队、企业。这是第四本的主题，相应图书为《礼义廉耻，国之四维》，相应的古文为《德育课本·礼篇·绪余》《史记·项羽本纪》"赞"、《史记·五帝本纪》"赞"、《说苑（节录）》《史记·管晏列传》《德育课本·义篇·绪余》《战国策·冯谖客孟尝君》《义田记》《德育课本·廉篇·绪余》《泷冈阡表》《德育课本·耻篇·绪余》《原才》《曾文正公家书（节选）》《病梅馆记》。

目录

孝悌忠信：凝聚中华正能量

第一讲

尊敬的诸位长辈、诸位学长，大家好！

我们之前用三十堂课，一起学习"孝"这个德目相关的古文，这节课，我们进入"悌"这个部分，接下来，我们也会一一学习忠、信、礼、义、廉、耻这些德目。"孝悌忠信礼义廉耻"是"八德"的一种讲法，还有一种讲法是"忠孝仁爱信义和平"。我们把这两种讲法合起来，去掉重复的，就是十二个字：孝悌忠信、礼义廉耻、仁爱和平。

中国古圣先贤有智慧，找到了做人的根本，把它归纳成这十二个字。这十二个字便是我们的扎根教育。中国古时候，国家最重大的事就是教学，《礼记·学记》是我们中国古老的教育哲学，是古老的教育指导方针，里面很清楚、很明白地写着，"建国君民，教学为先。"国家如此，家庭也是如此。家庭里面什么最重要？教学。人如果不能接受圣贤教育，实在讲，跟禽兽有什么差别？可能比禽兽还狠、还要毒。

而古圣先贤教学的总纲领，只有四个项目：五伦、五常、四维、八德。儒家的四书五经、十三经，乃至于后代的四库全书，说了什么？没有离开这四科十二个字的范畴。中国几千年的教学，祖宗世世代代的承传就是这四个科目，从来没有改变过。

而这十二个字，与世界其他民族的经典含义完全贯通。十二个字的核心是什么？就是爱。而这个"爱"是智慧、是理性，不是毫无理智的感情用事。爱是性德的核心，一切贤德都是从这里发源、光大的。十二个字每个都是爱的拓展和延伸。所以中国的教育是爱的教育。懂得这个道理，才会懂得中华文化，才会懂得中华民族。

许多外国人研究中国历史、研究中国文化，都佩服得五体投地！汤恩比博士是英国的历史哲学家，谈到中华文化，他说："解决二十一世纪的社会问题，只有孔孟学说与大乘佛法。"证明中国人有智慧，中国人懂得教育，有教育的智慧，有教育的方法，有教育的经验，有教育的成效。

假如一个家有孝、有悌，这个家还乱吗？一个团体里面，成员忠诚，讲诚信，这个团体还会乱吗？讲礼，会有这么多言语乃至肢体的冲突吗？会有这么多告上法院的事情吗？讲道义，人与人很有安全感。现在很麻烦，结婚都不讲情义。结婚以前，先要财产公证，分清楚。还没结婚就先想离婚要怎么样，你说还经营得下去吗？动不动就说，我怕你呀，大不了离婚。一离婚，下一代就麻烦了。我们教书的这个体会就深了，单亲家庭的孩子就缺乏家庭的教育，社会问题就层出不穷。夫妇之间要讲道义，在父子、兄弟、朋友之间讲不讲道义？一讲道义，人与人的那种信任、团结就出来了，很多问题就解决了。有廉耻，就不贪污了，政治问题就解决了。有仁爱和平，整个社会福利会很完善，社会弱势群体就得到照顾了。推衍到世界，民族与民族、国与国、人与大自然的共生就做得到。

大家有没有看到这十二个字在放光？问题复不复杂？现在的问题不复杂，两个字，缺"德"！有德就不复杂。所以问题从根源去看，并不复杂。从枝末看，就会把我们紧张得手忙脚乱。所以要从根本上去解决问题。

十二个字就像十二层大楼，根基在哪里？根在孝，孝是第一层，悌是第二层，和平是最高层，它有根、有源、有基础。中华文化能够承传五千年而不衰，靠的是什么？孝悌而已。我们希望我们的家庭世代兴旺，也希望我们的国家强盛不衰，乃至世界永久安定和平，也就要从我们自身先学习、落实孝悌做起。

好，我们一起进入这次的主题，我们先看《悌篇》的"绪余"，深入了解一下悌所表的精神义理。我们看第一段。

夫弟，德之序也，如韦束之次弟也。革缕束物谓之韦，展转环绕，势如螺旋，而次弟之义生焉。故《说文》象形。辀（zhōu）五束，衡三束，束之不已，则有后先次弟也。引申之为兄弟之弟，为岂（同"恺"）弟之弟。弟有顺逆义，故善事兄长为弟，增作悌，示人以心中不忘先后次弟、须顺而逊也。君子事兄悌，故顺可移于长，上长长而民兴悌。徐行、后长者谓之悌，疾行、先长者谓之不悌。夫徐行者，岂人所不能哉，所不为也。尧舜之道，孝悌而已矣。

"**夫弟，德之序也**"，我们之前讲，夫孝，德之本也，"序"指先后次序、长幼尊卑的道理。"**如韦束之次弟也**"，"如"就是好像。"韦"，在《孔子家语》里面有"韦编三绝"。以前是在竹简上面写字，然后用熟牛皮捆起来，成为一本书。孔子晚年很喜欢《易经》，常常翻，常常读，常常领会，结果翻得熟牛皮断了好几次。

"**革缕束物谓之韦**"，"革"指兽皮，"革缕"就是兽皮做成的皮条，"束"指捆绑，"束物"，拿着兽皮条来绑东西。我们捆绑的时候，由上而下，每一圈都有次序，依序捆绑下来。

在捆绑东西的时候，"**展转环绕，势如螺旋**"，"势"就是形状，"势如螺旋"是它的形状很像螺壳的纹路。"**而次弟之义生焉**"，从熟牛皮捆绑东西环绕所产生的次第，就理解到兄弟之间、长幼之间有上下尊卑的关系，这个义理就产生了。"**故《说文》象形**"，所以这个字属于象形字。

"**輈五束，衡三束**"，"輈"跟"衡"都是指车的部位。"輈"就是从车底下延伸到车前的那根木头，它在车底下是方形的，延伸出来之后是圆形的。跟它垂直的横木就是"衡"，横木是绑着马来拉车的。"輈五束，衡三束"，它们有一些接口的部分，都要用熟牛皮捆紧。所以"**束之不已**"，绑的圈数都不大一样。"**则有后先次弟也**"，当然有先绑后绑的顺序。"**引申之为兄弟之弟**"，有了这个次第，所以"**为岂弟之弟**"，这个"岂弟"是和乐平易的意思。在《诗经》里面讲，"恺悌君子，民之父母"，代表"君子"爱护人民就像爱护亲人一样。"**弟有顺逊义**"，所以"弟"有恭顺、逊让、谦逊、礼让的意思在里面。"**故善事兄长为弟**"，一个人很恭敬地去侍奉他的兄长，这就是做到弟。而这个弟是用心去做，所以接下来讲"**增作悌，示人以心中不忘先后次弟、须顺而逊也**"。加个心字旁，那就昭示我们，心中不能忘记长幼尊卑，对兄长、对长辈，都要有恭顺、谦逊的态度。我们很熟悉的《三字经》里有一句话，"融四岁，能让梨"，就是说孔融懂得顺逊的态度。可能讲到这里，很多人有点不平衡，"当大哥真好，当弟弟的都得恭敬他。"告诉大家，其实哥哥的责任更重。像我父母那一辈，当哥哥、当姐姐的，有的六七岁就开始煮饭。我的一个同事说，他五岁就开始了。他是老大，得照顾弟弟妹妹们。

"善事兄长"，"善"是体恤备至。宋朝有一位名相——司马光，为当世及后世的人所尊敬。司马光主编了一部非常好的历史书籍《资治通鉴》，用了十九年。他怕自己睡太多，就拿了一个木头做的枕头，那是个圆形的枕头，稍微动一下，头就会滑下来。所以古人做任何事情，都相当尽心。司马光的哥哥年龄比他大很多，他哥哥八十岁的时候，司马光年龄应该是五六十岁，也是老人了，他"奉之如严父，保之如婴儿"，侍奉哥哥就像侍奉自己的父亲一样，保护哥哥就像保护婴孩一样。确确实实，照顾老人就像照顾小孩一样，老人生活上有很多需要，我们要去体察。给老人吃东西，不能吃凉的，不能吃太硬的，还不能催他，要让他慢慢吃，不然会消化不良。比如今天开饭稍微晚了一点，司马光会对哥哥说，"大哥，抱歉，是不是让您饿着了？"天气稍微变化了，降温了，他就赶紧抚摸哥哥的背，"大哥，衣服够不够？会不会冷？"嘘寒问暖。其实古人让我们最感动的地方，就是虽然都是生活的小动作，但每一个动作都是从他的至性至情，很自然流露出来的。

接下来举了《孝经》的教诲。"**君子事兄悌**"，一个人在家中面对长辈、兄长，都能非常地礼敬、恭顺。"**故顺可移于长**"，"故"就是所以，自然而然，这种恭顺的态度内化了。所以一个人的德行、人格的形成，最重要的是在他的家庭，"少成若天性，习惯成自然。"假如你是老板、企业家，要找好的人才，要找有家教的人。"求忠臣必于孝子之门"，这句话是最根本、最准确的判断依据。一个团体最重要的是人才，人才是团体最宝贵的资产、最重要的基石。而大家想一想，怎么判断人才？现在有很多企业垮掉了，甚至世界前一百强的都有，很短的时间可能就被很聪明的员工给搞垮了。其原因可能就是没能判断这个员工有没有德行的基础。《论语·学而》篇讲，"孝悌也者，其为仁之本与。"做人的根本在孝悌。所以找好的下属、员工，找好的对象，一定要以孝悌为本。

古人说"男怕入错行，女怕嫁错郎"，要懂得从这里看。"男怕入错行"，老板怕选错下属，但是只要懂得从孝悌去看，就不会偏差太多。大家看一看，现在女孩子找对象，有没有去调查他孝不孝顺？有没有去看他会不会跟兄弟打架？都没有，那恐怕在劫难逃。要决定这些人生大事，都要用理智判断，不能凭一时的感觉。告诉大家，最重视感觉的地方，就是离婚率最高的地方。情愈深，智愈不见，这叫欲令智迷、利令智昏、情生智隔，情感一出来都是好恶，都看不准。人一喜欢这个人，他有什么缺点就看不到了；人一讨厌那个人，他有什么好处也看不到了。所以要学理智，还得从经典当中学。人不学，不知道，不知义。

所以从这里我们看到，经典里谈的都是根本，都是人性很自然的发展。因为他在家里对兄弟这么恭敬，内化了，就变成自然了，他到学校、到社会，看到年龄比他长的，自然也是这个态度。假如我们现在会跟人吵架，想一想，小时候是不是都跟哥哥姐姐、弟弟妹妹吵架？先要把这个根扎好。不管我们现在年龄多大，没把孝悌的根扎稳，德行就很难上去，因为它是本。没有这个根本，我们学再多的经典，都是没根的花，就是花瓶里的花。花瓶里的花好不好看？好看。能看多久？看不了几天就谢了，因为它没有根，没有生命力。

所以《孝经》这一段话，确实很有人生的判断力。这一段共三句，"君子之事亲孝，故忠可移于君"，他对父母孝顺，这种孝心就可以延伸为忠于国家、忠于领导者；第二句是"事兄悌，故顺可移于长"；下一句是"居家理，故治可移于官"。以前都是大家庭，在大家庭中成长，他就懂得怎么去帮忙做家务，管理家里的事情，甚至家里人情上的不愉快、冲突，他也懂得体恤，去帮忙化解，这都是做人做事的能力。我们看《朱子治家格言》第一句，"黎明即起，洒扫庭除，要内外整洁；既昏便息，关锁门户，必亲自检点。"所以一个人从那么小就觉得这个大家庭是我的责任，责任心自自然然就提起来，而且从做事当中他会积累很多能力。现在的孩子什么都不让他做，不让他负责，他的体恤人情，包括做事的能力，就不能很好地增长。

所以培养一个好的人才，什么时候培养？考上大学去读工商管理硕士（MBA），那个时候才来培养做人做事，坏习惯都不知道养成多少了。古代是从小教孩子做人做事，各方面的能力就这样日积月累。所以以前的人十八岁就可以当县长，把一个县治理得有条不紊。现在的人十八岁能干什么？所以我们真的要深入了解老祖宗这些教育的精髓，他们是怎么教出这么多圣贤的。我们假如还搞不清楚这些道理，那真的是一代不如一代，就太可惜了。

接着下一句讲"**上长长而民兴悌**"，这个"上"指君王，这里提到的是宋仁宗。"长长"，第一个"长"是动词，恭敬的意思；第二个"长"是名词，指长辈。领导者恭敬、顺承长辈，上行下效，带动了一个地方的风气，"而民兴悌。"

我们来看一篇文章。

宋燕泰肃王，轻财厚费，常预借料钱，多至数岁；仁宗诏给者屡矣。御史沈邈，谓不可以常典奉无厌之求。上曰："御史误矣！太宗子八人，今惟王尔。先帝之弟，朕之叔父也。每恨不能尽天下以为养；数岁之禄，何足计焉！"标出如许分谊，旁人再开不得口矣！尝论：己之伯叔，父之分形同气也。薄待伯叔，即是薄待其父。然世容或有因父之兄弟不和，而遂以为失礼于伯叔无伤者。不知父之兄弟不和，父之过也。为子者于此，所当婉转劝谕，以合其欢。尤宜委曲弥缝，以补其阙。若竟日本父意而为之，恐其父但一目击，无有不欿然于中者也。（《德育古鉴》）

"宋燕泰肃王"，宋朝燕地这个地方，泰肃王"轻财厚费"，他很喜欢布施，轻钱财，有时候布施太多了，欠下很多钱，就找他的侄子宋仁宗借钱。"常预借料钱"，这个"料"是吃的食料，料钱是皇帝给他们这些王固定的俸禄。"多至数岁"，"岁"指年，有时候已经借到好几年之后。"仁宗诏给者屡矣"，宋仁宗都给，从来没有犹豫过。"御史沈邈"，御史是专门纠举国家一些不妥当的事情的。"谓不可以常典奉无厌之求"，觉得泰肃王借这些俸禄，也不能借到习以为常。

结果"上曰"，皇帝讲，"御史误矣"，御史，你看这件事的角度不大妥当。"太宗子八人，今惟王尔"，太宗是宋仁宗的爷爷，生了八个孩子，而现在只剩下泰肃王，也就是说，皇帝现在只剩这个叔叔。"先帝之弟朕之叔父也"，我父亲的弟弟，是我的叔父。"每恨不能尽天下以为养"，我常常都觉得奉养我这个叔父做得还不够。所以这一份心非常难得。其实这一份对叔父的恭敬孝心，也是对父亲跟祖父的孝心。"数岁之禄何足计焉"，几年的俸禄先拿出去，算不了什么。"标出如许分谊"，把话讲到这样的情分上，"旁人再开不得口矣"，其实听的人都会很感动，也不会再反对这件事情。"尝论"，曾经有人这样评论，"己之伯叔"，自己的伯伯、叔叔，"父之分形同气也"，都是爷爷奶奶的孩子，同气连枝，分形同气，"薄待伯叔"，对自己的伯伯、叔叔不好，"即是薄待其父"，这就对不起父亲。所以父亲、爷爷、奶奶所挂念的人，都是我们应该要照顾的人，照顾不周即是薄待其父。

"然世容或有因父之兄弟不和，而遂以为失礼于伯叔无伤者。不知父之兄弟不和，父之过也。为子者于此，所当婉转劝谕，以合其欢。"这个世间还有因为父亲跟兄弟不是很和，于是孩子也对自己的伯叔无理，甚至还觉得是替父亲出口气。这是很不理智的态度。我们孝顺父母，孝顺孝顺，这个顺是要顺着父母的德行去孝顺他，不是顺着他的错误跟习气，那是长父母之恶，陷父母于不义。所以孝顺要用智慧去孝顺。一个人能化解父母与伯叔之间的冲突、对立，让一家和乐，那是真孝！

有些年轻人学了之后，真的做到了。父亲跟姑姑几年一通电话都没有，不相往来，年轻人赶紧恭恭敬敬地买些礼物去看姑姑，一有空就去找姑姑谈话、聊天，他这种恭敬的态度，慢慢地让姑姑的心柔软下来，父亲跟姑姑的关系就转化了，"精诚所至，金石为开"。其实说实在的，上一代有这种亲情的对立、冲突，他们一辈子都不会真正快乐。亲人之间有不愉快，如果不化解，就好像一块石头压在心上。能化解掉，家庭吉祥、幸福才能到来。

接下来讲，"**不知父之兄弟不和，父之过也。**"可能有的人会说，父亲跟他的兄弟不和，是伯伯、叔叔不对，有没有道理？告诉大家，一个巴掌拍不响，双方都有错才冲突得起来。其实我们跟亲人有冲突，还是修养不到家。举个例子，古代有个读书人叫周文灿，奉养他的大哥。而他大哥吃他的、住他的、用他的，还总是拿他的钱去喝酒。有一天，喝得烂醉，神智不清，出手就打文灿，而且打得很凶。邻居觉得这个哥哥实在太不像话了，弟弟对他这么好，他还这么对待弟弟，都为弟弟打抱不平，就骂他哥哥。结果文灿一边被打，一边回过头对着这些邻居讲，我哥哥是打我，又不是打你们，你们不要讲我哥哥的坏话，离间我兄弟的感情。大家想一想，假如你是哥哥在那里打人，听到这话会有什么感想？还打得下去吗？而且当下这些邻居听到这个言语真的是至性的言语，把哥哥放在心中，比自己还重要，人家一批评哥哥，他马上就不舒服。至情一流露，所有接触到的人都会感动。

今天旁边的人讲几句，就让我们夫妻、兄弟、父子失和，那也不是对方的问题，是什么？是我们自己已经把亲人的不是放在心里，人家一句话就把那个火给点起来了。圣贤人都没有看到亲人的不好，念念想着怎么让亲人好。孔子在《论语》当中讲到，任何人都不能离间、破坏闵子骞跟他父母、家人的情感。闵子骞的后母虐待他，在这么冷的冬天，用芦花给他做衣服，根本不保暖，而两个弟弟的衣服用棉花做。结果闵子骞帮父亲驾车，冬天已经够冷了，驾车的时候冷风又吹得急，实在是冻得受不了，整个手僵掉了，就没把马车驾好。父亲很生气，用皮鞭抽他，结果把衣服弄破了，芦花飞了出来。父亲一看，非常气愤，就要把闵子骞的后母给休了。当时闵子骞心中只有这个家，有他的后母，有他的两个弟弟，也为他的父亲着想。于是当下跪下来对父亲讲，父亲，万万不能把我的母亲赶走，"母在一子寒"，母亲在，最多我冷一点而已，"母去三子单"，母亲不在，连我两个弟弟都要陪着我挨饿受冻。他的后母看到一个孩子念念都为她、为他的弟弟着想，"人之初，性本善"，就被这种至情至诚给感动了。

所以今天，我们的亲人对我们有不好的地方，我们要"恩欲报，怨欲忘"。比方说今天兄长对我们有不好的地方，身边的人说，你哥哥怎么不好，怎么对不起你了。这个时候我们讲，我哥哥对我很好，小时候哪一件事情都是为我……我们记得的都是哥哥的好，别人来离间，我们还讲哥哥的好，这个话一次、两次、三次……传到哥哥那里去，冲突、对立就化解了。其实人跟人在对立的时候，也知道自己有不妥当的地方，但就是拉不下这个面子。假如对方完全不计较，而且还是一样对我们付出，还是一样只记我们的恩德，这一份诚心就能够化解不愉快。

所以这里讲到我们侍奉父亲要明理。父亲与兄弟不和，父亲有过失，**"为子者于此"**，我们当孩子的看到这个情况，**"所当婉转劝谕"**。劝的时候当然也要"怡吾色，柔吾声"，也不能指责。"谕"就是劝到让父亲明白、明了。**"以合其欢"**，来让一家欢乐。**"尤宜委曲弥缝，以补其阙"**，有时候当晚辈的、当儿子的，常常到这些长辈的家里多关心、多照顾，这样也会弥补父母跟兄弟姐妹之间的缺憾。**"若竟曰本父意而为之"**，父亲本来就对他这个哥哥、弟弟不满，你顺着父亲的意思去做。**"恐其父但一目击"**，恐怕你的父亲假如看到你很凶，或者不恭敬地对待自己的兄弟。**"无不歉然于中者也"**，"中"就是内心，当下父亲也会觉得很惭愧、很不妥当。

接下来是讲"上长长而民兴悌"，古代这些领导者，把教化人民放在最重要的位置，因为他们是天子，代老天照顾老百姓，让百姓生活幸福。

而人要生活幸福，得思想正确，得懂得孝悌、懂得做人，所以"建国君民，教学为先"。而这个教学，首先要以身作则。我们看《三字经》里讲黄香九岁就懂得让父母"冬则温，夏则清"，当时的地方官都很敏锐，看到好的榜样，赶紧报到皇帝那里，让天下人效法。皇帝赐给黄香八个字，叫"江夏黄香，举世无双"。天下人纷纷效法，黄氏的后代也全都以祖先黄香为榜样。我前不久到马六甲黄氏公会参加了一场讲座，一看，黄香的后代都挺有福报的，脸很大，耳垂也很厚。为什么？"百善孝为先"。家道传下来，每个后代都想着要孝，哪有可能没福？曾国藩先生讲，只要孝悌传家，富贵可以达到八代、十代，一直绵延下去。黄香是汉朝人，离我们都几千年了。

还有皇帝自己做到的——汉文帝，"亲有疾，药先尝；昼夜侍，不离床"。"上长长而民兴悌"，是《大学》里面的经句。它的上面还有"上老老而民兴孝"，领导者自己先孝顺老人、孝顺父母，老百姓就效法、学习。所以汉朝出孝子最多，因为开国的君王都很孝顺。每一个皇帝都加一个孝字，汉孝文帝、汉孝景帝、汉孝武帝，汉朝以孝治天下。"上长长而民兴悌，上恤孤而民不悖"，孤儿、没人奉养的老人，皇帝都特别照顾。老百姓看了都很感动，也都不会违背道义，不照顾自己的亲戚、朋友。

"徐行、后长者谓之悌。"这是讲到悌都在生活细节当中。"徐"是指缓慢，缓慢地走在长者后面。这就是《弟子规》讲的，"或饮食，或坐走，长者先，幼者后"。这也是一个很自然的恭顺态度。人不学，不知道，愈早学愈懂得去做。不要说孩子还小，他不懂。这是我们大人自己想的。小孩子很容易感受道理，有一个孩子四岁，学了《弟子规》，就知道吃的东西应让给哥哥、姐姐。之后没几天，刚好遇到姐姐因为吃东西而吵闹，"我要多一点，我要多一点！"妈妈在那里很为难的时候，这个四岁的孩子说，"妈妈我少一点。"妈妈愣了一下。接着这个四岁的孩子说，《弟子规》的老师说，"财物轻，怨何生"，好的东西、大的东西要让给哥哥、姐姐。你说他不懂吗？你教他要照顾父母、照顾老人，他就很用心地照顾，回去给奶奶盖被子，然后说要看奶奶睡着。奶奶说有点凉，他就去拿毛巾被。大家要知道，拿毛巾被对四岁的孩子还是有难度的，他拉半天，很仔细地盖好，然后很安心地躺在奶奶旁边睡觉。奶奶看到一个这么小的孩子，对她这么孝敬，躺在那里突然想到，我年纪这么大了，父母也不在了，我这一生都还没有这样帮自己的父母盖过被子。结果老人家转过身去，自己在那里流眼泪，被孩子这种纯真、至孝所感动。所以我们要赶紧教，孩子假如从小都这么学，那国家、民族太有希望了。

另外有一个孩子，也是四岁。出去外面，主动倒茶给一位老奶奶喝，还单腿跪下去，端给奶奶喝。他妈妈觉得这么夸张，有点不习惯，这个孩子就对妈妈说："妈妈，《弟子规》的老师讲，对待别人的奶奶，也要像对待自己的奶奶一样。"如果孩子都是这样的心态，那我们的父母出门在外，我们放一百个心。他们走到哪，都有年轻人照顾。谁不希望自己的父母出门在外有人给他让座，有人给他服务？所以"老吾老以及人之老，幼吾幼以及人之幼"，大家都有这一份心，这个社会就愈来愈温馨了。

"**疾行，先长者谓之不悌**"，"疾"就是快速，走在长者的前面，"不悌"，其实就是没有恭敬的态度。"**夫徐行者，岂人所不能哉**"，慢慢走，走在长者后面，很恭敬，难道有人做不到吗？每个人都可以做到，为什么不做？"**所不为也**"，他自己不愿下工夫去做而已。

接着讲，"**尧舜之道，孝悌而已矣**。"尧帝、舜帝的风范，以及他们教化天下的道理，最根本的就在孝悌。我们看周朝，它有八百多年的历史，是所有朝代中最长的。为什么？因为它有德。有德，这个国家福报就大，所以要以德治国。用武力、严刑峻法治理国家能不能行？不行。上天有好生之德，你用武力就跟上天、天心违背了，那还能叫天子吗？那是忤逆的儿子，上天就要把他收回去了。秦朝是用武力，所以只维持十五年就没了。而周朝最重要的经验是，领导者的孝悌做得非常好。

我们看文王。文王对待他的父亲非常恭敬，每天早上起床，把自己整理得非常庄重，赶紧去跟父亲问安。一天三次，晨昏定省。吃饭时间，他要先去看一下，一定要新鲜的，要是热食，交代煮饭的人，不新鲜的、上一餐的东西，绝对不能拿给父亲吃。吃完还要看看吃得够不够，假如父亲吃少了，那可能是身体不舒服。父亲假如有不舒服，文王连走路都走不稳，担忧自己的父亲，等到父亲病好一点，他才放心。诸位学长，文王做的事情，有哪一件我们不能做的？所以这里讲得很有道理，"岂人所不能哉？所不为也。"

而且告诉大家，文王的后代传到现在都还很兴旺！大家回去看一下族谱，我敢保证很多学长都是文王的后代。认祖归宗，从那一刻开始，你会觉得你的生命不一样，你找到了你的源头，你可以效法你的祖先。《德育课本》的最前面有一篇文章，是我们蔡氏的祖宗蔡仲写的。他在这个文章里说，我们蔡氏是文王的后代。我读到那篇文章的时候，头皮发麻，好像我这个头就跟祖先血脉接上了，认祖归宗。那一天我连走路的状态都不大一样，连走路都觉得不可以给祖宗丢脸。所以确实是"百世其昌"，有孝悌风范的祖先，后代百世都昌盛。

文王做到了，武王也是这样孝敬文王。文王有一天生病了，武王连续照顾十二天，连帽子都没有解开。为什么不把帽子解开？假如把帽子解开，整个是披头散发，对父母，他们觉得不恭敬。这种恭敬在这么细微之处，令我们感动、佩服。在《德育课本》里面有一个读书人，半夜哥哥叫他，结果他延迟了一会儿才到。他哥哥说，你怎么这么慢？他说我必须把衣服都穿整齐，不然到您这来，我觉得对兄长不敬。现在的人就没有这种恭敬的态度，连客人来了，都穿睡衣出来接待。这个情况是什么？心里只有自己，自己舒服、方便就好。古人都是想着对人恭敬，所以孝做到了。

文王的大伯跟二伯是泰伯、仲雍，他的父亲王季是老三。泰伯、仲雍连天下王位都能让给弟弟，不简单！他们跑到江苏、浙江一带，那里的人披发文身，还没有华夏文化的洗礼。结果很有意思，他们去了那里以后，就变成那里的领导者，因为有德，就能感化一方。虽然王位让出去了，走到别处，还是王。所以人有福报，走到哪还是有福报。人命中有财富，卖绿豆汤都能很有钱。"福田心耕"，靠修来的，不是争来的，争的反而福折掉了。现在的人不懂，小人冤枉就做了小人。

所以历代这些国君都是孝悌做得很好。武王的弟弟是周公，传到他们这一代，悌做到什么程度？武王讨商，之后没多久，生了一场大病，命都快没了。结果周公写了疏文，然后面对上天，面对文王、王季还有太王这三王的灵位，至诚地要把自己的寿命给他的哥哥。结果没多久，武王的病就好了，至诚感通。所以确实孝悌传家，才能让这个朝代，甚至让他的后代子孙，这样地昌盛。

我们接着看《悌篇》"绪余"第二段。

> 孔子曰：弟子入则孝，出则悌。又曰：教民亲爱，莫善于孝。教民礼顺，莫善于悌。教以孝，所以敬天下之为人父者也。教以悌，所以敬天下之为人兄者也。敬其父，则子悦。敬其兄，则弟悦。夫子之教弟子，孝之外即在于弟。故责原壤以幼而不逊弟，长而无述焉。是悌也者，在家则谓善于事兄，出外则谓善于事长。举凡年长于我，分长于我，职长于我者，固无论已。推之德行长于我，学问长于我，皆长也。悌道实包括师傅及长官言之。故有子曰：其为人也孝弟，而好犯上者鲜矣。

"**孔子曰：弟子入则孝，出则悌。**"在家里面孝顺父母，"出"是在外与人相处，懂得恭敬、谦顺。"**又曰：教民亲爱，莫善于孝。**"人的仁爱心，都是从孝悌自然流露的，"孝悌也者，其为仁之本与。""**教民礼顺，莫善于悌。**"要让老百姓对人都懂得礼貌、顺从，那就从小让他懂得"悌"。

"**教以孝，所以敬天下之为人父者也。**"当他懂得恭敬自己的父母，一见到别人的父母，恭敬态度就油然而生。像我很恭敬姐姐，从小都是大姐、二姐这么叫。有时候同学问，你姐姐叫什么名字？我把姐姐的名字念出来，全身不舒服，就觉得念自己姐姐的名字很不恭敬。人家说你爸叫什么名字？把父亲的名字念出来，也很不舒服。所以"称尊长，勿呼名"，太有道理了，长人恭敬的态度。我到亲戚朋友家里，看到他们兄弟姐妹说，"哎，过来一下！""哎，给我拿什么东西！"或者直接叫自己兄长的名字、姐姐的名字，我也很难过。看到他的哥哥，我们那种对哥哥的态度就上来了，"大哥，你好。"所以老祖宗教育人都是顺着人性，自然养成这些好的品德、态度。

"**教以悌，所以敬天下之为人兄者也**。"很自然的，从恭敬自己的兄长到恭敬所有人的兄长。"**敬其父，则子悦。敬其兄，则弟悦**"，这合乎人性。你恭敬他的父亲，所有的孩子高兴；恭敬他的兄长，所有的弟弟、妹妹欢喜。"敬其君，则臣悦"，你到一个国家，恭敬国家领导人，所有国民都高兴。我们举一反三，这句话是很高的人际关系学，通达人情事理。敬耶稣，则基督教徒悦；敬安拉，则穆斯林悦。再延伸，恭敬他们恭敬的人和事物，自然他们都会欢喜，包括人家的生活习惯、风俗习惯，也要尊重。比方说，今天印度人招待你去家里吃饭，煮得非常认真，准备了很多好菜，结果印度人吃饭习惯是用手拿，你没这个习惯，然后坐在那里看人家用手拿，表情还非常地受不了，那不就把人家那种盛情一盆水给浇了？所以要入境随俗，与人相处重要的是交心，不要自己那么多好恶、执着。

所以，"**夫子之教弟子，孝之外即在于弟**"。夫子有一个小时候的朋友，几十年的交情，这个老朋友叫原壤。他指责原壤："**幼而不逊弟，长而无述焉**。"孔子跟这个老朋友有一段故事。原壤母亲去世了，孔子尽力地去帮他办好丧事。结果在办丧事期间，原壤不知不觉就唱起歌来。在自己母亲治丧期间还唱歌，是很违背礼仪的。所以旁边的学生看了就很不舒服，对夫子讲，"这样的朋友不要再帮他了，这么不守礼。"夫子体恤人情很深入，说，虽然他实在有点不像话，可是他唱的歌都是想念母亲的，他念念不忘他的母亲，我也不能忘了老朋友，还是要帮他办完这个事。可见原壤很善良，但是行为比较控制不住。

所以夫子有时候"善相劝"，批评批评这个老朋友，让他还是要庄重一点，要再好好修养自己一点。"幼而不逊弟"，从小就不是很恭顺，不懂得悌道。"长而无述焉"，"述"就是值得人称道的德行或者功业，觉得他年纪这么大了，德行或者对社会的贡献好像都没有。这也是在提醒朋友要加油，不要再混了。孔子下面还讲，"老而不死是为贼"，你年龄愈来愈大了，要对社会多一点贡献才对。夫子讲这个话，算是重话。讲完以后，拿着手上的拐杖，轻轻地碰了原壤的小腿。可能是他坐的时候，也不是坐得很像样。话很重，动作很轻，也表现出彼此关系很亲密。所以夫子处事应对，这个度拿捏得非常自然，该批评还是要批评，但是也让对方感觉到这一份友情，是提醒他。

"**是悌也者**"，真正做到悌的，"**在家则谓善于事兄，出外则谓善于事长。举凡年长于我**"，亲戚朋友比我们年长的，或者"**分长于我**"，辈分比我长的。以前的大家族，有叔叔的年龄比侄子还轻的，但是还是要叫叔叔，那是辈分。"**职长于我者**"，在团体里面职位比我高的。"**固无论已**"，不用讲就应该恭敬。"**推之德行长于我，学问长于我，皆长也**。"甚至于德行比我长的、学问比我长的，都包括在长的含义里面，"**悌道实包括师傅及长官言之**。""**故有子曰：其为人也孝弟，而好犯上者鲜矣**"，他从小就是这个态度，怎么可能到单位去会犯上！"**不好犯上，而好作乱者，未之有也**。"连犯上都不会，怎么可能会作乱！

我们再来看第三段"绪余"。

悌者，所以事长也。无论伯叔姑姊兄嫂师友，凡长于我者，皆应敬以事之。而友爱若弟若妹，以及兄弟之子女，姊妹之子女，皆在于悌道之中也。女子之悌，当更有进。盖于归以后，以夫家为家。无论舅姑二人之兄弟姊妹，皆为长亲。即妯娌之间、姑嫂之间、嫡庶之间，以及妯娌姑嫂嫡庶之子若女，皆无不包括于悌道之中。所谓爱屋及乌，怀其少，即所以敬其长也。孝悌为人之本，本立而道生，可不慎欤。

"悌者，所以事长也"，"悌"就是侍奉兄长、长辈。"无论伯叔姑姊兄嫂师友，凡长于我者，皆应敬以事之"，恭敬地侍奉伯伯、叔叔、姑姑、姐姐、哥哥、嫂嫂、师长、同学。这个"友"是指朋友、同学。"而友爱若弟若妹"，这里讲到了，悌不只是侍奉兄长、长辈，还包含照顾弟弟、妹妹，这也是悌道。甚至还延伸到照顾哥哥、姐姐的下一代，侄子、侄女、外甥、外甥女都包含在里边，"以及兄弟之子女，姊妹之子女，皆在于悌道之中也"。"女子之悌，当更有进"，女子的悌，要更进一步，难度更高，更不简单。"盖于归以后"，"于归"就是出嫁。我们祝贺人家嫁女儿了，说于归之喜，就是这个意思。"桃之夭夭，其叶蓁蓁，之子于归，宜其家人"，女子嫁出去了，要利益、成就一个家庭。"以夫家为家"，照顾这个家庭。"无论舅姑二人之兄弟姊妹，皆为长亲"，"舅"是指公公，"姑"是指婆婆，公公婆婆的兄弟姐妹，都是长一辈的亲人，都要恭敬，尽悌道。"即妯娌之间"，一个家有好几个儿子，都娶媳妇了，这些媳妇之间就是妯娌关系。"姑嫂之间"，这个"姑"指小姑，"嫡庶之间"，在古代，太太是妻，是元配，其他的叫妾。元配的位置是不能动的，是有地位的，是不能随便的，这也是悌道。"以及妯娌姑嫂嫡庶之子若女"，就是他们的孩子，我们去照顾，这都是悌道，"皆无不包括于悌道之中"。"所谓爱屋及乌"，爱这个人，然后也关爱他的家，甚至他屋子上面的鸟都爱。这也是人之常情。"怀其少"，"少"是指这些长辈的下一代，关怀这些晚辈，"即所以敬其长也"，就表现出对这些晚辈的父母、长辈的一种恭敬态度。所以"孝悌为人之本，本立而道生，可不慎欤"。

我们这节课先跟大家谈到这里，谢谢大家！

孝悌忠信：凝聚中华正能量

第二讲

尊敬的诸位长辈、诸位学长，大家好！

之前我们一起学过的文章，大家要多读，"旧书不厌百回读，熟读深思子自知。"读着读着很多义理就了然于心。

我们先来看一篇文章。

苏少娣，姓崔氏。苏兄弟五人，娶妇者四矣。各以女奴语，日有争言，甚者阋（xì）墙操刃。少娣始嫁，姻族皆以为忧。少娣曰："木石鸟兽，吾无如彼何矣；世岂有不可与之人哉？"事四姒，执礼甚恭。姒有缺乏，少娣曰："吾有。"即以遗之。姑有役其姒者，相视不应命。少娣曰："吾后进当劳，吾为之。"母家有果肉之馈，召诸子侄分与之。姒不食，未尝先食。姒各以怨言告少娣者，少娣笑而不答。少娣女奴以妯娌之言来告者，少娣笞之，寻以告姒引罪。尝以锦衣抱其姒儿，适便溺，姒急接之。少娣曰："毋遽，恐惊儿也。"了无惜意。岁余，四姒自相谓曰："五婶大贤，我等非人矣！奈何若大年为彼所笑。"乃相与和睦，终身无怨语。（《德育古鉴》）

我们上一节课讲到女子之悌，现在来讲一个故事，看一个女子怎么跟妯娌相处，怎么照顾这些侄子侄女。"**苏少娣，姓崔氏。苏兄弟五人，娶妇者四矣。**"少娣是最小的媳妇，苏家兄弟五人，前面四个哥哥已经娶了太太 。"**各以女奴语，日有争言，甚者阋墙操刃。**"可能是老大的太太讲了什么，底下的女婢听到，就传给老三听，"那个老大讲你哪里哪里不好。"老三一听，火就上来了，"气死我了。"就去找老大吵架，"你怎么可以这样讲我？"吵到最后还不痛快，拿家伙出来了，"阋墙操刃"。"阋墙"，语出《诗经·小雅》，"兄弟阋于墙"，"阋墙"就是自己家里吵架，"外御其侮"，兄弟本是同根生，虽然在家里有争吵，但只要国家或者家族受到侵略，他们还是会团结起来去抵御侮辱跟侵略。

"少娣始嫁"，就是要嫁过去了，"姻族皆以为忧。"亲戚都很替她担忧，过去会不会有生命危险？结果少娣就说了，"木石鸟兽，吾无如彼何矣"，假如是木石鸟兽，我可能没有办法跟它沟通，"世岂有不可与之人哉？"这世上哪有不能相处的人？少娣的人生观里面，觉得"人之初，性本善"，只要自己真心去跟人交往，都能感动对方。我们假如觉得人就是有很多习性，人就是很恶劣，都不相信人，那我们怎么跟人相处都不能真心，都不能有很真心的朋友。很多人可能会讲，这个世间没有真正有情义的人。"行有不得，反求诸己"，当我们讲这个话的时候，我们自己有真情义了吗？我们没有真情义，也怪不得别人没有真情义。因为人与人相处是互相的感召，"方以类聚，物以群分"，你有真情义，你的朋友就重情义。

所以少娣嫁过去之后，"事四姒，执礼甚恭。"侍奉四个大嫂非常恭敬。一般妯娌之间，"姒"就是嫂子辈的，"娣"就是比较小的媳妇。"姒有缺乏，少娣曰：'吾有'。即以遗之。"这些大嫂缺少什么物品，只要她有就送给大嫂，很欢喜布施，觉得自己帮得上大嫂的忙很高兴。"姑有役其姒者"，婆婆要请这些大嫂去做一些工作，"相视不应命。"可能婆婆叫不动，火就上来了，她赶紧主动先过去。"少娣曰：吾后进当劳，吾为之。"我是最小的，最后来的，应该我去做。"母家有果肉之馈"，娘家给了她一些好吃的，在古代能吃上水果、肉，一年可能都没几次，她拿回来，"召诸子侄分之"，请几个大嫂的孩子过来吃，非常慷慨，不自私。而且，"姒不食"，大嫂没有吃饭，"未尝先食。"她很懂礼貌，"长者先，幼者后"，很恭敬她这些大嫂。

"姒各以怨言告少娣者"，这些大嫂很多苦水、抱怨就跟她讲。"少娣笑而不答。"少娣微笑一下，不搭腔。为什么不搭腔？她在那里抱怨来抱怨去，你一搭腔，愈骂愈凶。很有意思，一个人在那里抱怨、生气，另外一个人笑着听，不搭腔，最后她就没有什么兴趣再骂人了，慢慢就不骂了，因为看到的都是笑脸，她的火就没办法继续烧下去。算了算了，她上次也对自己不错，就把它化掉了。

"少娣女奴以妯娌之言来告者"，少娣底下的仆人来打小报告，那个大嫂怎么讲你。来挑拨是非，"少娣笞之"，处罚她。这是慈爱，"待婢仆，身贵端；虽贵端，慈而宽"。这个慈里面有教诲，你不把她教明白了，她以后要嫁人，假如搬弄是非的习惯没有改掉，她以后一定要吃大亏。所以教育她，让她记住不要再犯。"寻以告姒引罪。""寻"就是不久，马上告诉这些大嫂，然后承认罪过，这些孩子不懂事，她们该教训。其实，假如这么去跟大嫂讲，大嫂慢慢地也觉得，这么讲人，人家不只不计较，还打自己的人、教训自己的人，也提醒自己，少讲是非。所以隔墙有耳，骂人的话是很难不传到人家耳朵里的。所以为什么要积口德？"口为祸福之门"，懂得言语的修养，每天积很多福！给人鼓励，给人肯定，给人安慰，给人化解灾难，叫口吐莲花。讲话给人伤害，给人对立冲突，不知道造多少孽！所以我们看那个曰字，嘴巴中间一横，舌头一动，"祸福无门，惟人自召"。

"尝以锦衣抱其姒儿"，锦衣都是比较高贵的衣服，少娣曾经穿很好的衣服，抱着大嫂的孩子，"适便溺"，刚好孩子大小便。当下大嫂很不好意思，人家穿着这么高贵的衣服，大小便就弄在人家的衣服上面。"姒急接之。"觉得很抱歉，赶紧要把自己的孩子抱回来。赶紧说"毋遽，恐惊儿也。"不要这么紧张，别把孩子给吓着了。"了无惜意。"没有一点觉得惋惜。所以你看这些情境，这么爱她们的孩子，有东西都给她们的孩子吃，不嫌这些孩子脏，吃饭的时候都礼让大嫂先吃，有什么工作自己先去干，一点一滴这样付出。俗话讲，人的心都是肉做的，人心会软的。

"岁余"，一年左右，"四姒自相谓曰：五婶大贤，我等非人矣！"相互讲到，这个婶婶实在是很有贤德，我们跟她比，真不是人。人本善当中都有羞耻心，只要德行够，都能把人的善心唤醒，这叫正己化人。这个化是很自然的，不用刻意的，润物细无声，像春雨一样。"奈何若大年为彼所笑。"奈何"就是怎么，这么大年纪了，跟人家比起来，见笑了，差这么远！**"乃相与和睦，终身无怨语。"**一个媳妇的德行感化一家人。

　　这个故事也让我们体会到，一般人与人相处，容易"贪利、辞劳、好谗、喜听"。贪小便宜；有工作都推给别人做；好谗就是讲是非、讲坏话；有人喜欢讲，必然有人喜欢听，这些都不是很好的习性。而少娣，利，可以分给人，劳，主动去付出，不好谗，不喜听，这样的风范就感动了她四个大嫂、全家的人。所以读书人评论她的德行，叫"三争三让，天下无贪人矣；三怒三笑，天下无凶人矣"，人家发脾气你都是温和地面对，慢慢的，对方的脾气就没了。所以我们要能效法，除掉这些贪心、争斗，也让自己家和和气气的。

　　我们接着看下一段"绪余"。

　　女子之悌，行于兄弟姊妹之间者易，行于妯娌姑嫂嫡庶之间者难。盖兄弟姊妹，气分一体，情性相关，亲爱出于天然，休戚自易相顾。至妯娌，以异姓而处人之骨肉，同时为兄弟之斧斤，最易构衅起争。化同为异，是故姒以宽和，娣以恭顺，则妯娌无不合矣。其姑嫂，则父母无终身之依，姊妹非缓急之赖，每易恃目前之城社，伤日后之松萝。是故姑宜爱敬，嫂宜慈仁，则姑嫂无不协矣。推而言之，嫡庶非同胞之亲，无皇英之懿，而欲其志同道合，不亦难乎。是故夫道严正，嫡道宽慈，妾道柔顺，三善合，而太和在闺门之内矣。

　　"女子之悌"，女子的悌道，**"行于兄弟姊妹之间者易"**，落实于兄弟姐妹之间比较容易，"行"就是去做。因为同气连枝，都是父母所生的兄弟姐妹。**"行于妯娌姑嫂嫡庶之间者难。"**为什么？**"盖兄弟姊妹，气分一体，情性相关"**，从小生活在一起，互相照顾，有很深的情义。所以**"亲爱出于天然，休戚自易相顾。"**欢乐幸福称为休，忧愁祸患称为戚，"自易"，自然容易互相照顾。所以这里的休戚与共也提醒我们，跟亲戚朋友应该同甘共苦，尤其在他困难的时候要帮助他，不可以舍弃他；他贫穷的时候，不可以瞧不起他。

"至妯娌，以异姓而处人之骨肉"，妯娌嫁到一个家庭，彼此不同姓，血缘不同。但是说实在的，不同血缘还同样到一个家去，那也是很深的缘分。全世界七十多亿人口，结果就这么二三个人嫁到同一个家，怎么会没有缘分？按照统计学来讲，那个几率叫做奇迹。这样的缘分，要惜缘，还吵架，这叫糟蹋缘分。"同时为兄弟之斧斤"，假如这些媳妇们没有好好相处，就可能会成为兄弟之间的"斧斤"，就好像斧头一样，把兄弟的情谊都给砍断、破坏了。"最易构衅起争。"假如这些妯娌之间不懂得互相爱护、包容，然后起冲突，还天天在丈夫耳边吹枕边风，那就麻烦了，这个家的凶相就要出现了。

"化同为异"，"异"就是形同陌路，兄弟本是同根生，被这么一吹，分家了，不联络了。这种情况，人生就太可悲了。"是故姒以宽和"，"姒"是嫂嫂辈的，应该要宽容、和睦、和蔼，因为辈分高！"娣以恭顺"，"娣"就是弟妇，辈分比较小的，应该恭敬、和顺。"则妯娌无不合矣。"这样一定会和的。

"其姑嫂，则父母无终身之依"，小姑都要出嫁，离开父母。再来，父母比我们年纪大几十岁，也很可能离我们先去。所以，其实这个家，以至于这个家的亲人，是陪伴我们走完这一生的。所以今天真的遇到一些生活上的困难，"姊妹非缓急之赖"，自己的姐妹也出嫁了，家家有本经要念，到时候有情况了，她也顾不上。所以，应该好好善待这些嫂嫂、小姑，一家和乐。但是，"每易恃目前之城社"，"社"是土地神，"城社"就是依靠后台，"恃"就是作威作福。比方说你是小姑，还没出嫁，欺负嫂嫂，后台是谁？妈妈。然后嫂嫂心想，好，你给我记住，哪一天一定报这个仇。"伤日后之松萝。"假如小姑这样对待自己的嫂嫂，可能跟兄嫂之间的情谊都会破坏了，"松萝"是指一种植物。所以当小姑也不简单，第一要和合兄嫂的情感，还要做妈妈跟嫂嫂之间很好的桥梁。"是故姑宜爱敬"，当小姑的要爱敬自己的嫂嫂，**"嫂宜慈仁"**，当嫂嫂的要慈祥仁爱。**"则姑嫂无不协矣。"** 有这些心境，日久见人心，一定可以处好的。

"推而言之，嫡庶非同胞之亲，无皇英之懿"，"皇英"是指大舜的两个妻子，娥皇跟女英。"懿"是指女子的温柔圣德，很善良。**"而欲其志同道合，不亦难乎。"** 元配跟妾假如没有好的德行，要让她们和合在一起，不是一件容易的事情。**"是故夫道严正"**，所以一个家需要大家一起来好好地经营，丈夫也要做好夫道，威严不偏心。男人一偏心，底下乱子就出来了，就在那里争风吃醋。**"嫡道宽慈"**，元配，大太太宽厚仁慈，主动地去照顾这些妾，都是为这个家族的大局着想。**"妾道柔顺"**，辈分比较小的，懂得温柔、贤顺。这三个角色都扮演得好，**"三善合，而太和在闺门之内矣。"** "闺门"是指女子住的地方，都能和谐。

姑嫂之间，我们来看一个榜样。

> 邹媖，宋人，继母之女也。前母兄娶妻荆氏，继母恶之，饮食常不给，媖私以己食继之。母苦役荆，媖必与俱。荆有过误，不令荆知，先引为己罪。母每扑荆，则跪而泣曰："女他日不为人妇耶？有姑若是，吾母乐乎？奈何令嫂氏父母日瘦忧女之眉耶？"母怒媖，欲笞媖。媖曰："愿为嫂受笞，嫂无罪，母徐察之。媖后适为士人妻，归宁，抱数月儿，媖置诸床上。儿偶坠火烂额，母大怒。媖曰："吾卧于嫂室不慎，嫂不知也。"儿竟死，嫂悲悔不食。媖不哭，为好语相慰曰："嫂作意耶？我夜梦凶，儿当死，否则我将不利。"强嫂食而后食。卒劝母成慈。媖尝病，嫂为素食三年。媖五子，四登进士。年九十三而卒。(《德育古鉴》)

"邹媖，宋人，继母之女也。" 她的母亲嫁给人做继母。**"前母兄娶妻荆氏"**，去世的前母生了一个哥哥，他们算是同父异母的兄妹。她的哥哥娶了嫂子，姓荆，**"继母恶之"**，母亲虐待她的嫂嫂，**"饮食常不给"**，不给她的嫂嫂饭吃，给她有一顿没一顿的，很是不仁厚。**"媖私以己食继之。"**

这个小姑都把自己的食物拿去给她吃，很体恤她。"母苦役荆"，母亲给嫂嫂很多的工作，让她都负荷不了，"媖必与俱。"这个小姑就赶紧陪她的嫂嫂一起做，分担她的辛劳。"荆有过误"，她嫂嫂做错事，"媖不令荆知"，她发现了，"先引为己罪。"妈，那件事我做错了，对不起。

"母每扑荆"，每一次母亲觉得大嫂有什么不妥的地方，打她的大嫂，"则跪而泣曰"，她就跪下来哭着说，"女他日不为人妇耶？"女儿以后不也是要当人家的媳妇吗？"有姑若是，吾母乐乎？"妈，女儿嫁出去了，您希望我的婆婆也这么对我吗？"奈何令嫂氏父母日蹙忧女之眉耶"，您这么做，不是让嫂嫂的父母每天担忧得眉头深锁、睡不着觉吗？结果母亲听了很生气，反而要打她，"母怒，欲笞媖。"邹媖有浩然正气，"曰：愿为嫂受笞，嫂无罪。"还继续替她嫂嫂伸冤，"母徐察之。"请母亲观察一下，很多地方可能是错怪了自己的媳妇。

"后适为士人妻"，"适"就是嫁，嫁给读书人。当然这个读书人不简单，有慧眼，发现这么有德行的太太。"归宁"，回到娘家来，"抱数月儿"，刚好她有一个孩子，几个月大。她的嫂嫂因为小姑这么爱护自己，很高兴，对小姑的孩子就像自己的孩子一样地爱护。"嫂置诸床上。"嫂嫂把孩子抱到自己的床上，"儿偶坠火烂额"，这个孩子翻啊翻啊，不小心坠到火堆里面，额头烧伤了，"母大怒"。"媖曰：吾卧于嫂室不慎，嫂不知也。"小姑说，是我自己睡在嫂嫂的房间里不小心的，嫂嫂根本不知道孩子在她的房里。

邹媖在这种丧子的情况下还替人着想，不能让她的嫂嫂受到很大的伤害，甚至没法再在这个家庭立足。所以真有这样的德行，哪有不感动人！"儿竟死"，结果小孩死了，"嫂悲悔不食。"嫂嫂当然很难过、很自责，吃不下饭。"媖不哭"，小姑连哭都没有哭，忍住悲伤，"为好语相慰曰"，还好言安慰她的嫂嫂，"嫂作意耶？"大嫂你别放在心上，人死不能复生，"我夜梦凶"，我晚上做了噩梦，梦到这个儿子会死，"儿当死，否则我将不利。"这个孩子会克我，所以你别难过，都是命中注定的。"强嫂食而后食。"而且还一定要嫂嫂吃饭，嫂嫂不吃，她也不吃，嫂嫂才勉强吃下去。"**卒劝母成慈。**""**卒**"就是最后，感动了她的母亲也变得仁慈了。

"**媖尝病**"，"**尝**"就是曾经，邹媖有一次生病，病得比较重。"**嫂为素食三年。**"嫂嫂发愿，希望她的小姑恢复健康，为此她吃素三年。"**媖五子**"，邹媖有五个儿子，"**四登进士。**"一个家族里面出一个进士就是天大的事，她生五个儿子，有四个考上进士，这在历史当中也找不到几个。所以真的，厚德之人，"积善之家，必有余庆"。"**年九十三而卒**"，活到九十三岁。

我们了解悌的深义之后，接着看一篇文章——韩愈的《祭十二郎文》。

年月日，季父愈，闻汝丧之七日，乃能衔哀致诚，使建中远具时羞之奠，告汝十二郎之灵：

呜呼！吾少孤，及长，不省所怙，惟兄嫂是依。中年，兄殁南方，吾与汝俱幼，从嫂归葬河阳。既又与汝就食江南，零丁孤苦，未尝一日相离也。吾上有三兄，皆不幸早世（通"逝"）。承先人后者，在孙惟汝，在子惟吾。两世一身，形单影只。嫂尝抚汝指吾而言曰："韩氏两世，惟此而已！"汝时犹小，当不复记忆；吾时虽能记忆，亦未知其言之悲也。

吾年十九，始来京城。其后四年，而归视汝。又四年，吾往河阳省坟墓，遇汝从嫂丧来葬。又二年，吾佐董丞相于汴州，汝来省吾，止一岁，请归取其孥。明年，丞相薨，吾去汴州，汝不果来。是年，吾佐戎徐州，使取汝者始行，吾又罢去，汝又不果来。吾念汝从于东，东亦客也，不可以久。图久远者，莫如西归，将成家而致汝。呜呼！孰谓汝遽去吾而殁乎！吾与汝俱少年，以为虽暂相别，终当久与相处，故舍汝而旅食京师，以求升斗之禄。诚知其如此，虽万乘之公相，吾不以一日辍汝而就也！

去年，孟东野往，吾书与汝曰："吾年未四十，而视茫茫，而发苍苍，而齿牙动摇。念诸父与诸兄，皆康强而早世。如吾之衰者，其能久存乎！吾不可去，汝不肯来，恐旦暮死，而汝抱无涯之戚也。"孰谓少者殁而长者存，强者夭而病者全乎！呜呼！其信然邪？其梦邪？其传之非其真邪？信也，吾兄之盛德而夭其嗣乎？汝之纯明而不克蒙其泽乎？少者强者而夭殁，长者衰者而存全乎？未可以为信也。梦也，传之非其真也，东野之书，耿兰之报，何为而在吾侧也？呜呼！其信然矣！吾兄之盛德而夭其嗣矣！汝之纯明宜业其家者，而不克蒙其泽矣。所谓天者诚难测，而神者诚难明矣！所谓理者不可推，而寿者不可知矣！虽然，我自今年来，苍苍者或化而为白矣，动摇者或脱而落矣；毛血日益衰，志气日益微，几何不从汝而死也！死而有知，其几何离；其无知，悲不几时，而不悲者无穷期矣！汝之子始十岁，吾之子始五岁；少而强者不可保，如此孩提者，又可冀其成立邪！呜呼哀哉！

汝去年书云："比得软脚病，往往而剧。"吾曰："是病也，江南之人，常常有之。"未始以为忧也。呜呼！其竟以此而殒其生乎！抑别有疾而致斯乎？汝之书，六月十七日也。东野云：汝殁以六月二日。耿兰之报无月日。盖东野之使者，不知问家人以月日；如耿兰之报，不知当言月日。东野与吾书，乃问使者，使者妄称以应之耳。其然乎？其不然乎？

今吾使建中祭汝，吊汝之孤，与汝之乳母。彼有食，可守以待终丧，则待终丧而取以来；如不能守以终丧，则遂取以来。其余奴婢，并令守汝丧。吾力能改葬，终葬汝于先人之兆，然后惟其所愿。呜呼！汝病吾不知时，汝殁吾不知日；生不能相养以共居，殁不能抚汝以尽哀；敛不凭其棺，窆（biǎn）不临其穴。吾行负神明，而使汝夭；不孝不慈，而不得与汝相养以生，相守以死。一在天之涯，一在地之角，生而影不与吾形相依，死而魂不与吾梦相接。吾实为之，其又何尤！彼苍者天，曷其有极！

自今已往，吾其无意于人世矣。当求数顷之田，于伊、颍之上，以待余年，教吾子与汝子，幸其长；成吾女与汝女，待其嫁，如此而已。呜呼！言有穷而情不可终，汝其知也邪？其不知也邪？呜呼哀哉！尚飨！

韩愈先生的侄子去世了，这篇文章是写给他侄子十二郎的祭文，代表对亡者的哀思。"年月日，季父愈，闻汝丧之七日"，"年月日"就是某年某月某日，因为朋友跟仆人所报十二郎去世的时间不大一样。而且韩愈先生非常悲痛，人在悲痛的时候，可能连日期都搞不清楚。"季父"，古代取名字，我们常看到，伯、仲、叔、季。伯，老大。韩愈有三个哥哥，韩会是老大，韩介是老二，韩弇是老三。"季父愈"是韩愈先生自称。听到你去世的消息，到现在七天了，才能稳下情绪——"乃能衔哀致诚"，"衔"就是含着。"致"就是尽，才能够含着这个悲伤尽我的诚心。"使建中远具时羞之奠，告汝十二郎之灵"。"使"就是派遣属下，名叫建中的人，"具"就是预备，预备了应时的食品，"羞"就是食物，然后送去远方祭祀你。这是第一段。

"呜呼!"就是悲伤、感叹。"吾少孤"，"孤"就是父亲去世了。韩愈的父亲是当官的，是武昌令，但去世早。"及长"，年龄稍长，也想不起父亲的长相——"不省所怙"，"不省"就是印象模糊。"怙"的出处是《诗经·小雅·蓼莪》，"蓼莪"是描述一个孩子对父母的思念，里面提到，"无父何怙，无母何恃"，一个人没有父母，怎么会有依靠，怎么长大成人? 后来就引申，怙指父亲，恃指母亲。所以这里讲"不省所怙"，就是记不得自己的父亲。"惟兄嫂是依。"只有依靠大嫂。"兄嫂"是指大哥的太太郑氏。韩愈很小就是他嫂嫂照顾的。

"中年，兄殁南方"，"殁"指去世，韩愈的哥哥四十二岁就去世了。在当时，人家称他哥哥有辅佐皇帝的贤才，德行跟能力都很高，结果英年早逝。"吾与汝俱幼"，那个时候你跟我都还很小，"从嫂归葬河阳。"两个小孩跟着嫂嫂、妈妈，将韩会运回故乡，"河阳"在河南的孟县。古代人很重视落叶归根，以前的建筑，后面墙壁上刻着叶子，时时提醒人要落叶归根、饮水思源。出门的时候，墙上刻的是扇子，代表什么? 出门就要记得行善。古代连盖房子都在时时教育人的德行。很常见的是墙上刻了梅兰竹菊四君子，代表出门要跟君子学习、交往。"归"就是归根，就是回到他祖上葬的地方、住的地方。"既又与汝就食江南"，把哥哥安葬好之后，可能谋生也不容易，他的嫂嫂带着他们两个到了江南去谋生。"就食"就是谋生过日子，离乡背井，很不容易。嫂嫂也很难熬，带着两个小孩，"**零丁孤苦**"，非常孤单，"苦"就是比较穷困。"**未尝一日相离也。**"虽然生活困苦，但情感非常浓，未曾有一天分离过，所以他跟侄子的情感也很深。

"**吾上有三兄**"，大哥韩会没有孩子，二哥韩介有两个孩子，大儿子叫百川，二儿子叫老成，老成就是十二郎，过继给韩会当儿子。"**皆不幸早世。**"都去世得比较早。"**承先人后者**"，承先启后，承传祖先，然后把家风传承下去。"**在孙惟汝**"，在孙子辈只剩你一个人。"**在子惟吾。**"在我这一辈，只剩下我。"**两世一身**"，两代人都只剩一个。"**形单影只。**"非常孤单，人丁稀少。"**嫂尝抚汝指吾而言曰：韩氏两世，惟此而已！**""尝"是曾经，"汝"指十二郎，他的大嫂曾经摸着自己孩子的头，然后看着韩愈，对着他们说，我们韩家两代，就剩你们两个了。"**汝时犹小，当不复记忆**"，十二郎小韩愈十岁，那个时候年龄还非常小，所以一定不记得。韩愈那个时候可能是十几岁。"**吾时虽能记忆**"，他记得大嫂跟他讲的这句话。"**亦未知其言之悲也。**"但是那个时候还没感觉到大嫂讲这个话的悲痛。这一段就是韩愈先生的身世，又描述他跟十二郎从小没有一天分离过。

"**吾年十九，始来京城。**"我十九岁，到了长安。唐朝的京城是长安。"**其后四年**"，过了四年以后，"**而归视汝。**"回去看望侄子。"**又四年**"，又过了四年，"**吾往河阳省坟墓**"，回河阳扫墓，探视祖坟。"**遇汝从嫂丧来葬。**"刚好遇到十二郎。嫂嫂去世了，十二郎带着母亲的灵柩回河阳来安葬。韩愈先生很感激他大嫂的恩德，所以他也为大嫂服丧一年。

"**又二年**"，又过了两年，"**吾佐董丞相于汴州**"，"佐"是辅助，韩愈在董丞相手下做事。"**汴州**"指开封。"**汝来省吾**"，你来看我，"**止一岁**"，他们相聚了一年。"**请归取其孥。**""孥"是妻子跟孩子的合称，十二郎问自己的叔叔，能不能让我回去把妻儿一起带过来，大家住在一起？其实古代的人重视家族，只要有能力，就希望大家能够都在一起，互相关怀照顾。但是真的是缘不具足，天有不测风云，人有旦夕祸福，"**明年，丞相**

薨"，唐朝二品以上的官员才叫薨。"吾去汴州"，因为宰相去世，韩愈这个工作就没继续做了。"去"就是离去，离开了开封。"汝不果来。""汝"是十二郎，"果"是结果，最终还是来不了。"是年"，这一年，"吾佐戎徐州"，"佐"还是辅佐的意思，"戎"是指军戎，就是在做军方的工作，在徐州担任武宁节度使张建封的推官。"使取汝者始行"，那个时候已经派人要把十二郎的家人接过来，下属也已经出发去接人。结果可能还是因缘不成熟，"吾又罢去"，"罢"就是辞职、离开了。辞职之后就没有留在徐州，又去了洛阳。"汝又不果来。"你又来不成了。想照顾他的侄子跟他的家人，但是因缘总不成熟。"吾念汝从于东"，我想着，你现在住在东边，假如我跟你到东边去，"东亦客也"，东边不是我们的故乡，"不可以久。"所以我想我不过去了，"图久远者，莫如西归"，我们终究还是要搬回河南这边住。"图"就是计划，长远地打算。"将成家而致汝。""成家"就是把家安顿好了，"致汝"就是赶紧把你们接过来团聚。

正这么打算，正这么努力要成就这个因缘，结果十二郎就去世了。"呜呼！孰谓汝遽去吾而殁乎。""孰谓"就是谁知道、谁晓得，因为太突然了，完全没有预警，没有心理准备，"遽"就是突然，"去"是去世了。"吾与汝俱少年"，我跟你都还很年轻，"以为虽暂相别"，虽暂时分别，"终当久与相处"，最终我们还能长久地住在一起。"故舍汝而旅食京师"，所以才暂时跟你分离，"旅食"就是客居他乡，在长安谋生活，积累一些财富，好去安顿一个家，把你们接过来。"以求升斗之禄。"为的是在那里积攒极少的俸禄。"诚知其如此"，如果真的知道你会去得这么早，"虽万乘之公相"，纵使有像公相这样的福报、俸禄，我也不愿意去追求。"吾不以一日辍汝而就也！"假如知道你会去得这么早，那我什么都会放下，绝对不忍离开你一天。"辍"就是离去。这一段叙述到，虽然他们很亲，但是整个命运让他们三聚三别，最后十二郎还很年轻，二十多岁就去世了。

"去年，孟东野往"，韩愈的朋友孟郊前往江南溧阳这个地方当官，江南就在河南的东边，十二郎那时候在东边住。"吾书与汝曰"，那个时候我还写信给你。"**吾年未四十**",我才三十多不到四十岁,"**而视茫茫**",却已经眼睛看不清楚了,"**而发苍苍**",头发已经苍白,"**而齿牙动摇。**"牙齿都不牢固,都有掉下来的。"**念诸父与诸兄,皆康强而早世。**"我想着这些父辈及兄长们都是健康强壮,但很年轻就走了。"**如吾之衰者**",像我这么衰弱,"**其能久存乎!**"我想我也不可能活太久。"**吾不可去**",我不能到你那里去,"**汝不肯来**",你也没办法来。所以当时韩愈先生担心自己先去,"**恐旦暮死**","**旦**"是白天,"**暮**"指傍晚,他怕自己死了,"**而汝抱无涯之戚也。**"那你就会怀抱无限的悲哀。

"**孰谓少者殁而长者存**",谁知道,居然是年轻的先死了,老的反而活着。"**强者夭而病者全乎!**"年轻、比较强壮的人却去世了,"**夭**"是短命,多病的人,像我这样视茫茫、发苍苍、齿牙都动摇的人,"**全**"就是还生存着。所以又感叹,"**呜呼!其信然邪?**"你真的是死了吗?怎么强壮的人、年轻的人先死?所以很难相信这个是事实。"**其梦邪?**"难道是做梦吗?"**其传之非其真邪?**"传来的消息是不正确的吗?"**信也**",假如这是真的,"**吾兄之盛德而夭其嗣乎?**"我的哥哥德行这么好,老天怎么会让他的孩子年幼就死了,让他的后嗣变成这样?"**汝之纯明而不克蒙其泽乎?**"而你又是这么纯真、聪明,"**不克**"就是竟然不能,"**蒙**"是接受父亲的德荫,"**不克蒙其泽**",居然不能受到父亲的德荫。"**少者强者而夭殁**",年轻的、强壮的去世了,"**长者衰者而存全乎?**"而年纪长、身体衰的却还活着吗?"**未可以为信也。**"这消息不足为信!

"**梦也,传之非其真也**",这消息一定不正确。但是突然看着身边,"**东野之书**",朋友写来的书信,告诉他这个死讯。"**耿兰之报**",耿兰是他底下的人,传来的消息,"**何为而在吾侧也?**"这些书信都放在我的身边,也不可能是假的。"**呜呼!其信然矣!**"这是真的,千真万确的事实!"**吾兄之盛德而夭其嗣矣!汝之纯明宜业其家者,而不克蒙其泽矣。**""**宜**"就是适合,你的纯真、聪明最适合承传这个家业,但是却没有蒙我兄长的德荫,也走了。"**所谓天者诚难测,**"上天真的很难预测,"**而神者诚难明**

矣！""诚"就是实在，这些情况实在很难让人明白。上天是什么意思？怎么会让这样的事情发生在我的侄子、我的兄长家里面？

大家读到这里，有没有感叹人生的无常，也感觉到无奈，这么有德行的家庭，为什么有这么多的祸患？大家相不相信，善有善报，恶有恶报？我曾经遇到一个长辈，我非常佩服他，他也是五十岁左右就去世了，而且是车祸。因为我非常尊重这个长辈，好几天睡不着觉。我想，怎么这么好的人却短命？真的想不通，胸口就好像有东西压住一样，喘不过气来。现在读了这些经典，了解到"为善必昌"，做好事，善因一定感善果；"为善不昌"，这个家不能兴，"其祖上必有余殃"，殃尽了慢慢就昌盛。我这个长辈的亲人，其中好几位男士都跟他差不多年龄去世。所以有时候祖先的余殃，反而降在了善良的子孙身上。所以这个道理明白了，为人长辈要积善庇荫后代，"积善之家，必有余庆"。后面我们也会跟大家讲，韩愈的孩子、十二郎的孩子都考上进士，家道还是兴盛起来。所以面对人生这种突然的际遇，我们得要很明理、很明白地去应对，怎么样真正转自己、转整个家庭的命运，转祸为福，都要靠修养、靠积德行善。

接着说道，"**所谓理者不可推**"，道理好像不可以推究，"**而寿者不可知矣！**"寿命好像没有办法预知。"**虽然**"，虽然如此，"**我自今年来，苍苍者或化而为白矣**"，头发本来是灰白的，现在几乎都是白发了，"**动摇者或脱而落矣**"，牙齿很多都掉下来了，"**毛血日益衰**"，毛发、血气愈来愈衰弱，身体愈来愈不行了，"**志气日益微**"，"志气"是精神，"微"就是萎靡，"**几何不从汝而死也？**""几何"就是不久。不会多久，就会跟着你去了。"**死而有知**"，死了以后假如还有知觉，"**其几何离**"，我们离别的日子不会太久了；"**其无知，悲不几时，而不悲者无穷期矣！**"假如死后是没有感觉的，那悲伤的日子也不会太多了，而没有知觉、不悲伤的日子，则会无穷无尽。"**汝之子始十岁**"，你的孩子才十岁，指十二郎的儿子，韩湘。"**吾之子始五岁**"，韩愈的孩子才五岁。"**少而强者不可保**"，年轻强壮的已经去世了，"**如此孩提者**"，两个这么小的孩子，"**又可冀其成立邪！**"还能冀望他们长大吗？"呜呼哀哉！"真是让人伤心透了。而悲伤完之后，韩愈先生还是尽心尽力照顾十二郎的孩子，以及他整个家族的人，也把他的孩子、女儿教育得很好，儿子考上进士，女儿也嫁给当时很有德行的读书人。从这里我们可以看到他的悲痛，韩愈先生是自责，但他所有的努力也是为了要把十二郎一家人接过来团聚。既然人死不能复生，这一份慈爱，最后延续在了十二郎的家人身上。

这节课就跟大家先讲到这里，谢谢大家！

第三讲

尊敬的诸位长辈、诸位学长，大家好！

我们接着看《祭十二郎文》。前面文章主要描述韩愈小的时候跟这个侄子相依为命，他们韩氏的两代人，就剩他们两个人了。在孙子辈就剩十二郎，在儿子辈就剩他而已。所以整个家道是非常地衰败，是比较形影孤单的一个状况。后来又叙述到，他们在成人之后，三聚三别，最终也没能团聚。韩愈先生也很努力，想把他的侄子及家人，召来共聚。正规划的时候，十二郎就去世了，他才只有三十多岁而已。所以这个噩耗突然到来，韩愈先生很难接受。他觉得自己年龄比较大，应该是他先走，怎么会是年轻的先走？而他的哥哥韩会很有德行，怎么他的孩子没有能够得到他父亲的庇荫？所以非常感叹。韩愈先生还感叹，死后假如还有知的话，那分离的日子就不多了；假如死后是无知，那悲伤的日子也不会太久了。这都是在极度伤悲当中流露的情感。

我们接着看下一段。这一段还是在怀疑十二郎是不是真的死了，到底是什么原因？怎么可能这么年轻就死了？其实人生面对突如其来的变故，往往这个事情会在脑海里一直回荡，怎么也想不通。**"汝去年书云"**，写信来说，**"比得软脚病"**，"比"是近来，"软脚病"一般是因为有脚气、有湿气，缺乏维生素B，在比较潮湿的地方容易得。**"往往而剧。"**"往往"就是常常，"剧"就是加剧、厉害的意思。**"吾曰：是病也，江南之人，常常有之。"**江南一带比较潮湿，这种病也比较常见。**"未始以为忧也。"**不认为这个病很严重，所以就没有往心里去。**"呜呼！其竟以此而殒其生乎！"**难道真的是因为这个病就死了吗？会这么厉害吗？**"抑别有疾而致斯乎？"**"抑"就是或者，或者有其他的疾病，才会到这样的地步。

"汝之书，六月十七日也。"可能十二郎最近写信给韩愈先生是六月十七日。**"东野云"**，"东野"是韩愈先生的朋友孟郊，也是当时一个著名的诗人。"汝殁以六月二日。""殁"是死去，死去的日子是六月二日。"耿兰之报无月日。""耿兰"是韩愈先生的仆人，他报回来的情况也是说十二郎去世了，但并没有说明时间。"盖东野之使者"，大概孟郊派去的使者，"不知问家人以月日"，没有问十二郎家里的人他是什么时间去世的。"如耿兰之报"，耿兰回来报告情况，"不知当言月日。"应当要说明日期才好，他也没有讲。"东野与吾书"，东野写信给我的时候，"乃问使者"，问去的仆人，十二郎到底是什么时候死的，"使者妄称以应之耳。"使者可能就随便回应一下而已。所以这个死期都还搞不清楚。"其然乎？"是这样吗？"其不然乎？"不是这样吗？面对十二郎的去世，在精神上还没能接受、没能稳定下来。

接下来一段主要是安慰死者的心。"今吾使建中祭汝"，韩愈先生派遣建中去祭奠十二郎。"吊汝之孤"，"吊"指吊唁，去慰问死者的遗族。"孤"就是他的遗族，主要还是他的后代，他的儿女。"与汝之乳母。"因为十二郎才三十多岁，他的乳母还在，这是长辈，也要非常关心。"彼有食，可守以待终丧，则待终丧而取以来"，"彼"就是指韩愈的这些亲人，"食"是指食物，有得吃、有得维持整个生计的话，可以守到丧期结束。等这个丧期守完之后，再把这些亲人接来一起住。因为考虑这些亲人心情很悲痛，可能希望能够把这个丧守完。"如不能守以终丧"，如果他们的生活很难维系，不能守到丧期结束，"则遂取以来。""遂"就是马上，立刻把他们接过来。"其余奴婢，并令守汝丧。"其他仆人，可以叫他们把丧期守完。"吾力能改葬"，我假如能够让你回葬到自己的祖坟，"终葬汝于先人之兆"，"兆"就是坟地，"然后惟其所愿。"这样才能了却我的心愿。因为内心对十二郎已经觉得很多的亏欠、遗憾，希望尽自己的力量，最后让他改葬回自己的祖坟。这是安死者的心。

"呜呼！"是悲伤的一种感叹，"汝病吾不知时"，你生病，什么时候、什么情况我都不了解。"汝殁吾不知日"，你死的时候我也不知道日期。"生不能相养以共居"，"相养"是互相照顾，"共居"是共同生活在一起，"殁不能抚汝以尽哀"，死的时候又不能够在跟前表达哀痛。"敛不凭其棺"，"敛"是大殓，亡者要入棺木，至亲站在棺木旁看着他入殓。"凭"就是靠近。"窆不临其穴。""窆"就是棺木埋葬到墓穴里。棺木埋葬入墓穴黄土中，我又不能在现场。"吾行负神明"，"行"是指自己的行为、品行，"负"是对不起，感觉自己没有尽到责任，对不起神明，"而使汝夭"，使你短命了。这是自责。"不孝不慈，而不得与汝相养以生"，又觉得自己不孝，十二郎是晚辈，他没有照顾好，感觉对祖先，甚至于对十二郎的父母有愧。十二郎的母亲把韩愈先生抚养长大，嫂嫂就像自己的母亲一样，没有把她的孩子照顾好，很内疚。"不慈"，因为他是叔叔，他也觉得自己不够慈爱。因为我"不孝不慈"，而不能与你一起生活到老，"相守以死。""一在天之涯，一在地之角"，现在又变成天涯海角，这是形容相离已经非常遥远了，天人永隔，一个生，一个死。"生而影不与吾形相依"，你活着的时候身影不能跟我的形体生活在一起，"相依"是互相依靠。"死而魂不与吾梦相接"，死的时候，你的魂魄又没有到我的梦里来相会，"相接"就是来相会。"吾实为之，其又何尤！""实"就是实在。会变成这个样子，实在是我造成的，是我的过失，又能怨谁！"彼苍者天，曷其有极！""曷其有极"是《诗经·唐风·鸨羽》里的诗句。在这里，韩愈先生其实是向着苍天在述说，"苍天！曷其有极！""极"就是极限，感觉到十二郎去世了，他很难承受，这个打击太大了，自己真的不知道能不能熬得过来。这短短的一段文字，从"呜呼！汝病吾不知时，汝殁吾不知日"，到"彼苍者天，曷其有极"，用了十一个"不"字，从这里也能感觉到韩愈先生的自责，觉得愧对十二郎。

我们读到这里，确实感觉很伤悲。人这一生不可能避免死亡，所以人生的苦当中就有一个爱别离苦。别，死亡，一般的人觉得是永别，觉得很苦。所以很多的人在面临生死，就会去找答案，人死后会去哪里？人终究要面对这些事情，没有搞清楚，人生怎么可能明白、快乐？就像三千多年前，印度的王子悉达多看到人世间生老病死的状况，所以十九岁就去求道了，就是为了解决这个问题，所谓如何离苦得乐。诸位学长，你们心理上准备好了没有？不管是面对他人的死亡，还是面对自己的死亡，大家心里会不会想，别讲这个话题了。别讲就解决问题了吗？所以人生不知道在忙什么，忙到最后，很多重要的问题都没有搞清楚，就糊里糊涂又走了，也不知道去哪了。人生忙着去干什么？死！这句话很有哲理。为什么？人从生下来只有一件事情没有停过，就是走向死亡。了解生死，大家随各自的因缘，就要赶紧把它搞明白。说实在的，知道死后要去哪里，心才真正能安！走的每一步，就没有担忧、恐惧。你看很多癌症病人，一知道自己得了癌症，就活不了多久。为什么？吓坏了，不能接受，心情不好，就恶化了。假如他不怕死，"得癌症了，那我有好地方要去了。"反而死不了。所以人生这个问题早点搞明白，随时都不担心无常的到来。

我在教小学以前，跟陈真老师学习，她那个时候教书三十多年了。她去年初得了晚期大肠癌。亲朋好友没办法接受，都很伤心，反而是她在那里劝人家，"你们别哭了，没事。"她自己不担忧死的问题。她侄子不希望她走，就赶紧打电话给我，我也吓了一大跳，就到医院去看她。结果开完刀，没有化疗，开始自己调养，调养了几个月就好了，又上讲台教书了。

这个生死的问题，在这里也不是二三句话讲得完的，大家可以就自己的因缘好好去了解。说实在的，花不了太多时间。其实死就像换一件衣服一样，没那么恐怖。但问题是你要会换，你要愈换愈庄严；不能换成猪皮、牛皮，那就麻烦了。一个人会换衣服要眼光好，所以一个人死的时候清清楚楚、明明白白，当然走的路就好。但是，现在人临终的时候清不清楚？找不到几个清楚的，都糊里糊涂，甚至得老年痴呆症。我小的时候身边有些长辈没有生病，睡着睡着就走了——"善终"！所以人要善终，要常常练功夫，就不会对死恐惧。什么时候练？每天躺下去就说"我死了"，那你面对死亡一点都不恐惧了。哪个人有把握躺下去明天可以爬起来？得随时不恐惧死亡。

我们接着看最后一段，"**自今已往**"，从今以后，"**吾其无意于人世矣。**"

不留恋这个世间，因为至亲离去，人生苦短。**"当求数顷之田，于伊、颍之上"**，想找伊水、颍水这个地方的田地来耕耘。**"以待余年"**，**"待"**就是度过，以度过自己最后的这段人生路。**"教吾子与汝子"**，好好教育你的孩子跟我的孩子。我们可以感觉到，古人虽然很悲痛，但是面对自己人生的责任，承先启后的本分还是念念不敢忘，而且也要尽一份对亡者的心意，尽心尽力照顾、养育好他的后代。**"幸其长"**，希望他们好好地成长。**"成吾女与汝女，待其嫁，如此而已。"**把这些女孩教育好，让她们长大成人，等待她们出嫁，都找到好的归宿。最后的日子，最重要的就是把这些事做好。而确实，韩愈先生非常用心地教育了十二郎的后代。十二郎的长子考上进士，比韩愈自己的儿子还早，后来韩愈的儿子也考上进士，所以韩氏后世还是兴旺起来了。十二郎的二儿子后来继承了家业。**"呜呼！言有穷而情不可终"**，话语总有说完的时候，而这个情感的哀痛没有终结。**"汝其知也邪？"**你能了解吗？你能知道我现在的心情吗？**"其不知也邪？"**还是不能知道呢？**"呜呼哀哉！尚飨！"**请亡者享用祭品。

这篇文章总共有四十二个汝字，汝就是十二郎，流露出作者对十二郎的那份情，也流露出没有办法接受他去世的这个事实。从这里我们也可以感受得到，古代非常有家族的观念，时时能把家族的发展、家族后代的未来放在心上。就像范仲淹先生，他后来照顾整个家族几百口人。他说，我能够做到这么大的官，都是祖先的福荫，我假如享了这个福而没有照顾整个家族，那我无颜去见自己的祖先。

我们接下来看几则讲叔侄之间友悌之情的文章。

王僧虔，携诸子侄到郡。兄子俭，中途得病，僧虔为之废寝食。诸人或慰谕之。僧虔曰："昔马援，子侄之间，一情不异。邓攸于弟之子，更逾所生。吾怀其心，不异古人。亡兄之嗣，岂宜忽诸？若此儿不救，便当回舟谢职。"兄子寻愈。（《德育古鉴》）

"王僧虔，携诸子侄到郡。""携"就是带领着，"诸"就是很多，"到郡"，可能是要去谋发展。有这个机会了，所以带他们到郡里。"兄子俭，中途得病"，半路的时候哥哥的儿子俭生病了。"僧虔为之废寝食。""废寝食"就是不吃不睡，其实就是担心、照顾侄子，以至于自己忘了吃、忘了睡，废寝忘食。"诸人或慰谕之。"身边的亲人就安慰他，你不要这么担心。"僧虔曰：昔马援，子侄之间，一情不异。"《诫兄子严、敦书》，马援先生写的。我们可以感觉到，马援对自己的侄子跟对自己的孩子没有两样，甚至更照顾自己的侄子。"一情不异"，同样的、平等的。"邓攸于弟之子，更逾所生。""逾"就是超过。邓攸是晋朝人，他带着自己的儿子跟弟弟的儿子逃命，两个孩子都小，眼看着他们逃不掉了，邓攸就跟太太商量，要保两个儿子恐怕很难，弟弟已经去世了，这个儿子是他仅存的血脉，而我们以后可以再生，所以就忍痛放下了自己的儿子。

古人这种情义实在让人动容，这样的事例不是一个两个。春秋时候有个妇人，后面有齐国军队追赶，她抱着两个小孩逃命。眼看追兵临近，她觉得逃不了了，就把手中一个孩子放下了，结果还是被追上。齐军就问她，这两个孩子跟你什么关系？她说，一个是我的儿子，一个是我哥哥的儿子。齐军就说，那个扔下来的就是你哥的儿子？她说："不是，那是我儿子。留儿子是私心，哥哥就剩这个儿子了，没有这个儿子他没有办法传宗接代，我不能把我哥哥的儿子扔下。"齐军听完很震撼，一个女子都这么深明大义，这个国家不可以欺负，马上军队就回去了。一个女子的道义，化解了一场战争。后来鲁国国君知道了这个事情，就封这个女子叫鲁义姑，她的道义救了鲁国。

"吾怀其心，不异古人。"我要效法古人的这些德行，向他们看齐。"亡兄之嗣"，"嗣"指后代。他哥哥已经去世了，就这个儿子。"岂宜忽诸？"怎么可以不重视？"若此儿不救，便当回舟谢职。"假如我没有办法把我侄子治好，那我当下就要回去了。"谢"就是推辞，这个官不当了，我也得先把我这个侄子的病治好再说。所以古人面对亲情、至亲，能把高官厚禄完全放下。古人一生不会因为年纪大、官位大、财富多，染污了他的天性。

我们看"二十四孝"里面，庾黔娄先生任职期间，突然身体非常不舒服，他马上想，一定是家里有事，父母有情况，马上就把工作给辞了，毫不吝惜，赶紧赶回去，果然他的父亲生了重病。他问医生，我的父亲能不能好转？医生看他这么悲切，就跟他讲，你父亲的粪便如果是苦的还可能有救，甜的就救不了。当下他就尝了。孝子心中时时放着父母，没有想自己，更不可能去嫌弃什么。结果是甜的，病情比较重。当晚他又向天祷告，希望能折自己的寿命，使父亲能活下去。古人那种孝行，都在这些行持当中流露出来。所以孝悌是人的天性，不为外在的物质所污染。而现在的人有钱了、生活富裕了，父母得了重病，管都不管，好像赚钱是第一大事，这就是被世间的欲望所污染。其实提不起孝悌，人就不可能真正从内心感到快乐，那种快乐都只是物质的刺激而已。为什么？良心有愧的时候就尝不到那种"仰不愧于天，俯不怍于人"的快乐。

"兄子寻愈"，不久之后侄子病好了。"精诚所至，金石为开"，他这份至诚感动了上苍。

我们接着来看下一篇文章。

> 张士选，幼丧父母，依叔以居，恩养如子。叔生子七，祖产未分。叔曰："吾当与析产为二。"选请分为八，叔固辞。选固请，卒如选言。选年十七，入京应举。同馆二十余辈，有术士遍视之，曰："南宫高第，独此少年。"诸同馆斥之。术士曰："文章非某所知，但少年满面有阴德气。"揭榜，果独成名。士选诚贤，叔亦古君子也。读之，觉一家和气蔼然，反似被士选大占了便宜。（《德育古鉴》）

"张士选，幼丧父母，依叔以居"，五代时候的读书人张士选，靠着他的叔叔生活，"恩养如子。"叔叔养育他就像自己的儿子一样，一点都没有分别。"叔生子七，祖产未分。"他的叔叔生了七个儿子，祖上的财产还没有分。"**叔曰**"，他的叔叔对他讲，"**吾当与析产为二。**"祖上的财产应该分成两份，一份给你父亲的，一份是给我的。"**选请分为八**"，张士选那个时候才十七岁左右，年龄这么小，心里面都装着什么？装着叔叔的恩，装着兄弟的情。这七个兄弟都是从小一起长大的，重义轻利。"**叔固辞。**"他这个叔叔不简单，"固"就是非常坚持，不行。"**选固请**"，张士选也很坚持。最后他叔叔没办法，"**卒如选言。**""卒"就是最后，就照他的意思分八份。"**选年十七，入京应举。**""应举"就是去考功名。"**同馆二十余辈**"，他住的那个地方，当时聚了很多考生，二十多人。"**有术士遍视之**"，"术士"是懂算命的，算命的可能都精通《易经》，精通邵子皇极数，就像《了凡四训》里面的孔先生，会算。大家有没有去算过命？准不准？（答：准。）那你白修了，算命还能让人算准，那代表我们还没跳出命运。读书人知书达理，乐善好施，还不能跳脱命数，那就该检讨了。"人未能无心，终为阴阳所缚，安得无数。"人心量没有办法扩大，没有办法放下自私自利，所以改不了命。只要能放下自私自利，绝对改命。所以改习气为立命之基，一个人能不能改命，看哪里？他的习气去掉多少。不是说学了多少、做了多少好事就一定能改命，习气还是要去掉；习气不去掉，每天乱发脾气，功过相抵！"一念瞋心起，火烧功德林"，一把火就全烧掉了，怎么会有功德？

我们有多少功德要先想一个问题，上一次生气什么时候？假如是刚刚，就全烧光了。刚刚开车，有一个人不守规矩，气死我了！一路在那里骂，那就已经烧光了。贪心不去掉、傲慢不去掉、嫉妒不去掉，功德、福德就积不起来。所以一个人学贵自知，实质上要看自己习气去掉多少，这才是真功夫。有没有改命，自己知道。改了命，愈走愈顺：做梦，飞步太虚，在天上飘，梦到孔子来给你讲课——人改命了会有吉祥；或梦吐黑物，脏东西吐出来了。假如愈学愈觉得糊涂，还做噩梦，做好事还被人家骂，或者动不动就说我不行，我没能力，自暴自弃，这就是没有改掉习气，退步了。所以要时时看看自己的状况，不能学得糊里糊涂的。

"**曰：南宫高第，独此少年。**"这个术士就讲，只有这个十七岁的少年考得上进士。"南宫"是指礼部会试，礼部相当于现在的教育部。**"诸同馆斥之。"** 其他同学听了很不服气，跟他理论。人家说这个年轻人会考上，其他读书人马上不服气，难怪他们没考上。**"见人之得，如己之得"**，心胸要大一点。袁了凡先生这一点做得好，有几次一群人一起去考试，看到同乡哪个年轻人特别谦虚，他就对旁边的人讲，这次我看是他考上了。旁边的朋友说，何以见得？你看人家这么谦虚，对我们这些年长的人这么恭敬，给我们端茶、倒水，谁比得上他的谦虚？谦受益，天地鬼神都会保佑他，最后果然是他考上。你看了凡先生，一点都不嫉妒。**"术士曰：文章非某所知"**，你们的文章写得怎么样，这个我不知道。**"但少年满面有阴德气。"** 你看这个年轻人，这么小的年纪，满脸就积了阴德的气息。**"揭榜，果独成名。"** 果然是他考上了。

接下来，**"士选诚贤"**，**"诚"** 就是实在，这个张士选先生实在是很有德行。**"叔亦古君子也。"** 他的叔叔也不简单，有古人的君子之风。**"读之，觉一家和气蔼然"**，读了之后，觉得他们一家非常地和乐。**"反似被士选大占了便宜。"** 张士选把财产让出来，从表象上看好像吃亏了，事实上吃亏是福，他积了大阴德。而且我们相信，他这七个兄弟看到他这样的德行，这一代人会更加团结不分彼此。他这一让，可能他张家的兴旺就让出来了，因为他给后代子孙做出了好榜样，**"留与儿孙作样看"**。

整个悌道，法昭禅师的一首偈流露得非常深刻，**"同气连枝各自荣"**，都是连着父母、连着祖先的手足，不可分彼此，**"些些言语莫伤情。"** **"一回相见一回老，能得几时为弟兄"**，这一句我们念起来特别有感觉，现在都市化时代，大家都忙，兄弟姐妹要相聚，一年没几次。所以一聚，白头发多了几根，岁月催人老。接着讲，**"弟兄同居忍便安"**，亲人相处，包容、忍耐非常重要。每天相处，哪会没有摩擦？不可能！**"莫因毫末起争端。"** **"眼前生子又兄弟"**，后代子孙他们又各为兄弟姐妹了。所以我们现在做好了，**"留与儿孙作样看"**。

有副对联讲，**"善为玉宝一生用，心作良田百世耕。"** 自己好的德行风范，成就孩子好的人格，他那颗心就种大福了。你的风范，百世的后代都效法，他们都去力行、去耕耘，那你真是造福百世。

我们接着看下一段。

> 扈铎早孤，事伯父如所生。伯老无子，铎为买妾。伯卒，遗腹生一男，铎诚其家谨视之。自处户外，中夜审察，不敢安寝。弟有疾，铎夜祷北辰曰："吾父子可去一，勿丧弟，使伯父无后也。"弟竟愈。（《德育古鉴》）

"**扈铎早孤，事伯父如所生。**"扈铎父亲早亡，伯父养他成人，所以他侍奉伯父如自己的亲生父亲。"**伯老无子**"，他的伯父老了，没有儿子。"**铎为买妾。**"他帮伯父找了一个太太。"**伯卒**"，他伯父去世了，"**遗腹生一男**"，"**遗腹**"是指父亲去世了儿子还没出生，还在胎中。"生一男"，伯母生了一个男孩。"**铎诚其家谨视之。**"这是他的弟弟，他非常用心地教育他这个弟弟，因为这个弟弟要传他伯父的家道。"**自处户外，中夜审察，不敢安寝。**"对于整个家里面的安全，他都非常负责，有时候晚上都不怎么敢睡。"**弟有疾**"，他弟弟生病了，"**铎夜祷北辰曰**"，他弟弟生的病可能比较重，他半夜祈祷，对着北辰说，"**吾父子可去一，勿丧弟。**"假如要夺走一个人的命，可以夺我，可以夺我的儿子，不能夺我弟弟的命。"**使伯父无后也。**"不能造成我伯父断后。"**弟竟愈**"，最后弟弟病好了。

接着，我们再来看一篇文章，女子对待自己的侄子，也是如同亲生。

> 昌化章氏，兄弟俱未有子。其兄抱育族人子，未几，自举一子。弟偕妻请曰："嫂既生子，盍以所抱与我？"兄以告妻，妻曰："未得子而抱之，甫得子而弃之，人谓之何？且新生安必可保也。"弟请不已。嫂曰："重拂叔娣意，宁以吾生子与之。"娣不敢当。嫂曰："子固吾子，为侄亦犹子也。何异之有？"后二子又各生二孙，六进士。（《德育古鉴》）

"昌化章氏，兄弟俱未有子。"章氏兄弟结了婚都还没有孩子。"其兄抱育族人子"，哥哥先去抱了一个同族的后代来养。"未几，自举一子。"没有多久，哥哥的太太生了一个儿子。"弟偕妻请曰"，弟弟带着弟妇到他们家里来，"嫂既生子，盍以所抱与我？"嫂嫂既然已经生了个儿子，可不可以把那个抱来的同族的孩子给我们？"兄以告妻，妻曰：未得子而抱之"，因为我们自己没有孩子，抱养了这个孩子，"甫得子而弃之"，现在自己有了，又要把他给别人，"人谓之何？"人家会怎么说我们？意思就是抱来的时候已经当亲生的了，怎么可以说给就给？"且新生安必可保也。"而且这个刚生出来的孩子，还不能保证以后能够健康成长。"弟请不已。"结果弟弟一次接一次来请求。"嫂曰：重拂叔娣意"，"拂"就是拂逆、不顺着他们的意思，每次都拒绝他们，人情上觉得过意不去。大嫂讲，既然小叔、小婶这么坚持，"宁以吾生子与之。"不能不顾及他们的感受，这样好了，把我亲生的给他们。"娣不敢当。"弟妇不敢接受。"嫂曰：子固吾子"，这个儿子固然是我生的，"为侄亦犹子也。"他现在给你做儿子是我的侄子，侄子跟儿子不也一样吗？"何异之有？""后二子又各生二孙，六进士。"这两个儿子又各生了两个孩子，子孙六人全部考上进士。一个家族出一个进士就不得了了，他们家居然出了六个。原因在哪？上一代这么有情义，不分彼此，而且他章家的媳妇这么有德行。

从这里大家悟到什么？娶一个好的太太旺三代，整个家都旺起来。假如不是这样的德行，大家想一想，这个事不知道要吵多久。古代这些对自己的兄弟姐妹，包括对自己的侄子、侄女非常关爱的人，其实都是孝子。《弟子规》讲，"兄道友，弟道恭；兄弟睦，孝在中。"因为父母非常挂念这些孩子，他们一定会为了安父母的心，尽力去互相照顾，哪怕父母都走了，他们的心一点都不改变。

我们来看下一段。

薛包，汝南人。父娶继母，憎包分出。包日夜号泣不去，致殴扑，不

得已，庐舍外，旦入洒扫。父母又逐之，乃庐里门，晨昏问安不废。积岁余，父母悟而命还。（《德育古鉴》）

"薛包，汝南人。父娶继母，憎包分出。"后母不喜欢他，把他赶出去了。"包日夜号泣不去"，这句话我们能感觉到，那种婴孩跟父母之间的天性都没有改变。你看孩子犯错，你愈打他，他抱得愈紧。"致殴扑"，就是打他，"不得已，庐舍外"，自己在乡里建了个房子。"旦入洒扫。"白天都去父母家里打扫。"父母又逐之"，不让他扫，"乃庐里门"，之前是住在家外面，现在父母看到他会生气，他就稍微搬远一点。"晨昏问安不废。"还是回来请安。"积岁余"，就这样至诚做了一年左右，"人之初，性本善"，父母还是被他的诚心所感动，"父母悟而命还。"

我们接着看下一段。

薛包，事父母至孝。及父母殁，诸弟求分财异居。包不能止，奴婢则引其老者，曰："与我共事久，使令所熟也。"器物取其朽败者，曰："我素所服食，身口所安也。"田产取其荒芜者，曰："吾少时所治，心意所恋也。"任弟所愿分之。后诸弟数破其产，辄复赈给。妙在俱与诸弟以可受，绝不矫廉求名。（《德育古鉴》）

"薛包，事父母至孝。及父母殁，诸弟求分财异居。"父母去世了，他的弟弟们要求分财产，不要住在一起，"异居"。"包不能止"，他阻止不了。"奴婢则引其老者"，家里有一些用人，他就找那些比较老的、比较没体力的，"曰：与我共事久，使令所熟也。"他们跟我在一起久了，我使唤他们比较熟了，这些老的就给我。"器物取其朽败者"，日常的用具就要那些用得最破烂、最久的。"曰：我素所服食，身口所安也。""素"就是向来，我平常用得很习惯，比较自在。"田产取其荒芜者，曰：吾少时所治，心意所恋也。"田地跟房屋，找比较差的，比较荒芜的，这些跟我有感情，我就要这几块地了。"任弟所愿分之。"弟弟欢喜的就让给他们。"**后诸弟数破其产**",弟弟都破产了,"**辄复赈给。**"还是不记这些不愉快,继续救济他这些兄弟跟后代。你看孝子一定尽悌道。后面有句很有意思,"**妙在俱与诸弟以可受,绝不矫廉求名。**"薛包体恤人情非常细腻,心很柔软,给人台阶下,自己都要这些不好的,然后还不显得自己清高,还要说,这是我用习惯的,让人不会接受得不舒服。所以孝悌之人时时都是委屈自己,低调去处理这些事情,不让亲人之间发生一些不愉快,而且也不刻意显得自己清高、有德行,去压到自己的亲人。我们现在学点道理,生怕身边的人不知道,好为人师的态度可能就起来了。所以他们这些心境值得我们效法。

　　这节课先跟大家分享到这里,谢谢大家!

孝悌忠信：凝聚中华正能量

第四讲

尊敬的诸位长辈、诸位学长，大家好！

我们上一讲读了两段经文，其实做人的根本，大根大本在孝悌，"孝悌也者，其为仁之本与。""其为人也孝悌，而好犯上者，鲜矣。"这里我们了解到，在家孝顺父母、友爱兄弟，离开家不管到社会哪个团体，都懂得忠于领导，忠于团队、社会、国家。"君子之事亲孝，故忠可移于君；事兄悌，故顺可移于长。"他到单位去，对领导者、年长者、同事，都懂得友爱恭敬，这个社会就安定了。这句话再反过来，其为人也不孝悌，而不犯上者鲜矣。假如我们不教给孩子孝悌，他到社会就会给人添麻烦、添乱。为什么人走入婚姻，都得要拜天地？是要为整个社会有好的下一代负责任，婚姻是大事！

这节课，我们一起来学习《左传》里面的一篇文章《郑伯克段于鄢》。

初，郑武公娶于申，曰武姜，生庄公及共叔段。庄公寤生，惊姜氏，故名曰寤生，遂恶之。爱共叔段，欲立之。亟请于武公，公弗许。

及庄公即位，为之请制。公曰："制，岩邑也。虢（guó）叔死焉，佗（通"他"）邑唯命。"请京，使居之，谓之京城大（tài）叔。

祭仲曰："都城过百（古音bó）雉，国之害也。先王之制：大都，不过参国之一；中，五之一；小，九之一。今京不度，非制也，君将不堪。"公曰："姜氏欲之，焉辟害？"对曰："姜氏何厌之有？不如早为之所，无使滋蔓！蔓，难图也。蔓草犹不可除，况君之宠弟乎？"公曰："多行不义，必自毙，子姑待之。"

既而大叔命西鄙、北鄙贰于己。公子吕曰："国不堪贰，君将若之何？欲与大叔，臣请事之；若弗与，则请除之，无生民心。"公曰："无庸，将自及。"

大叔又收贰以为己邑，至于廪（lǐn）延。子封曰："可矣！厚将得众。"公曰："不义，不昵，厚将崩。"

大叔完聚，缮甲兵，具卒乘，将袭郑，夫人将启之。公闻其期曰："可矣。"命子封帅车二百乘以伐京，京叛大叔段。段入于鄢，公伐诸鄢。五月辛丑，大叔出奔共。

书曰："郑伯克段于鄢。"段不悌，故不言弟。如二君，故曰克。称郑伯，讥失教也。谓之郑志，不言出奔，难之也。

遂寘（zhì）姜氏于城颍，而誓之曰："不及黄泉，无相见也！"既而悔之。

颍考叔为颍谷封人，闻之。有献于公，公赐之食。食舍肉，公问之。对曰："小人有母，皆尝小人之食矣。未尝君之羹，请以遗（wèi）之。"公曰："尔有母遗，繄（yī）我独无！"颍考叔曰："敢问何谓也？"公语之故，且告之悔。对曰："君何患焉。若阙（通"掘"）地及泉，隧而相见，其谁曰不然？"公从之。

公入而赋："大隧之中，其乐也融融。"姜出而赋："大隧之外，其乐也泄（yì）泄。"遂为母子如初。

君子曰："颍考叔，纯孝也，爱其母，施（yì）及庄公。诗曰："孝子不匮，永锡尔类。"其是之谓乎！"

《左传》是春秋时候的史官左丘明先生写的，也叫《春秋左氏传》，记载了春秋时期从鲁隐公到鲁哀公，十二个君王二百五十五年的历史。《左传》，是为孔子所作的《春秋》作注，让整个历史更加详实，进而把《春秋》的微言大义彰显出来。《春秋》就这一句，"郑伯克段于鄢"。讲完了，大家懂了没有？我们不得不佩服孔子，就一句话，就把历史里面的功过全部都点得清清楚楚，孔子是圣人！

"郑伯"，郑庄公，为什么叫他郑伯？他没当好哥哥，称他郑伯。"克"，攻克，本来是用在两国打仗，但这里哥哥跟弟弟用"克"。孔子一个字，就点出了一个历史人物的根本错误，而且传之后世两千多年。所以那时候的人特别怕孔子的笔。乱臣贼子，你们什么事都敢干，我用笔把你们记下来。他们就害怕了，为什么？会遗臭万年。以前的人，毕竟还怕史官。所以人一定要有羞耻心才行，时时要对家族有责任、对社会有责任，他就有羞耻心。"段"，这是郑庄公的弟弟，也是一国的公子，不称他公子，为什么？他弟弟也没做好。所以每个字都把做人的本分、褒贬点出来了。"于鄢"，鄢是郑国边疆的一个地方，代表哥哥追弟弟追得很凶，哥哥做得不妥当。

所以《春秋》义理非常地深远，弟子必须要受教于孔子，才能深明大义。《春秋》这样一直传下来都是口传，孔子传给子夏，子夏传给他的学生，一个叫公羊高，一个叫谷梁赤，他们两个传下来另外两本，就是《公羊传》、《谷梁传》。所以彰显《春秋》的史实和义理的有三本书：《春秋左氏传》，左丘明写的；《公羊传》，这是公羊高传下来的；《谷梁传》，这是谷梁赤传下来的。到了汉朝，才把它从口传记录成文字，就是"春秋三传"，讲得都非常精彩。我们今天就来看《左传》这篇文章，看看给了我们什么启示。所谓以铜为镜正衣冠，以古为镜知兴替，一个国家、一个家族的兴衰就可以看出来。以人为镜明得失，我们读历史，每个人都是来启发我们的，我们的人生就有很多的感悟。

"初"，当初的意思。"郑武公娶于申"，"郑武公"是郑国国君，"武"是谥号，谥是指他去世之后给他的尊称。郑武公娶了申国王室的女子，"曰武姜"。因为她的丈夫称为武公，所以这个武也是随着先生的谥号，后世称武姜。姜是她的姓，她是姜姓之国的公主。所以人这个姓，走到哪都代表他的家族、国家，哪能不庄重。"德有伤，贻亲羞"，这个"亲"包括自己的国家、姓氏。"生庄公及共叔段。"她生了两个儿子，庄公跟共叔段。"庄公寤生"，"寤生"就是难产，差点丧命。"惊姜氏"，姜氏非常惊恐，"故名曰寤生"，给他取名寤生。"遂恶之。"对他比较厌恶。"爱共叔段，欲立之。"武姜希望小儿子来继承君位。"亟请于武公"，"亟"就是屡次请求。"公弗许。""弗许"就是不允许。

"及庄公即位"，后来武公去世了，庄公即位。"为之请制。"他的母亲替弟弟要求，你就把"制"这个地方封给你弟弟。"制"，当时就是虎牢，在河南这个地方。"公曰"，庄公对他妈妈讲，"制，岩邑也。""邑"就是指这个地方，"岩"我们一看"山"，就知道这个地方四面环山，地势险要，易守难攻，是个很好的军事要地，所以他的妈妈希望他封这个地方给弟弟。"虢叔死焉"，这个"虢"念"guó"。当时郑国攻克虢国，费了相当大的力气，后来这个地区就属于郑国了。好不容易才拿下来，弟弟去了之后，假如他有什么不好的念头，那就很难对付。"佗邑唯命。""佗"跟"他"相通。这个不行，其他的只要你说，我唯命是从。"请京"，他妈妈要求"京"，在河南荥阳这个地方。"使居之"，就让他弟弟住在这里，负责这个地方。"谓之京城大叔。""大"念"tài"。

"祭仲曰，都城过百雉"，"百"古音读"bó"，"雉"是建筑单位。平方丈称为堵，三堵为一个雉，就是长三丈，高一丈。这个地方现在的城墙很坚固，都过百雉了，"国之害也。"这对国家是很有威胁的，已经违背礼制了。"先王之制：大都，不过参国之一；中，五之一；小，九之一。"先王有规定，一个国家当中，大的都市建筑不能超过国都的三分之一。中等城市，不能超过国都的五分之一。小的都市，不能超过九分之一。"今京不度"，"度"就是规矩，"非制也"，大叔京这个地方已经不在规定之内了，违法了。"君将不堪。"这是提醒他，君王的一些决定影响整个国家的安危。"堪"就是承受。往后的发展会失控，您无法承受。"公曰：姜氏欲之"，庄公讲，我母亲要这样，"焉辟害？"如何能避开这个祸害？"对曰：姜氏何厌之有？""厌"就是满足，无厌就是没法满足。"不如早为之所"，"所"是处置，不如早做打算，"无使滋蔓！""滋蔓"，就好像野草长得很快，一直在扩散。"蔓，难图也。"等它扩散了，就不好对付了。"蔓草犹不可除"，"蔓草"指的就是这些杂草，易长难除的草，不能让它一直长。"况君之宠弟乎？"更何况是国君您从小被宠坏的弟弟。"公曰：多行不义，必自毙。"他做太多不符合道义的事，会自取灭亡。"子姑待之。"你且等着看。

"既而大叔命西鄙、北鄙贰于己。"西鄙、北鄙这两个地方都属于边城。"贰于己"，对庄公要纳税，也要纳税于他，其实这就在慢慢地逼人民对庄公贰心，听他的，不听庄公的。"公子吕曰：国不堪贰，君将若之何？"另外一个臣子公子吕看到这个情况，就讲，一国怎么可以有两个君王？国君您到底怎么打算？"欲与大叔，臣请事之"，您假如要把国家让给大叔，为臣我现在就请求去侍奉他。"若弗与"，君王您假如并不打算把君位给您弟弟，"则请除之"，那就赶紧请求您做出处理，"无生民心。"不要让老百姓生起贰心。其实说实在的，遇到这种情况，谁最可怜？老百姓跟这些臣子。兄弟的不和，造成整个国家陷入这种冲突，所以位置愈高愈要谨慎。"公曰：毋庸，将自及。"庄公说，他将自取灭亡、自取其祸，不用担心。

"大叔又收贰以为己邑"，把那两座边城变成自己管辖的地方。"至于廪延。""廪延"是另外一座城，他开始扩充这些地方。"子封曰"，公子吕又说了，"可矣！厚将得众。"现在可以处理了吧。"厚"，就是他的土地已经愈来愈广大了，继续发展下去，他会愈来愈有群众基础。"公曰：不义，不昵，厚将崩。"这个句子有两个解释。第一个，"不义"是指对君王不义；"不昵"，对兄长不悌，就是不亲爱兄长，跟兄长冲突，是指他的弟弟于君不义，于兄不悌。"厚将崩"，纵使土地再大，他还是要失败。"崩"就是失败。另外一个解释，他做出的是不义的事情，人民不会亲近他、认同他，所以不成什么气候的。

"大叔完聚"，完成了城墙，积累了粮食，做好准备要打仗。"缮甲兵"，"缮"是整修，制造很多的盔甲兵器。"具卒乘"，又准备好了很多的士兵。"乘"是指四匹马拉的战车，兵马都准备好了。"将袭郑"，准备偷袭郑庄公。"夫人将启之。""夫人"是指武姜，就是准备做内应，来跟她的小儿子里应外合。"公闻其期曰：可矣。"这个郑庄公也很厉害，打听到他们哪一天要里应外合，他说可以了。"命子封帅车二百乘以伐京"，首先派出两百辆战车还有士兵，讨伐京这个地方。"京叛大叔段。"京这个地方的人反叛了大叔。整个事件，就是这个弟弟在那里计划谋反，所以一般的百姓看到这个情况，不认同这个大叔。"段入于鄢"，"鄢"是指鄢陵县。弟弟逃到国家边缘的城市。"公伐诸鄢。"结果庄公自己出马，追到了鄢这个地方。"五月辛丑"，五月二十三日，"大叔出奔共。"大叔逃出自己的国家。这里用"出奔"，已经有罪的叫出奔。大叔逃到河南辉县那个地方去了。

"书曰：郑伯克段于鄢"，"书"是指《春秋》。"段不悌，故不言弟。"段做出来的行为不悌，不称他是弟弟，叫他"段"。"如二君"，就好像两个国君，两个国家在打仗，"故曰克。"明明是自家兄弟，用"克"来形容，是因为他们根本没顾及兄弟情感。"克"就是要杀的那种态度都出来了。"称郑伯"，不称他庄公，"讥失教也。"讽刺他没有好好教育他的弟弟。"谓之郑志"，"郑"是指郑国的人民，"志"是郑国人民的心态、态度，都觉得这个弟弟不对。"不言出奔，难之也。"孔子没有讲出奔，含义很深。"段"，是指责这个弟弟错了。"于鄢"，是指责哥哥。为什么？哥哥追弟弟追得这么急，要杀他。可能有人就会问，不然庄公要怎么做？要慢慢追，让弟弟有足够的时间逃走，那就是有这份情分。孔子这两个字，就把事情、每个人心态哪里不对点出来。

接着，"遂寘姜氏于城颍"，"寘"是幽禁，把他的母亲软禁在临颍县。"城颍"就是现在的河南临颍县。"而誓之曰"，庄公刚讨伐完他弟弟，火气很大，心里不平，发誓讲，"不及黄泉，无相见也！"不到死，我这一生都不见我母亲。"既而悔之。"不久就后悔了。所以人有情绪的时候，先安静安静。人一生气，讲出来的话往往都失言，可能让别人难堪，也让自己后悔。

"颍考叔为颍谷封人"，颍考叔，当时是守封疆的官员。"闻之。"知道了这件事情，"有献于公"，他进献一些贡品给庄公。"公赐之食。"当时的礼仪，臣子进献东西给君王，君王回礼请他吃饭。颍考叔这么做是希望帮他的国君解难，所以做一件好事真不容易，得有方方面面的考虑。"食舍肉"，在吃饭的时候，他把君王给他的食物放在一边，不舍得吃。"公问之。"庄公问他，你干吗不吃？"**对曰**"，他回答道，"**小人有母**"，我有老母亲，"**皆尝小人之食矣。**"所有好的食物都先给母亲尝过我才吃。"**未尝君之羹**"，未曾吃过君王所赐的肉，"**羹**"是带汁的肉。古时候一年吃不到一两次肉，所以他觉得很珍贵，又是君赐的。"**请以遗之。**"恳请君王让我拿回去给我的母亲吃。"**遗**"就是赠与。当然，颍考叔讲这段话都是真情流露，所以庄公听完也很受触动。"**公曰：尔有母遗，繄我独无！**"**繄**"是语气词，唉，怎么你有母亲可以奉养，只有我没有。这也反映出庄公后悔了。

"**颍考叔曰：敢问何谓也？**"颍考叔要装着不知道这个事，到底怎么回事？所以做好一件事情不容易，得方方面面考虑，得让君王很有面子，有台阶下。"**公语之故**"，就是把缘故、来龙去脉告诉他了。"**且告之悔。**"也表达了他很后悔。"**对曰：君何患焉。**"国君，有什么好担忧的？"**若阙地及泉**"，这个阙念"**jué**"，通"掘"字。只要挖地挖到有泉水的地方，"**隧而相见**"，"**隧**"是指地道。在地道里相见，地道不就是黄泉吗？所以领导有不对的地方，给他提醒之外，还要把对策先想好，不然给领导建议完，那怎么办？你也不知道，那不是白讲。"**其谁曰不然？**"谁会说不行？当然这么用心良苦让母子相聚，天下也没有人会说不对，也都会很欢喜看到这一幕。"**公从之。**"就让他去做了。

"**公入而赋**"，庄公走进地道，毕竟母子是天性，看到他妈妈，不由自主就念着，"**大隧之中**"，在地道之中，"**其乐也融融。**"**姜出而赋**"，他的母亲走出地道之后，也赋了诗，"**大隧之外，其乐也泄泄。**"融融"是和乐，"泄泄"是心情愉快。母子的心情不大一样，不过都很欢喜。"**遂为母子如初。**"初"是指像小孩时一样的母子感情，也指"人之初，性本善"的那个天性恢复了。其实这个心境随时都有，就是被欲望、习气给障住了。

"**君子曰**"，"君子"是《左传》常用来评论这些历史的，一般是指有学问的人、有德行的人，也反映出当时读书之人、明理之人的价值观。他们会怎么看这个事情？"**颍考叔，纯孝也**"，"纯孝"就是大孝。"**爱其母**"，对他母亲很孝敬。这个纯孝，是纯而不夹杂怨恨、欲望、习气在里面。人把父母的过失放心上就达不到纯孝，怨恨可能就慢慢滋长，情绪也慢慢愈来愈大。**"施及庄公。"**"施"念"yì"，就是他的这份孝心感动了庄公，推及庄公，让他反省自己，知过能改。而且我们要了解，庄公能改，他这个国家的命运才能改。假如国君不孝，这个国家就麻烦了、就没福了，老百姓有样学样，"上有好者，下必甚焉"。

接着引了《诗经》的一句话，**"诗曰：孝子不匮，永锡尔类。"**"不匮"就是没有穷尽，孝子的孝行没有穷尽。他至孝的行为，这一生都是这样保持下去，甚至于这个孝行又为后世所效法。我们现在看"二十四孝"，一看大舜，一看闵子骞，都被感动，孝心都被他们启发了。"永锡"，"锡"就是赐给，"类"就是族群，赐福给了他的这些族群。其实福从哪里来？福田心耕，孝行教化感动了整个国家的人民，这个国家哪有没福的道理？**"其是之谓乎！"**说的应该就是这个意思吧。

故事讲完了，请问大家，你们觉得谁错了？（答：妈妈。）还有没有？（答：两个都错了。）还有没有？大家注意，这篇文章，三个主人公是一家人，一家人假如论的都是对错，解不解决问题？家里是讲对错的地方吗？家里不是说理的地方，说理气死你，说理就顾及不到情。伤情，请问说的还是道理吗？伤了情就跟道理不相应了。讲的话是道理，心态不对。有情绪、有指责了，道理讲得再好，没用。所以我们面对亲人讲话，首先不能有情绪，带着情绪讲道理，对方只记得谁脾气很大，谁不高兴，道理听不进去。所以一家人，要"怡吾色，柔吾声"。

我们再来看一遍这个经文，来感受感受，怎么样让这件事不发生，不恶化成这样，那我们就从这个历史当中得到智慧了。其实世间很多事情，大家有没有觉得很无奈？这个家，那个家，家家有本难念的经。为什么难念？第一，都是到了严重的时候才处理。大家看看现在的人到什么时候才知道爱惜身体？癌症了、高血压了。现在人很迟钝，都很严重了才有反应。为什么会迟钝？不读圣贤书，没有判断力了。假如大家都背过《黄帝内经》，就不是这样了，"不治已病治未病，不治已乱治未乱"，防微杜渐，事情就好处理。所以春秋时候很乱，"臣弑其君，子弑其父，非一朝一夕之故"，不是一天两天变成这个局面，"其所由来者渐矣"，是渐渐形成的。"由辩之不早辩"，早就发现问题，却不早一点处理，才会造成礼崩乐坏的情况。

诸位学长，现在的下一代乱不乱？不要说下一代了，我们这一代乱不乱？为什么？我们的上一代、上两代没有"辩"。我们这几代人，把什么放在第一位？把利、把钱放第一位！《论语》说"君子喻于义"，君子明白自己的道义本分，"小人喻于利"，假如父母都是考虑怎么样对自己有利，怎么样多赚点钱，请问大家，教出来的都是什么人？小人。小人知道犯法要被关，他很聪明，他不犯法，但做的都是自私自利的事，不犯法可以把父母气死，没有道义。"德者本也，财者末也"，这要分辨出来。

我们看这篇文章，一开始的错误到底在哪里？郑武公娶了武姜，生了两个儿子。"庄公寤生"，难产，"惊姜氏，故名曰寤生"。看起来是母子冲突，请问爸爸有没有责任？爸爸看不到吗？看到了，该做什么？父亲假如时时告诉他的儿子："儿子，你这条命，是你母亲在生死边缘给你救过来的，你要念念不忘。"还会有后面的事吗？家里面，至亲有些不愉快，要当和事佬，赶紧把它化掉，你不化掉还增加对立，那不就颠倒了吗？

现在很多大人教育孩子的时候很爱搞分别。比方说孩子回奶奶家，一回来，奶奶就问孙子，奶奶好，还是外婆好？把好恶的心就这么传给了孩子。郑武公就是这样，没关系，妈对你不好，爸对你好。这是雪上加霜！不好好把孩子的本性、天性保护好，还给他添乱。所以这里告诉我们，"欲齐其家者，先修其身；欲修其身者，先正其心。"心假如不正，假如偏了，这个家的灾难就要来了。请问大家，庄公恨什么？都对弟弟好，对我不好。共叔段很猖狂，想怎么干就怎么干。为什么？他被宠坏了，愈来愈嚣张。所以"养不教，父之过"，父母要负责任。

我曾听到一个故事。一个主管生了两个孩子，哥哥跟妹妹。哥哥比较会读书，妹妹成绩比较差。结果这个爸爸就很疼哥哥，比较忽略妹妹。"你看，你哥成绩这么好，就你给我丢脸。家里的活，哥哥都不用干，就你干，谁叫你成绩不好。"偏心了。讲到这里，我很庆幸，我爸妈没有偏心，不然我从小成绩就不好，我的心态可能就有问题了。父母的心态不对，孩子人格铁定不健康，没有侥幸的。所以这个父亲宠爱哥哥，哥哥就傲慢，忽略妹妹，妹妹就自卑。后来哥哥真的读到博士，妹妹只读到专科毕业。这个父亲又把儿子送到美国去。读完回来了，这个爸爸可能觉得很有面子，正打算带着儿子去走走亲戚，算盘还没打好，他儿子来找他了，"爸，我也不知道你什么时候会死，你有这么多钱财、房子，你就早点给我吧。"重视了孩子的学业、学历，忽略了孩子的德行。心偏了，孩子的心态也不对，我成绩好给你长面子，给我多少钱。《礼记·学记》说"教也者，长善而救其失"，没有顾及孩子的心往好的方向去发展，教不好孩子的。结果这位父亲不给他儿子，他儿子还要跟他断绝父子关系，他气得差点进精神病院。接着谁出来了？妹妹出来了，孝敬他，病情才好转。

《左传》这个故事里面是谁得宠？弟弟，他也很傲慢。哥哥没有母亲的爱，慢慢心态就不正常了，很渴求母亲的爱又得不到，最后嫉妒、怨恨就上来了。我们看第一段，"遂恶之"，母亲没有平等爱护孩子，他们家的祸患就埋下去。"爱共叔段，欲立之，亟请于武公，公弗许。"她请了好多次，武公都说不行。但是我觉得她先生应该防微杜渐，已经看到这个端倪了，应该赶紧辅导他的太太，把这个关系融合。难道小儿子愈来愈傲慢，这个爸爸不知道吗？所以父母都要能早一点调整自己的心态，不能让事情发展成这样，兄弟阋墙，甚至整个国家都有危难。

我们接着看，庄公其实还是希望讨母亲欢喜的，但是事实上这个方式不妥当。庄公毕竟是读书人，他应该用他的智慧来判断这么做能不能真正让事情好转。假如不行，还继续做，那也是不理智。后来，事态愈来愈严重，甚至于庄公算准了，好，等你怎么样了，我再好好收拾你。等到他弟弟背叛的态度已经完全明显的时候，他妈妈要做内应，他觉得妈妈对我这样，不爱惜我，好，可以了，发兵。

当他弟弟需要教导的时候，他并没有好好去教导，结果弟弟的恶愈来愈严重，最后他就发兵去打他弟弟。这也反映出他没有善巧地用真诚心去教诲弟弟。其实，为什么人不能真诚？心有病！从小就觉得妈妈不爱他，就宠爱弟弟，心已经不平衡了。人心不平衡，怎么处理都不能达到真诚跟理智，都有一点情绪掺杂在其中。所以整个事情会变成这样，庄公还是要负很大的责任。整个过程中，每一个人假如都发觉自己的问题，肯转变，厄难就会化掉。其实一件坏事要发生也不容易，要所有的人都头昏。大家想一想，母亲在这个过程中，只要在哪个时期醒过来，事情就不会恶化。还有小儿子，他妈妈给他要了"京"这个地方，他假如冷静一下，"我哥一定很难受，妈，不要这样。"这事就不会发展下去了。郑庄公呢，他两个臣子有没有分析给他听？有，可是你看庄公是用道理压他弟弟，是不是讲情义？不是。"多行不义，必自毙。""不义，不昵，厚将崩。"这个话不像是哥哥对弟弟讲的。哥哥对弟弟要讲情义，不是讲道理。

最后，这个母亲醒过来了，为什么？可能是他大儿子说，"不及黄泉，无相见也。"毕竟是自己的骨肉，话讲到这么绝了，母亲醒过来了，这个事情跟她有关，闹成这样是她偏心造成的，所以她自责了。后来相见，才"大隧之外，其乐也泄泄"，抒发了她的郁闷，心情转而愉快。母亲一转过来，天性就恢复了。其实儿子哪有不盼这一天的，母亲爱护他，他很快就恢复到小时候的心情。我们可以看到，颍考叔时时孝顺父母，很愉快。可是庄公很痛苦，没好日子过，这个问题不化解，他睡不着觉。这里也点出来，什么是快乐？什么是人生真乐？庄公贵为一国之君，而且他的富贵是国家第一高的，又贵又富，快不快乐？不快乐，因为没有母亲的爱。

所以孟子说"君子有三乐"，"父母俱存，兄弟无故"，天伦之乐，这篇文章就点出来了。现在很多人很有钱、很有地位，他不快乐，他的孝道有亏，塞住了，兄弟姐妹之间还有不愉快，解决不了，良心有愧，乐不了。所以舜王，至孝之人，他当了天子，娶了全国最贤德美丽的女子，还是不快乐。为什么? 他父母不接受他。等到他真的感动父母了，父母也改过迁善，他很快乐。这是至孝至善、天性不被功名利禄污染的人表现出来的。虽然庄公后来改过了，但历史最后赞叹的不是庄公，是谁? 是颖考叔，至孝之人。我们要效法孝子的风范，不要造成人生这么大的错，要以自己的孝行、德行，造福于自己的家族，也造福于后世。

这节课先讲到这里，谢谢大家!

第五讲

尊敬的诸位长辈、诸位学长，大家好!

我们今天主要谈的是"忠"这个主题。《忠篇》"绪余"，对"忠"义理的开显非常精辟。我们看第一段。

> 夫忠，德之正也，唯正己可以化人，唯正心所以修身。故格物致知，当自求诸心。欲正其心者，先诚其意，诚则敬。《说文》：忠，敬也，从心，中声。《注》曰：敬者，肃也，未有尽心而不敬者。《笺》曰：尽己之谓忠。故忠有诚义。《论语》曰：为人谋而不忠乎?《记》曰：丧礼，忠之至也。又曰：瑕不掩瑜，瑜不掩瑕，忠也。《传》曰：小大之狱，虽不能察，必以情。忠之属也。《孟子》曰：教人以善，谓之忠。观于此数者，可以知忠之义。所谓反身而诚，然后能忠是也。

"夫忠，德之正也"，我们之前学的文章主要是讲孝悌，孝是德之本，百善孝为先；悌是德之序，懂得先后长幼尊卑的态度。忠是德之正，正就是不偏不倚，心不偏颇，不偏私。"忠"，公忠体国，这个忠体现大公无私，体国是时时以国家、团体为重，这才是正而不偏私。正又跟邪相对，心起邪念，对人就不忠，当然对自己也不忠。**"唯正己可以化人"**，正己为什么可以化人? 因为"人之初，性本善"，每个人都有本善的心，只要我们行得正，有真正的德行，这就是一个很好的善缘去启发别人的善心。所以孔子讲"君子之德风"，"风"是指风范、德行，"小人之德草"，"小人"是指一般老百姓，他们接触了君子，看到了他的风范、德行，就好像风吹过去，草很自然就弯下来，就受教了，"草上之风必偃"。确实在历史当中，很多留名青史的圣贤，他们在世的时候，人民都以他们为榜样，甚至于把他们当做自己父母一样看待；这些人去世的时候，老百姓就跟丧了自己的父母一样悲痛。所以这些圣贤以父母的心爱护子民，他们的心是大公无私、是正己。所以"正己"是真正成就德行。假如我们自己没有正，就想教化他人，那就很难达到效果。所以"正己可以化人"也提醒我们，教化、感化不了他人，那就是自己的德行还不够。

现在社会当中，领导觉得员工不好带，父母觉得孩子不听话，老师觉得孩子很难教，那都是没有化人。为人领导、为人父母、为人老师，所谓君亲师三个角色，能不能回过头来看看，我们正己了没有？有没有成就德行？所以孔子讲，"其身正，不令而行。"自己真正做得正、做得好，他人在生活点滴当中潜移默化受到好的影响，不用命令他，他自己就效法了。为什么？他有本善。孔子又讲，"其身不正，虽令不从"。我们自己没有做好，还一味地要求、指责、命令他们，他们心里不服，也很难真正照着去做。所以正己可以化人，确实也是知所先后的道理，要先正己，然后能化人。"化"是自然而然的，不是刻意的。俗话讲，"桃李不言，下自成蹊。"桃树、李树的果实很甜美，自自然然人们就走出一条路来，来采这些桃李。相同的，人真有德行，"道之所在，天下归之；德之所在，天下贵之；仁之所在，天下爱之。"自然能感召别人向他学习。

接下来讲，**"唯正心所以修身。"**正己，真正成就自己的德行，要从根本下手，从起心动念下手。因为一切言行都是心态延伸出来的。所以心正，言行自然就正，要修养自己，一定是从"正心"下手。《大学》告诉我们，"欲修其身者，先正其心；欲正其心者，先诚其意；欲诚其意者，先致其知；致知在格物。"一个人要能"正心"，得从格物下手。物格知至，知至意诚，意诚心正，心正才能达到身修。我们从这一段也体会到，"君子务本，本立而道生。"我们有很好的目标，但是都要回到根本去下工夫。

"故格物致知，当自求诸心。""格物致知"的功夫应该从哪里下手？"诸"是之于的意思，下手的地方，应该是自己的这颗心，求之于自己的起心动念处。"格"是格斗，就是以非常大的决心，不迟疑地格去物欲。有这些欲望，就会产生很多的欲求，求不得，烦恼就来了，求不得，习气就现前，贪、生气，种种习染就产生了。所以首先得要格去物欲，烦恼少了，智慧才透得出来。所谓"息灭贪嗔痴"，贪嗔痴慢起来的时候，人的心就不正了，就被贪心给障碍住了，贪名、贪利、贪色。欲望现前，欲令智迷，遮住眼睛了，利令智昏，情生智隔。我们看，人对于欲望不能够节制，可能很多行为都控制不住。

历代很多陷害忠良的人，他们也都读过圣贤书，调伏不了自己的名利心，最后才会做出糊涂的事情。很多读书人，立名于一生，也很努力地成就自己的道德、事业，但是女色现前，把持不了自己，可能一失足成千古恨。这都是格物的功夫不够。还有，我们好面子，智慧出不来，心也不正了，看事也看不清楚。好面子，就只想自己好不好受，哪能够体恤大局，哪能够无私无我！所以首先要有格物的功夫。格物了，我们这些自私自利的习气淡了，自己都会感觉脑子比较清楚，智慧长了。所以说实在的，智慧不是外来的，是人本有的，只是被这些习性、烦恼障碍住，就好像太阳被乌云给遮住了。太阳还是在放光芒，只要把乌云拨开就可以见日。

"致知"也可以说是致良知，人能够去这些私欲、习气，良知就透出来了，意就诚，心就正，这是一个说法。另外有一个说法，人也有对事物认知的错误，叫所知障。我们怎么去掉所知障？契入正知正见，让自己所有的认知都跟真理相应。障碍人的诚意正心和本善的，有烦恼障跟所知障。烦恼障是执着，所知障是分别。分别就是所有都是自己对，别人错。而格物致知的功夫，都要回到常常观照自己的心，心有没有起邪念、有没有起烦恼，有了，赶紧把它转过来，"圣狂之分，在乎一念"。不能总顺着自己的意思，觉得自己是对的。跟古圣先贤学习，要达到致知，就要时时随顺圣贤的教诲，不可以随顺自己的想法、看法。孔子都说他"述而不作"，圣人都时时以经典、以古圣先贤教诲来对照自己的心，来要求自己。我们的德行与孔夫子差得远，结果我们学的时候，还常常都是顺着自己的见解，那就很难提升自己了。

接着，**"欲正其心者，先诚其意"**，"诚其意"就是对一切人事物都真诚，对一切人事物真诚就不会起妄念。清朝曾国藩先生对真诚下了一个批注，"一念不生是谓诚。"一个妄念、一个邪念都没有，不自私了，念念为对方着想，这就是真诚的体现。真诚不夹杂贪心，不夹杂任何的情绪、傲慢，不夹杂任何的怀疑，只有对人的信任，对人的关怀、爱护。这么真诚去待人，"诚则敬。"也自然提起对人的恭敬态度。

"《说文》"，所以《说文解字》里面说道："忠，敬也。"忠诚的人，对人一定是非常恭敬的。"敬"不只是对人，对每一件事情，对每一个物品，都懂得恭敬对待。比方受人之托，忠人之事，他一定尽心尽力做好；面对物品，我们上一代、上两代的人，面对公家的东西都是非常慎重，绝对不公器私用、不假公济私。我们之前听师长讲过，他的校长周邦道先生，家里装一台电话，可只要是私事，都走出家门，到附近的电话亭去打。我们常听到这样的事例，真的都是打内心佩服这些长者的修养。

"从心，中声。"这个"忠"字，有一个心，有一个中。"注曰"，"注"是清朝段玉裁先生专门为《说文解字》作的注解。"**敬者，肃也，未有尽心而不敬者。**""敬"体现出来就是"肃"。"肃"就是持事镇静，在面对事情、处理事情的时候，非常恭敬、非常尽力。所以恭敬的具体体现就是尽心尽力，一个人只要不恭敬，那称不上尽心尽力。而且，尽心就不会半途而废、不会阳奉阴违，时时尽心在他的本分当中。

"《笺》曰"，"笺"是清朝徐灏先生依据《说文解字注》而作的笺释。"**尽己之谓忠。**"尽自己的力量，尽心尽力去做了，这是"忠"的表现。"**故忠有诚义。**""忠"是懂得敬，其实敬人就真诚，尽心尽力的时候，只想着把事情做好，不会起那些贪嗔痴慢的念头，就很至诚地去把事情做好。所以忠里面包含了真诚、诚敬的意思。我们常讲忠诚、忠信、忠勇，这些名词都让我们体会到忠表现在哪。忠表现在真诚，在守信，心里的承诺，与人的承诺，尽心尽力做到好。包括忠义，应该尽的道义，尽心，忠正，就不会偏失了。"**《论语》曰：为人谋而不忠乎。**"替人办事，怎么可以不尽忠？所以曾子"吾日三省吾身"，一开始就是强调"忠"。由此我们可以体会到，儒家教诲我们，一个人做人德行的大根大本在忠孝二字。做人离了忠孝，那就离了做人的本。忠孝是天理之常，所以不忠不孝就天理不容，就不配与天地并列称为三才。

"《记》曰"，"记"指《礼记》。"**丧礼，忠之至也**。"一开始讲为人谋要忠，接着讲为人子要能够尽心奉养父母，而且在父母去世的时候，都能符合礼制办好父母的丧礼。父母临终，等于是这一生孝养最后的终点，要善终。我们看古代的人懂得孝道，父母去世了，都要把父母的丧礼办好。"二十四孝"的董永，家里穷，没有办法好好地安葬他的父亲，一个大男人就卖身葬父，没有自己，心里就想着尽全力办好这个丧礼，都想着父母。所以"二十四孝"，可贵的是那种真情、至情的流露。古代有一些孝媳，先生已经不在了，奉养婆婆，也是把房子卖掉，办完后事，才安心。孝养婆婆一辈子，连这个房子都不起贪念。所以《礼记》里面才强调"忠"这个字，一个孝子对父母的忠心，丧礼表达得最彻底。当然丧礼办完之后，就像《弟子规》讲的"事死者，如事生"，还是时时要记住父母的教诲，不敢忘怀。

"又曰：**瑕不掩瑜，瑜不掩瑕，忠也**。"这也是《礼记》里面提到的。"瑕"是玉上面的斑点，代表缺憾。"瑜"就是美玉，很光彩、很光亮的好玉。"瑕不掩瑜"，一块玉石可能有斑点的部分，也有非常光亮的部分，引申出来，就是缺点不掩盖优点，这是忠的表现。其实这个"忠"字也强调人的心要正。心有所好乐，不得其正，就不忠。讨厌缺点，喜欢优点，心就有好乐了。比方我们与朋友相交，就容易看到他的缺点看不到他的优点，一盯着他的缺点看，好像他什么都不好了，就偏颇，看不清楚了。所以《大学》讲，"好而知其恶，恶而知其美者，天下鲜矣。"人好恶心太重，就很难达到忠。而且说实在的，人与人相处，看到亲朋好友的缺点，不能掩盖他的缺点，应该去帮助他改正缺点，这才是忠。不只没有帮助他，还全盘否定他，就只盯着他的缺点，那就谈不上忠了。

"瑜不掩瑕"，优点不掩盖缺点，叫"好而知其恶"。喜欢他，也要很清楚他有哪些问题，才好协助提升他。看着他的好，就觉得他什么都好，那还是偏颇。《大学》又讲，"人莫知其子之恶，莫知其苗之硕。"人们不知道自己孩子的问题，也太溺爱了，觉得他什么都好，看不到缺点。所以忠，是很客观、很冷静地看事情，去与人相处。所以忠不容易！我们看历代都有党争，关系好，他什么都对，处处袒护他；关系不好，就对立起来，他说什么都反对。这些心态就提不起"不以人废言"这种理智。

"《传》曰：小大之狱，虽不能察，必以情。忠之属也。"这是《左传》中提到的。"狱"是指监狱判刑的事情，这些司法案件虽然不能每一件都彻底了解，但是处理的时候必定要合情合理去办，其实也就是尽心尽力去处理。面对这些犯罪之人，也要有一份爱护他们的心、为他们的心。欧阳修先生写的纪念他父亲的一篇碑文《泷冈阡表》里面提到，他父亲当官的时候，审案件有时候到三更半夜，就怕没能尽到力，希望他们不要受到冤枉。人死是不能复生的，所以尽量看有没有办法减轻他们的罪。有时候实在没有办法减罪了，他的父亲叹息道，"我尽力了，我没遗憾了。"所以"忠之属也"，这属于忠的精神，他们为官都能够推己及人，把这些事情都当做自己的事情一样尽心来处理。

"《孟子》曰：教人以善，谓之忠。""教"，教育、劝导都包含在里面。用善道教育他，使他愈来愈好，"谓之忠"。《弟子规》当中说，"善相劝，德皆建；过不规，道两亏。""亲有过，谏使更，怡吾色，柔吾声；谏不入，悦复谏，号泣随，挞无怨。"我们看"悦复谏"，也是尽心尽力，不辞劳苦。"号泣随，挞无怨"，这是忠，是对父母尽忠的孝子，包括臣子也有"号泣随，挞无怨"的。"**观于此数者**"，前面讲到的这些经句对忠的诠释，"**可以知忠之义。**"可以让人对忠的义理有更深、更广的体会。"**所谓反身而诚，然后能忠是也。**"反过来观照自己的心真不真诚，心正不正，然后才能真正做到忠。所以忠还是很强调心地的功夫，心诚、心正才谈得上尽忠。所以尽忠不是做表面功夫而已。我们接着看第二段"绪余"。

孔子曰：忠焉，能勿诲乎？又曰：忠告而善道之。此皆教人以善之义也。王曾《原忠篇》云：忠之义大矣，忠之理微矣。忠者，中心也，中于道而合乎心之谓也。中不合道，则理有倚偏。道不中心，则道有未尽，故不偏不倚之谓中。中道中心，忠名乃定。忠之义则无所不包，大而格天地、感鬼神、光日月、壮山河、固社稷、卫生民，小则敦孝悌、和夫妇、信朋友、睦宗族、化乡邻、厚风俗。且不特为人宜忠，而自为亦当忠。忠恕违道不远。施诸己而不愿，亦勿施于人。夫子之道，忠恕而已矣。

"**孔子曰：忠焉，能勿诲乎？**"这句话出自《论语·宪问》，原话前面还有一句叫"爱之，能勿劳乎？"爱护一个人，能够不劳心劳力、尽心尽力，劝勉他走正道吗？帮一个人不容易，就好像为人父母，要成就一个孩子的德行、好的人格，要费相当大的心血。接着是"忠焉，能勿诲乎"，"焉"相当于"于之"，"忠焉"就是忠于这个人，"勿"通"无"，"诲"就是劝导、教导。忠于一个人，能够不劝导他吗？这跟刚刚孟子讲的"教人以善"是相应的，一定要善相劝才是尽忠。

"**又曰：忠告而善道之。**""告"就是劝告，尽心尽力劝告，苦口婆心。"善道之"，"善"也包含善巧方便、设身处地，看什么方法他比较能接受。"**此皆教人以善之义也。**"举了《论语》的两个经句，让我们体会"教人以善"的意义。"**王曾《原忠篇》云：忠之义大矣，忠之理微矣。**""忠"所涵盖的义理非常广大，而道理很细微，细到生活的点点滴滴当中。"**忠者，中心也**"，心保持在中庸、中道，保持在理智当中，才是"忠"。"**中于道而合乎心之谓也。**""中于道"就不偏离道德。具体来讲，不偏离五伦的做人道理，然后又"合乎心"，心不偏颇，这样就对了。"**中不合道**"，假如不符合道义，"**则理有倚偏。**"理就不明白，跟道理就不相应。"**道不中心**"，假如我们今天在尽道义，而不从心地上去行道，那心有偏颇，"**则道有未尽**"，"未尽"就是还不圆满。比方说我们在行孝道，但是不忠心，没有发自至诚去对待父母，就不圆满。可能看起来很像在行孝，但是内心有情绪。所以《论语》里面讲孝顺父母，"色难"，这就强调内心的恭敬。"**故不偏不倚之谓中。**"所以心要不偏不倚，"**中道中心，忠名乃定。**"做事符合道德、道义，而且心都是至诚至正，才能真正契入忠的实质。

"**忠之义则无所不包**"，"忠"在生活当中处处能体现，"无所不包"。"**大而格天地**"，就是感通天地。惊天地泣鬼神，所以感通天地，"**感鬼神**"，然后感动鬼神。"**光日月**"，德行、忠心跟日月同辉，这叫德光普照。这在历代圣贤人的行持当中，我们都可以感觉得到。像宋朝的文天祥先生，为了保住宋朝的江山，跟蒙古打仗，最后还是兵败，没能保住宋朝的江山。但是忠臣不事二主，他不愿意投降，最后元朝赐他一死，他也是视死如归，在他的衣带上写下，"孔曰成仁，孟曰取义，唯其义尽，所以仁至。"这个道义做到极处了，这个仁也是能够感通，这份心也跟仁慈是相应的。"读圣贤书，所学何事？"读了一辈子圣贤书，所学的是什么事？"孔孟之道，仁义而已矣。"在生死关头，心都不离仁义之道，为国尽这份忠义。"而今而后，庶几无愧"，他慷慨就义，觉得从今以后，应该在这件事情上能问心无愧。所以这份忠义，确实是"感鬼神、光日月"。他这份忠的风范确实"是气所磅薄，凛烈万古存。"我们在几百年之后，再读到文天祥的这段历史，都很受感动。"当其贯日月，生死安足论。"他们的忠心跟日月同辉，虽然生命已经结束，但是他们的精神还照亮着世间、照亮着后世，这叫"光日月"。

"**壮山河**"，他们的气概就好像高山大河，那种气势让人景仰。"**固社稷**"，巩固了整个国家社稷。"**社**"是土地神，"**稷**"是谷神，"**社稷**"二字代表国家。"**卫生民**"，保卫、照顾好人民，让人民能够安居乐业。为官者能照顾好老百姓，这是忠的具体表现。这是从大的行为当中表现出来的忠。

小的地方，在生活的这些细节里面，什么样的行为属于忠？"**小则敦孝悌**"，"**敦**"是敦伦尽分，尽自己的本分，尤其是"孝悌"的本分。"**和夫妇**"，能够和顺夫妇的关系，让一家和乐，这也是忠于家庭，忠于另一半。所以这是随因缘、随本分，尽心尽力。"**信朋友**"，忠信来对待朋友。"**睦宗族**"，能把整个家族、宗族团结在一起。宗族的亲人有任何困难、困苦，都能尽心尽力去帮他们解决，这是尽忠于自己的家族，也是对得起祖先。**"化乡邻"**，感化整个乡民、邻居。读书人都很有使命感，以天下为己任，所以感化一方的老百姓，他们觉得也是本分事。**"厚风俗。"** 敦厚整个社会的风俗，也给人民做榜样。

"且不特为人宜忠"，**"不特"** 就是不独，不独为人处事、跟人相处应该忠。**"而自为亦当忠"**，对自己也要忠，要忠于自己，不能自欺，不能欺自己的心。儒家常讲要慎独，慎独也是忠，忠于自己。人前人后言行不一致，这就亏了自己的德行，怎么是忠于自己? 所以有一句关于慎独的格言很好，叫"内不欺己，外不欺人，上不欺天，君子所以慎独也"。这都是忠于自己。

"忠恕违道不远。施诸己而不愿，亦勿施于人。夫子之道，忠恕而已矣。""违" 就是离，我们常常守住"忠恕"的态度，离道就不会远。人能忠恕待人，慢慢就能契入大道、契入仁爱之道。忠是尽心尽力，恕是推己及人。"己所不欲，勿施于人"，"己欲立而立人，己欲达而达人"，都有恕的精神在里面。而且你要尽心尽力帮人，考虑他能不能接受，以他能接受的方式来帮助他。你很尽力，结果用的方法他都不能接受，那就没有恕了。那是我们强势，是我们控制的意念太强，看起来很尽力，事实上这个心不在恕道，心可能还是掺杂着傲慢，或者是控制在里面。所以"施诸己而不愿，亦勿施于人"，这就是"将加人，先问己；己不欲，即速已"。所以"夫子之道，忠恕而已矣"，忠恕这样的心态，能贯通夫子所传授的一切教诲。

我们接着看第三段"绪余"。

忠者，所以尽心也，非专指忠君言也。凡忠于天、忠于国、忠于主、忠于友，皆忠也。食人一日之禄，必忠人一日之事。受人一事之托，必忠人一事之谋。故孔门一贯心法，忠先乎恕。曾子三省其身，首及于忠。若不尽心，便是亏心，亏心便是欺心，欺心便是欺天，天可欺乎？而女子之忠，当以夫为的。故曰：夫者，天也，天不可欺，夫自不可欺也。知忠于夫，则对于舅姑，对于家庭，对于教育子女，无时不随分随事，而各尽其心矣。

"忠者，所以尽心也"，就是极力地、没有保留地去做。比方说为官者，全心全意为人民服务，这就是忠的表现。"非专指忠君言也。"不单指忠于自己的国君而已。"凡忠于天、忠于国、忠于主、忠于友，皆忠也。""天"可以指良心。不做违背良心的事，这叫忠于天道。"天"也可以指上天、老天，我们的行为不能违背天理，这也是忠。"忠于主"，"主"就是主人。不管在哪一个行业，一定都有主人、都有领导，这是"忠于主"。周朝有一个大夫，他是魏国人，后来到了周天子那里去当官。当了两年，回来了，他的太太对他不忠，跟邻居有非礼的事情。他回来之后，他太太就要用毒酒把他毒死，他的婢女察觉了这件事情。可是主母让她端毒酒去给她的主子吃，怎么办？这个婢女就走着走着假装跌倒，毒酒就翻了。主母很生气，主人也很生气，怎么端个酒都端不好，就处罚她。然后这个主母在旁边还一直煽风点火，而且愈打愈凶，但是她什么都没讲。后来主人的弟弟把实情告诉了主人，主人了解了情况，就休了他的太太，要娶这个婢女为妻，这个婢女怎么都不答应。可能我们看了说，这位婢女很好，这么忠于她的主人，应该当他的太太，享荣华富贵。这是世间人看事，可能都看这些外在的东西。古人看什么？看她的心，可贵的地方都在这个根本上。

我们从整个事情来看，她自始至终不彰显主母的恶，不讲别人不好，这个人太厚道了。所以一个人修行首先学厚道。"善护口业，不讥他过。"不要动不动就谈论人，就说人家缺点、说人家不好，有失厚道。不忍心眼睁睁地看着自己的主人被毒死，这是忠。又懂得急中生智把毒酒给打翻，这是有智慧。被处罚到可能被打死，她也不愿意扬人之恶，这是贞，贞烈。她为什么不愿意嫁给她的主人？一来她心中觉得他是主人，也不愿意去占主母的位置，这是礼，守礼。虽然她的主母做错了，但不因为做错了而减少对主母的尊重。这个婢女对待主人，是真正自始至终不改这份忠的态度、恭敬的态度。后来，她的主人帮她找了个好人家，把她嫁出去了。我们看到这个德育故事，这是一个女子、一个婢女，都有这样的节操，我们读书人、知识分子比照比照，那就觉得汗颜。这是忠于主。

再来，"忠于友"。古人不只"忠于友"，还忠于朋友的家庭，真正能帮得上忙，照顾好他的家人，"皆忠也。""食人一日之禄，必忠人一日之事。"不管是对国家，还是对团体，领了一天的俸禄，一定忠于这一天的事情。所以范仲淹先生每天晚上思量，我领了国家一天的俸禄，这一天有没有对得起国家对我的信任？假如觉得今天做的事不够，他整夜睡不着觉，隔天赶紧多做一点。"受人一事之托，必忠人一事之谋。"接受人家的付托，必然尽心尽力把这件事情做好。

"故孔门一贯心法，忠先乎恕。""一贯"就是用忠恕能贯通所有的事例。"曾子三省其身，首及于忠。若不尽心，"人不尽心尽力去做事情、去对待人，"便是亏心"，有亏于良心。"亏心便是欺心"，亏了良心，那就是欺骗自己、欺骗良心。"欺心便是欺天"，违背自己良心，这也是欺骗了天地良心，违背良心就违背天理。"天可欺乎？"上天怎么可以欺骗？所以《诗经》等很多古书提醒我们，天地有司过之神，我们违背良心，这些天神是欺骗不了的，统统给记录下来，恶有恶报，都要承受恶果。

"而女子之忠，当以夫为的。""的"是目的、目标，女子的忠诚，就是能够夫妻一心，把这个家治理好、照顾好。"桃之夭夭，其叶蓁蓁，之子于归，宜其家人。""宜其家人"，成就一个好的家道、好的家庭，也是体现了一个女子的忠。而且夫妻是一体，分工合作，男子扛起家里的经济重担，女子相夫教子，而且很自然地互相感谢、感恩。先生常常想到，没有太太孝顺父母，照顾好孩子、家庭，他怎么可能安得下心去发展事业？所以先生就会觉得因为有太太，他才能有幸福的日子，感激太太的这份情义。太太也时时念着先生在外的辛劳。互相感激，夫妻就很恩爱。

"故曰：夫者，天也"，丈夫顶起一个家庭的重担，是一家的天，男子表天，女子表地，天能保护这个家，地能承载、养育这个家的后代。"天不可欺，夫自不可欺也。"所以确实不可以欺骗丈夫，要忠诚对待。"知忠于夫"，知道要忠于自己的丈夫，"则对于舅姑，对于家庭，对于教育子女，无时不随分随事，而各尽其心矣。"夫妇之间是真正的忠义，自然而然对待公公婆婆、家庭、教育子女，都很自然地尽心尽力去做到了。所以古代，还有受过传统文化教育的这些老者，再怎么辛苦，再怎么不容易，都跟另一半同甘共苦，一句苦都不讲，确实是不分彼此的忠心。现在人这个忠心没了，不只没有互相感恩，还互相抱怨，常常喊苦。以前这么苦，人都不喊苦，现在生活优越了，反而还常喊苦。所以不是环境的问题，是心境的问题。接着我们看第四段"绪余"。

女子之忠，对于国家能尽其心者，不可胜数。如李侃妻之守陈州，邹保英妻之守平州，古玄应妻之守飞狐，皆以家僮女伴，厉气狥（同"殉"）城，卒却强寇。史思明之叛也，卫州女子侯氏，滑州女子唐氏，青州女子王氏，相与歃血勤王，赴营讨贼。百世之下，犹能使人壮气指冠。虽擐（huàn）甲挺戈，为国敌忾，其事诚未可责之女子。但当此过渡时代，强弱两派，势不并立，彼狡焉思启者，方耽耽雄视，以待天择。若不得绣旗锦甲，驰突枪风弹雨间，虎帐健儿，安知无甘心巾帼者，而囊括全宇，将待何时。天下兴亡，人人有责。尽心女子，盍兴乎来。

"女子之忠，对于国家能尽其心者，不可胜数。""胜"是尽，"不可胜数"就是数不尽。在国家危难的时候，很多女子都是舍我其谁，当仁不让，共赴国难。"如李侃妻之守陈州，邹保英妻之守平州，古玄应妻之守飞狐"，外族侵略，或者乱臣起的时候，这些官员的妻子都是身先士卒，出来抵抗。"皆以家僮女伴，厉气狥城"，"以"就是率领，率领家里这些童仆，可能年龄都不大，还有婢女。"厉气"，忠义之气，"狥"同"殉"。这种"厉气"，这种死都不怕的气概，"**卒却强寇**"退却了这些强兵、流寇、叛臣。

"**史思明之叛也，卫州女子侯氏，滑州女子唐氏，青州女子王氏，相与歃血勤王**"，安史之乱的时候，侯氏、唐氏还有王氏，她们三个女子一起立誓，起兵解救王室的危难。"**歃**"是用牲畜的血涂在嘴唇旁边。"**赴营讨贼**"，她们带兵打入叛臣的营帐里面。"**百世之下，犹能使人壮气指冠。**"这是唐朝的事，这些事情现在读来还令人非常佩服，非常受鼓舞、感动，进而想要效法。

"**虽擐甲挺戈，为国敌忾，其事诚未可责之女子。**""**擐**"就是穿上铁甲，"**挺戈**"是拿起刀戈，为了报效国家，同仇敌忾，奋勇杀敌。"**诚**"就是实在，"**责**"就是期望、要求。奋勇杀敌，实在讲，不应该期望女子去承担，女子应该是相夫教子。"**但当此过渡时代，强弱两派，势不并立**"，刚好国家危难，王家的军队又是比较微弱的时候，很可能一下子就被这些贼人得逞。所以"**彼狡焉思启者**"，"**狡**"就是怀贪诈之心，"**启**"是兴起，"**方耽耽雄视，以待天择。**"想要图谋不轨的人，刚好虎视眈眈，"**天择**"就是弱肉强食，他们想要取代国家。

"**若不得绣旗锦甲，驰突枪风弹雨间，虎帐健儿，安知无甘心巾帼者，而囊括全宇，将待何时。**""**绣旗锦甲**"就是女子军，"**巾帼**"是女子用的首饰，后来成为女子的代称。这个时候有女子出来，在枪林弹雨当中去奋勇杀敌，"**虎帐健儿**"，男子见了之后，都会振奋起来。连女人都这样了，我们怎么可以不承担起来！所以整个士气就被女子带起来了。

所以"**天下兴亡，人人有责，尽心女子，盍兴乎来。**"确确实实，没有国，哪有家？覆巢之下无完卵，真正国家灭亡了，那所有人都没有好日子过了。所以女子在这个时候，也是责无旁贷，扛起时代的责任。"**尽心女子**"，尽忠尽力的女子。"**盍兴乎来**"，"**盍**"就是何不；"**兴**"就是奋起，奋然而起。"**盍兴乎来**"就是何不奋起，来解救名族的为难！这句话也是期勉女子，在国家危难的时候，共赴国难。

好，这节课先跟大家谈到这里。谢谢大家！

孝悌忠信：凝聚中华正能量

第六讲

尊敬的诸位长辈、诸位学长，大家好！

上一节课我们一起学习了《德育课本》四篇"绪余"对忠的诠释。第四段讲到，历史中这些女子，确实在国家危难当中解救了国家。我们这个时代，虽然国家没有战乱，但我们共同面对的是民族文化承传的责任，我们这一代人不传，五千年的文化可能就断了。几千年来，有朝代更替，但是文化没有中断，所以代代都有圣贤出。而这一代文化没有承传，近二三十年的教育状况是一落千丈。"人不学，不知道。""人不学，不知义。"所以文化的复兴比什么都重要！文化断了，后面的人接不上来，那我们就对不起祖先、对不起后代。我们很可能从一个历史最悠久的民族，变成一个短视、不知道德的民族。所以这个危难比五千年任何一次危难都要重。我读到这里的时候也很感佩，我们接触这么多弘扬中华文化的同胞、志士仁人，女子都比男子多，包括学习的认真态度、参与程度，都是男子不如女子。我们男子汉要觉得羞耻，大丈夫应该更有担当，承担起文化复兴的责任。所以我们要效法历代的圣贤，来尽我们这份中华儿女的赤子之心。而我们非常熟悉的，是汉朝末年协助刘备建立蜀国的诸葛孔明先生。他有一篇《出师表》，读书人讲，读这篇文章不哭者不忠，因为字字句句都是忠心的流露。

我们简单介绍一下诸葛亮先生，诸葛是复姓，名亮，字孔明。诸葛孔明先生是山东琅琊郡阳都县人。他早年隐居在隆中，刘备三顾茅庐就是在隆中。隆中在湖北襄阳西二十里左右。诸葛孔明先生在那里躬耕田园，过着农耕的生活。其实，读书人都是等待利益人民的机缘，"穷则独善其身"，机缘没成熟，他也不强求，他能安贫乐道；"达则兼善天下"，有机会可以利益老百姓，再怎么艰难，他也会扛起责任。那个时候曹操进逼刘备，情势很危急。刘备有一位很好的军师徐庶，也是位贤者。徐庶对诸葛亮非常佩服。一个人的德行，好到让他的好友都这么佩服，不容易!

刘备三顾茅庐，前两次都没有遇到孔明先生。第三次去的时候，两人交谈，刘备就感觉孔明先生没有离开他这个茅庐，就对天下的形势分析得非常透彻，可以推演出未来三分天下的局势，喜遇这样贤德之人，就请他出山。我们想，为什么孔明先生愿意出来? 我相信，主要是刘备的仁慈之心，真正想造福老百姓，才能触动这样的贤人。要不给他多少的俸禄，也请不出这样的人。孔明先生帮助刘备建立了蜀汉，与魏、吴三分天下，他当了蜀汉的丞相。

刘备临死前付托孔明先生辅佐后主刘禅。孔明先生积极建设国家，复兴汉室，先后六次北伐中原，讨伐魏国。第六次的时候，积劳成疾，病逝军中。他是用一省，就是现在四川这个地方，一省的力量来力抗整个中原，很不简单。但确实，汉室命数已尽，孤臣无力可回天，那个时候，好几次都快要打胜仗了，最后就因为粮草，还有一些缘不具足，没有成功。而他所建立的人才制度，在他死后，又让蜀汉维持了二十九年。所以他是真正杰出的政治家、军事家，也是很有德行的读书人。我们来看《出师表》的内文，这篇文章是在建兴五年，要出发伐魏的时候写的。

先帝创业未半，而中道崩殂。今天下三分，益州罢（pí）弊，此诚危急存亡之秋也。然侍卫之臣不懈于内，忠志之士忘身于外者，盖追先帝之殊遇，欲报之于陛下也。诚宜开张圣听，以光先帝遗德，恢宏志士之气；不宜妄自菲薄，引喻失义，以塞忠谏之路也。

宫中府中，俱为一体，陟（zhì）罚臧否，不宜异同。若有作奸犯科及为忠善者，宜付有司论其刑赏，以昭陛下平明之理；不宜偏私，使内外异法也。

侍中、侍郎郭攸之、费祎、董允等，此皆良实，志虑忠纯，是以先帝简拔以遗陛下。愚以为宫中之事，事无大小，悉以咨之，然后施行，必能裨补阙漏，有所广益。

将军向宠，性行淑均，晓畅军事，试用于昔日，先帝称之曰能，是以众议举宠为督。愚以为营中之事，悉以咨之，必能使行阵和睦，优劣得所。

亲贤臣，远小人，此先汉所以兴隆也；亲小人，远贤臣，此后汉所以倾颓也。先帝在时，每与臣论此事，未尝不叹息痛恨于桓、灵也。侍中、尚书、长史、参军，此悉贞亮死节之臣也，愿陛下亲之信之，则汉室之隆，可计日而待也。

臣本布衣，躬耕于南阳，苟全性命于乱世，不求闻达于诸侯。先帝不以臣卑鄙，猥自枉屈，三顾臣于草庐之中，咨臣以当世之事。由是感激，遂许先帝以驱驰。后值倾覆，受任于败军之际，奉命于危难之间，尔来二十有一年矣！

先帝知臣谨慎，故临崩寄臣以大事也。受命以来，夙夜忧勤，恐托付不效，以伤先帝之明。故五月渡泸，深入不毛。今南方已定，兵甲已足，当奖率三军，北定中原，庶竭驽钝，攘除奸凶，兴复汉室，还于旧都。此臣之所以报先帝而忠陛下之职分也。至于斟酌损益，进尽忠言，则攸之、祎、允之任也。

愿陛下托臣以讨贼兴复之效，不效则治臣之罪，以告先帝之灵。若无兴德之言，则责攸之、祎、允等之慢，以彰其咎。陛下亦宜自课，以咨诹（zōu）善道，察纳雅言，深追先帝遗诏，臣不胜受恩感激。今当远离，临表涕泣，不知所云。

"**先帝创业未半**"，"先帝"指刘备，是蜀汉昭烈帝。"创业未半"，刘备想要匡扶汉室，这是他的事业。"**而中道崩殂。**""中道"就是中途、半途，"崩殂"，君王死叫"崩"，没有完成这个事业。"**今天下三分**"，魏、蜀、吴三国鼎立。"**益州罢弊**"，"罢"就是疲劳，"弊"是非常贫困。当时因为吴国杀害了关羽，刘备、关羽、张飞是桃园三结义的兄弟，所以刘备非常气愤，就出兵讨伐吴国，但是打了败仗，整个军队损失很大，走那么远，很多的钱粮都耗掉了。伐吴失败，南方的蛮族又叛乱，种种因素，确实整个国家是疲弊不堪的。**"此诚危急存亡之秋也。"**"诚"是实在,这实在是我们国家存亡的关键时刻。我们从这一段也可以感受到,孔明先生治理这样的蜀国相当不容易。他当时出关帮助刘备的时候,是二十七岁,从二十七岁到五十四岁,这二十七年几乎都是劳心劳力、呕心沥血。

孔明先生一开始向后主刘禅分析了国家的情势。虽然形势如此,**"然侍卫之臣不懈于内"**,"侍卫",指在旁侍奉、保卫,这些臣子都毫不懈怠,辅佐陛下。**"忠志之士忘身于外者"**,忠心、忠勇的将士置死生于度外,随时准备效命疆场,为国牺牲。**"盖追先帝之殊遇"**,"盖"就是只因,"追"就是追念,时时都想到先帝对他们的恩德,对他们特别的优厚、礼遇,**"欲报之于陛下也。"**他们念着这份恩,尽忠于陛下,来报答先帝的恩德。"陛下"是对皇帝的称呼。以前见皇帝,要转达奏折的时候,都是先给皇帝身边的侍卫,臣子在台阶之下候着。所以"陛下"是指皇上,是很尊敬、很恭敬的一种称呼。

"诚宜开张圣听","诚"是实在,"宜"是应该,"开张"是扩大,"开张圣听"就是扩大见闻,多听听这些臣子的谏言。唐朝的魏征先生说,"兼听则明,偏信则暗"。你不能接纳雅言,偏信某一个臣子的话,很可能就会看错事情。"集众思,广忠益"才好,集思广益。**"以光先帝遗德"**,光大先帝的遗德。刘备当时非常尊重这些贤臣,广纳意见,所以也是勉励刘禅要效法他的父亲。**"恢宏志士之气"**,振奋、发扬这些志士的信心。他们一看,皇帝这么能接纳雅言,会更积极地来奉献自己的智慧、力量。**"不宜妄自菲薄"**,"不宜"就是不能、不应该,"妄"是胡乱,"妄自菲薄"就是看轻自己,不知自重。所以不能随便看轻自己,讲一些衰丧、丧气的话,要自立自强。**"引喻失义"**,"引喻"是引证、譬喻,就是引用一些不合义理的事例、言语,其实就是强调现在这个时候应该引一些振奋人心的历史。**"以塞忠谏之路也。"**妄自菲薄,引喻失义的态度,很可能就阻塞了忠臣的劝谏。所以一开始也强调,希望后主能够广开言路,修德图强,修养自己的道德,不要妄自菲薄,然后振兴国家。这里特别强调了一个为君者的重要修养，就是纳谏，集众臣的智慧来治理国家。《中庸》里面有"凡为天下国家有九经"，首先是"修身也"，广纳雅言，这就是修养；二是"尊贤也"，尊重大臣的智慧跟意见。所以这一段相当重要。

第二段，"宫中府中，俱为一体"，"宫中"是宫廷皇室，"府中"，宰相府，其实指的就是整个国家的行政系统应该是一致的，不能宫廷里一套法律，宫廷外又是另外一套法律，那人心就不平了。有一句俗话叫"王子犯法，与庶民同罪"，这样人心才能平。法律只是要求人民，王公贵族却可以贪赃枉法，那这个国家一定乱。所以这也是提醒后主要奉公守法，要带领老百姓守法。"陟罚臧否，不宜异同。""陟"是升进，提升官员；"罚"是处罚；"臧"是好、善的意思；"否"是坏、恶的意思。赏善罚恶都应该符合国家的规定。"异同"是偏义复词，就是不宜有异。假如一个领导者随自己的喜好，高兴就赏不高兴就罚，就没有法律了。"上有好者，下必甚焉"，上梁不正，下梁就歪了，所以一定要能依照法制赏罚分明，不能有所偏私。"若有作奸犯科及为忠善者，宜付有司论其刑赏"，若是遇到做坏事、犯法、为非作歹、触犯法律的，或者是做很多忠善的、好事的，应该交付给负责的官吏，按照法律秉公处理。"以昭陛下平明之理"，"昭"就是彰显，彰显陛下公平、开明的政治。"不宜偏私"，不应该随个人喜好，用感情处理，就偏颇、不公平了。"使内外异法也。"宫廷内是一套法律，对待老百姓又是另外一套，这就不妥当。不公平，人心就会怨，就会有不满。人心不平，国家就会出状况。所以这一段是强调公平治国、依法治国的重要性。

我们看第三段。"侍中、侍郎郭攸之、费祎、董允等，此皆良实，志虑忠纯，是以先帝简拔以遗陛下。"郭攸之、费祎两人是侍中，整个皇宫里面的生活，还有百官启奏的事情，他们都先负责处理，再向皇帝禀报，这都是近臣。董允是黄门侍郎，宫中的侍卫，负责保护皇帝的。"此皆良实"，都是贤良、忠实、非常忠心的人，又很有德行。"志虑忠纯"就是志忠虑纯，他们的存心非常忠诚，谋事专心致志，而且也很有远见、智慧，怎么把事情做得更好，都很有谋略。"是以先帝简拔"，又提到先帝刘备，"简拔"就是选取出来。"以遗陛下"，留给陛下您，辅佐好您的工作。所以从这里，我们看到刘备身为一个父亲，也是用心良苦，很好地选拔、栽培这些人才，来辅佐自己的儿子。而且刘备临终交代他的儿子，"勿以善小而不为，勿以恶小而为之"，这都是很难得的教诲。**"愚以为宫中之事，事无大小，悉以咨之"**，"愚"是孔明先生的自称，他很谦虚，用来称呼自己。我认为宫中的事不分大小，都可以找他们这几位大臣好好商议。可见这几位大臣做事谨慎，值得信任。**"然后施行，必能裨补阙漏"**，"裨"是很有帮助。"裨补缺漏"就是补救缺点、漏洞。**"有所广益。"**多听听他们的意见，一定可以补不足的部分，事情做得更圆满。"广益"就是有大的好处、大的利益。

刚刚是文臣，接下来讲武将。**"将军向宠，性行淑均，晓畅军事，试用于昔日，先帝称之曰能"**，将军向宠带兵很严谨，在讨伐吴国的时候，蜀汉军队损失很大，只有向宠带领的部队损失非常小，他非常睿智，在不利的状况下也能够应对得很得体、从容。"性"是品格，"淑"是善良，"均"是公正，"性行淑均"，意思就是他的品格、德行非常善良，行事公正。"晓畅军事"，"晓"是通达，对军事的道理、原则了然于心，很清楚。"试用于昔日"，"昔日"就是曾经用过，非常值得信任，能力非常好，所以先帝刘备称他能干。**"是以众议举宠为督。"**后主即位之后，大家一致肯定向宠，以他为中部督，负责管理宫廷宿卫军。**"愚以为营中之事，悉以咨之"**，军队里面这些事，都可以找向宠将军商量。**"必能使行阵和睦"**，"行阵"就是指军队。有德行，能以身作则，而且很重要，很会用人。**"优劣得所。""得所"**就是用人得当。他能用人之长，避人之短，把底下的人放在可以发挥的位置。

接着讲，**"亲贤臣，远小人，此先汉所以兴隆也"**，"亲贤臣"，听取贤臣的宝贵意见，重用贤臣。"远小人"，"远"，避开、疏远。《朱子治家格言》说，"狎昵恶少，久必受其累；屈志老成，急则可相依。"屈志老成就是有智慧、有经验的人，跟"亲贤臣"是同样的意思。《文昌帝君阴骘文》里面讲，"善人则亲近之，助德行于身心"，亲近善人，每天德行增长；"恶人则远避之，杜灾殃于眉睫"，去接近恶人，很多不好的习气染上身了，很多恶缘可能就出现了，灾祸就来了。我们看很多人，他去做一些坏事，就是被一些恶缘给牵动的。

"亲贤臣，远小人，此先汉所以兴隆也"，"兴隆"就是强盛，汉朝强盛是相当受历代肯定的。我们华人称为汉人，这跟汉朝在整个历史，还有整个国际的声望，是很有关系的。西汉还有东汉前期，都属于先汉。**"亲小人，远贤臣，此后汉所以倾颓也。"**"后汉"指的是东汉末年。"亲小人"，小人是指宦官，还有外戚，外戚就是皇帝妈妈还有皇后那边的亲戚。董卓属于外戚干政，弄得朝廷很混乱。"倾颓"就是要倒塌了，要灭亡的意思。**"先帝在时，每与臣论此事，未尝不叹息痛恨于桓、灵也。"**先帝在的时候，每次讲到这段历史，常常都是很感叹，非常地痛惜、伤痛，觉得很遗憾，桓帝、灵帝那时候亲小人，信宦官、外戚，最后这些人就乱政。所以一个国家领导者的态度，会直接影响整个国家的命运，亲小人，可能国家朝政很快就衰败了。所以愈高的领导，愈要战战兢兢，以德来服人，不管是国家的政策还是用人，时时都要跟经典相应才好。《孝经·诸侯章》讲，"在上不骄，高而不危；制节谨度，满而不溢。"跟宦官、小人在一起，一定没有制节谨度，一定都是吃喝玩乐，一定都是傲慢，不听劝。所以愈高的领导，愈要谨记这一篇讲的，《诗》曰："战战兢兢，如临深渊，如履薄冰。"治国如此，治家亦如此。父母，甚至长辈、老师，都能守住亲贤臣，都能守住亲近有德之人，那孩子、学生会效法，也都喜欢亲近圣贤、亲近经典。

"侍中、尚书、长史、参军，此悉贞亮死节之臣也，愿陛下亲之信之，则汉室之隆，可计日而待也。"侍中，刚刚讲过，郭攸之、费祎都是担任侍中的职务；尚书，那时候是陈震担任；长史，那时候是张裔担任，等于是宰相府的幕僚长；参军，管军队的一个职位，那时候是蒋琬担任。这几个臣子全部都是"贞亮死节之臣","贞"是忠贞;"亮"跟体谅的谅相通,就是非常守信、实在的人;"死节",就是能为节义而牺牲。像有这样德行的臣子,但愿陛下亲近他们,向他们学习。"信之",要信任他们。不信任臣子,臣子就很难发挥,很难利益国家。假如能够亲近、信任他们,让他们好好去发挥,则汉室的兴盛,"隆"是兴盛,"可计日而待",就是很快、不用太久的意思。这几段主要强调,治国当中亲贤是关键。所以孔明先生真的是非常仔细,交代这些重要的事情,都把这些忠臣举荐出来,提醒后主,要亲近他们,好好任用。真正懂得尊重、亲近贤人,才能感得贤人一起为国家付出。不尊重贤人,贤人又不是为了这些功名利禄而来,可能就留不住人。

接着下一段,也是孔明先生真情的流露,"**臣本布衣**","布衣"是指平民。布衣,用麻做的衣服。一般比较富贵的人,是穿用蚕丝做的锦衣。"**躬耕于南阳**","躬"是亲自,"耕"是种地。"南阳",指的是湖北省襄阳县西面二十里外隆中这个地方。"**苟全性命于乱世**",在这个乱世当中苟且保全了性命。东汉末年,群雄割据,战乱频发。"**不求闻达于诸侯。**""闻达"就是显达,没有希求显贵于诸侯,没有想过要谋得什么官位。"**先帝不以臣卑鄙**","卑"是低下,"鄙"是卑陋、鄙陋的意思,这也是孔明先生自谦。当时刘备是汉室的后代,是皇族,所以身份还是很显贵的,而孔明先生只是一介平民。"**猥自枉屈**","猥"是委屈,先帝居然能够委屈自己、贬抑自己,以高贵的身份来拜访我这个平民。"**三顾臣于草庐之中**","顾"是拜访,三次诚心地来拜访我,而且是在草房之中。"三顾"还有一种解释,是指多次拜访,文言文中"三"有多次、再三的意思。刘备先生非常诚心,想要为这个时代、为国家举贤才,这也是非常肯定、信任孔明先生的贤德跟智慧。"**咨臣以当世之事。**"询问怎么挽救这个时局,怎么救民于水火,结果就剖析了三分天下的局势。"**由是感激**",刘备能屈尊,为百姓、为天下举贤才,又这么信任他,这些圣贤人都是至情至义之人,因为这一份知遇之恩,他很感动、很感激,"**遂许先帝以驱驰。**""遂许"是答应了，跟着刘备出来，为苍生请命。"驱驰"有奔走效力的意思。那个时候，确实是刘备最困难的时候。**"后值倾覆"**，出来没多久，就碰到了重大的失败。献帝建安十三年，曹操几十万大军压境，刘备军队很少。荆州的负责人刘表有两个孩子，刘表去世，小儿子又篡了位，后来又投降曹操。整个局势非常不利，荆州失陷，很多老百姓都愿意跟着刘备走，觉得他仁慈。军队有老百姓跟着，走得就慢，在湖北的当阳就被曹操的大军给追上了，刘备的妻儿统统都陷在乱军当中。赵子龙几次出入敌军，把一些重要的皇族救了出来，尤其是救了阿斗。所以，他们当时遇到很大的危难，都靠这些忠臣解困。当时赵子龙到了长阪坡，也是因为张飞很忠勇，站在那里，一夫当关，万夫莫敌，把曹操的军队给镇住了。**"受任于败军之际"**，在军队溃散的时候，委以大任。**"奉命于危难之间"**，在危难之中接受大任，来稳住这个艰难的局面。那个时候是建安十二年，孔明先生出山，到他写这一封表是建兴五年，总共经历了二十一年，**"尔来二十有一年矣。"**这二十一年是怎么熬过来的？就是这份忠心。所以史书上评论孔明先生是"鞠躬尽瘁，死而后已"。

"先帝知臣谨慎"，先帝很了解我处事非常谨慎。**"故临崩寄臣以大事也。"**就是把后主刘禅付托给他，而且还交代他的儿子，侍奉宰相要像侍奉自己的父亲一样。**"受命以来"**，接受了这个付托以来，**"夙夜忧勤"**，"夙"是早晨，"夜"是指夜晚，从早晨到夜晚，就是日夜不断，非常地忧虑、勤奋，为国忧心。**"恐托付不效"**，唯恐不能够做好所托付的。"不效"就是做得不好、不成功。**"以伤先帝之明。"**假如他没做好，就会伤害先帝的英明。**"故五月渡泸"**，好好辅佐后主，更重要的也是匡扶汉室，他时时不敢忘了复兴汉室的责任。所以五月的时候，渡过"泸水"，泸水是云南的一条河。这是建兴三年五月的南征。**"深入不毛。"**"不毛"就是非常荒瘠、蛮荒。**"今南方已定"**，他平定了南方部落的之反叛，南方部落的首领叫孟获，诸葛孔明用智慧、诚心感化了他，七擒七纵，最后孟获佩服他的德行，归顺了。**"兵甲已足"**，士兵盔甲，其实就是军备已经准备好了。**"当奖**

率三军"，鼓舞士气，"北定中原"，率领三军平定中原。"庶竭驽钝"，"庶"是希望，"竭"就是竭尽自己的力量。"驽钝"也是自谦，驽是劣马，比较差的马，钝是刀不利。就是寄望自己能毫无保留地尽自己的微薄之力，"攘除奸凶"，"攘除"是消灭、排除，"奸凶"，奸邪凶恶之人。其实就是指谋反的这些人，夺取汉室的人。"兴复汉室，还于旧都。"西汉的首都是长安，东汉是洛阳，"旧都"应该是指洛阳。"此臣之所以报先帝而忠陛下之职分也。"这样才能够真正报先帝之恩，也是尽我为陛下之臣的本分。

"至于斟酌损益"，"斟酌"指衡量、度量，衡量这个事情可否这么做，因为决策影响面都大，都很谨慎。"损益"，有利的可以增加，没有利的要减损。衡量这些利弊得失来做出正确的决策，有利于国家。"进尽忠言"，就是尽力贡献忠心，给国家好的建议。"则攸之、祎、允之任也。"这是他们的责任，您可以多多听取他们的意见。

"愿陛下托臣以讨贼兴复之效"，希望陛下允许、支持我讨伐这些汉贼，复兴汉室。"不效则治臣之罪"，假如我做得不好，您要治我的罪。"以告先帝之灵。"告慰先帝在天之灵。从这里可以看出他北伐的决心，不成功，他是绝不放弃的。"若无兴德之言，则责攸之、祎、允等之慢，以彰其咎。"若没有增进道德的劝告，那就要指责这几个近臣怠慢了，这样才能表明他们的罪过。当然这也是提醒这些臣子要尽忠，也是提醒后主，要多多听他们的话，多听他们的意见。

"陛下亦宜自课"，"自课"是提醒陛下要接纳这些劝告，然后对照自己、反省自己。领导者能自反，才能得人心，不能自反，会失人心。而且不能自反，做错了决定，那就误导国家、误导人民。"以咨诹善道"，"咨"是询问，"诹"是访求，主动去请教，"善道"是好的道理，好的办法、途径。"察纳雅言"，去体察、接纳这些好的谏言。"雅言"是好话、净言。"深追先帝遗诏"，深深追念先帝的遗诏。因为刘备提醒他，"勿以善小而不为，勿以恶小而为之。""唯贤唯德，可以服人。"孔明也再次提醒刘禅，要记得父亲的这些话，要提升自己的贤德，才能服得了大众。"臣不胜受恩感激。"陛下能这样，为臣非常感动。"今当远离"，现在要北伐了。"临表涕泣"，边写边不知不觉地在哭泣、流泪，这是至诚的流露。"不知所云"自己这么多情绪、情感，不知道说了些什么。因为是真情流露，也怕说得不得体了，有不当的地方，也请陛下见谅。其实都是肺腑之言，都是值得刘禅省思的地方。

这篇文章里面，十三次提到"先帝"，七次提到"陛下"，我们从这里可以看出孔明先生的忠心，念念不忘先帝，要把这个恩回报到这个国家，回报到后主身上。七次提到陛下，其实也是苦口婆心，提醒、劝告他的君王。孔明先生自己也是国家的丞相，也是以德行感化了整个国家的人民。他爱民如子，很多的政策都很体恤老百姓，所以政通人和，治理得很好。而且非常廉洁，他曾经对后主刘禅讲，臣死后家里没有多余的高级布料，家外没有多的钱财。果然，他去世之后都如他所言。所以，"人臣恭俭，明其廉忠。"一个臣子，一个国家这么高的领导者很恭敬、很节俭，就彰明了他非常的廉洁、忠诚，这也带动了整个国家的好风气。蜀汉前期能出这么多的忠臣良将，这跟孔明先生的以身作则绝对有关联。

这就是今天跟大家分享的《出师表》。当然，我们效法孔明先生的忠心，我们也忠于我们自己的家庭，我们的国家、民族，忠于我们的文化承传。我们真的都能效法孔明先生这份忠心，那我们相信中华文化之兴隆也可计日而待也。我们也相信，我们这份忠心绝对会感得古圣先贤、历代的忠臣，在冥冥当中护佑我们。

这节课就跟大家分享到这里，谢谢大家！

第七讲

尊敬的诸位长辈、诸位学长，大家好！

我们这几堂课讲的主题是"忠"，今天来一起学习范仲淹先生所写的千古文章《岳阳楼记》。

庆历四年春，滕子京谪守巴陵郡。越明年，政通人和，百废具兴。乃重修岳阳楼，增其旧制，刻唐贤今人诗赋于其上；属予作文以记之。

予观夫巴陵胜状，在洞庭一湖。衔远山，吞长江，浩浩汤（shāng）汤，横无际涯；朝晖夕阴，气象万千。此则岳阳楼之大观也，前人之述备矣。然则北通巫峡，南极潇湘，迁客骚人，多会于此，览物之情，得无异乎？

若夫霪雨霏霏，连月不开；阴风怒号，浊浪排空；日星隐曜，山岳潜形；商旅不行，樯倾楫摧；薄暮冥冥，虎啸猿啼。登斯楼也，则有去国怀乡，忧谗畏讥，满目萧然，感极而悲者矣！

至若春和景明，波澜不惊；上下天光，一碧万顷；沙鸥翔集，锦鳞游泳；岸芷汀兰，郁郁青青。而或长烟一空，皓月千里；浮光跃金，静影沉璧；渔歌互答，此乐何极！登斯楼也，则有心旷神怡，宠辱偕忘，把酒临风，其喜洋洋者矣！

嗟夫！予尝求古仁人之心，或异二者之为，何哉？不以物喜，不以己悲。居庙堂之高，则忧其民；处江湖之远，则忧其君。是进亦忧，退亦忧，然则何时而乐耶？其必曰："先天下之忧而忧，后天下之乐而乐乎！"噫！微斯人，吾谁与归？

时六年九月十五日。

范仲淹先生是历代读书人效法的楷模，生于公元989年。范公的祖上，有好多有名的忠臣名相，比如唐朝的宰相范履冰先生。所以《易经》讲，"积善之家，必有余庆"，祖上有德，能出这样的圣贤后代。再追溯到汉朝，范滂是汉朝末年的忠臣，当时因为有党争之乱，范滂又是非常正直的人，所以就遭陷害了，被关到监狱里面。结果第一次审判完被放出来了，过没多久，可能奸臣又进谗言，第二次又被通缉要抓去审判。当地的督邮官叫吴导，他接到通缉令以后，知道范滂是忠臣，不忍心抓，自己抱着通缉令在那里痛哭。范滂知道了这件事情，不想为难吴大人，就到县府投案。县太爷叫郭揖，也不忍心抓他，说，范大人，这样好了，我官也不干了，跟你一起去逃命。他们两位读书人是第一次见面，郭揖佩服他的德行，当下能放下功名，甚至是冒着生命危险，准备一起逃走。我们看到这里的时候特别感叹，人生得一知己，死而无憾。但是范滂说，他不想连累郭大人，而且他还有老母在，假如逃了，还会连累他的母亲。

范滂的母亲听说他投案，赶紧赶到县衙去见自己的儿子。见到自己的儿子，并不是哭哭啼啼，范母对范滂说，人生在世又要名垂千古，又要很长寿，不见得两者都能得到，你坚持了气节，已经与这些有德之人齐名了，这一生已经没有遗憾了，你安心地去吧！范母凛然大义，这样期勉自己的孩子。所以范仲淹先生的祖上都是留名青史的圣哲人，尤其汉朝的范滂先生，他的胸怀就是以天下为己任，虽然那时候是乱世，但他也尽力了。"岂能尽如人意，但求无愧我心。"这些忠臣的精神可以长存。

我们看前一篇文章《出师表》，虽然诸葛孔明先生没有恢复汉室，但是他的那种忠肝义胆、鞠躬尽瘁的精神，影响了我们的民族，影响着中国的后代子孙。虽然他已经离开世间，但是他的精神仍在天地之间。我们这个民族特别重视历史，所谓"以铜为镜，可以正衣冠；以史为镜，可以知兴替；以人为镜，可以明得失"。事实上，历史上每一个事件、人物，都可以对我们的人生有启发。有一位演艺人员，她本来跟父母的关系不是很好。她姓陈，当她了解到陈氏的祖先是大舜，"二十四孝"排在第一位，于是很用心地看《德育课本》中大舜的事迹。她说大舜面对这样的父母都能至孝，去感动父母，我的父母其实很爱我，我还把他们气成这样。所以她痛定思痛，改正自己，后来跟父母的关系变好了。不只是这样，在跟自己的先生、婆婆，还有小叔、小姑的关系上，也好好带头。婆婆生日的时候，她亲自帮婆婆洗脚，洗了没一会儿，她回头一看，小姑、小叔都跟在后面。她家的侄子辈很多都去国外留学，甚至在国外长大，中文都不是很流利，但是看到那个情境，争着都去帮公公洗脚。所以人的这种孝心、诚心能感动人。所以我们今天学习《岳阳楼记》，了解范公一生的风范，对于我们自身格物、修身、齐家，乃至于这一生奉献社会，都会有很多重要的启示。

我们相信范仲淹先生非常因范滂这样的祖先感到钦佩并能生起效法的心。不只范家的后代效法他们的祖先，历史当中很有名的苏轼先生也效法。苏轼小时候，他的母亲看《后汉书》，看到范滂这段历史，母亲就对范母的这种义行风范很感叹，当然也很惋惜，就把《后汉书》放下来。苏轼虽然小小年纪，看到母亲叹了一口气，就把书拿过去看。看完范滂这一段，他就讲："母亲，假如儿子要效法范滂这样地有气节，敢于直言，不畏生死，您能不能当范母？"所以苏轼先生不简单，小小年纪很有气概。他妈妈连考虑都没有考虑，"你能做范滂，我就能做范母。"苏轼先生的母亲真是不简单，说到做到，她的孩子之后确实是宋朝的忠臣。

看一个人为官忠不忠，怎么判断？可以看他被贬到哪一个地方去，往往贬得愈远愈忠。说实在的，古代人一生为官要遇到像唐太宗这样的皇帝容不容易？不容易。所以读书人很自觉，要上谏言以前，家里都先准备好，可能得搬家。甚至像明朝的海瑞，谏言写好了，棺材也买好了。皇帝看了海瑞的奏折，很生气，"杀了他！"结果官员跟他说，海瑞棺材都买好了，反而杀不下去了。为民谋福，连生死都置之度外。

而让我们觉得更不简单的，是这些忠臣的太太、父母！同样是宋朝的一个读书人——怎么都是宋朝？宋朝的忠臣特别多，为什么？范仲淹做了一个最好的榜样！所以从北宋到南宋，纵使在政治非常腐败的时候，读书人都崇尚气节。北宋范仲淹，之后的欧阳修、司马光、苏轼、蔡襄，南宋岳飞、文天祥，忠臣特别多。所以一个人真正有风范，他影响的是整个朝代，甚至后世的人。所以当时人称范公为宋朝第一人，甚至觉得他是继孔子、颜回之后最有德行的儒生。

刚刚提到宋朝有一位读书人叫刘安世，他是司马光的学生。皇帝要提拔他做谏臣，专门给皇帝提意见，现阶段政治有哪些流弊不足。因为做谏官会得罪很多的权贵，会受陷害，甚至会被贬官，刘安世就回家跟他妈妈讲，皇帝让我做谏官，我想推辞掉，因为母亲您年纪大了，到时候我被贬官，您的身体受不了。刘母听完，对他讲，皇帝对你有知遇之恩，让你当谏官就是信任你，你能够给皇帝提意见利益整个国家，怎么可以推辞？你被贬多远，我就跟你到多远。

欧阳修的母亲非常节俭，有一次可能欧阳修先生表示了母亲实在是太过节俭的意思，结果母亲就讲，节俭好，你假如被贬官，反正我们过困苦的日子也习惯了，就不会觉得难受了。古代这些女子看事情都看得非常深远，而且是为国为民着想。刚刚我们讲到苏轼，他被贬到海南岛，远不远？最远的地方。不过告诉大家，苏轼被贬到海南岛，在那个地方把传统文化传承下去了，那个地方本来是蛮荒之地。所以后来我们到海口去宣扬传统文化，那还是苏轼先生的庇荫。去的时候海口就有五公祠，里面就有苏轼的神位。他先去播了很多种，我们后面才好推广传统文化。所以虽然这些忠臣被贬，但他们走到哪里，就把教化带到哪里。

我们看到范公确实是承先启后，范公的儿子也非常有气节。所以人这一生的使命，确实是要继往开来，对自己的家族如此，对民族文化的传承，也要期许自己能承先启后，给后世开一个好榜样。范公的身世非常不幸，两岁父亲就去世了，他的母亲谢氏是他父亲范墉的第二个太太。父亲去世之后，范氏家族没有接纳他们母子，孤儿寡母，无依无靠。后来母亲改嫁给一位姓朱的人，范公就改名叫朱说。我们在了解古代这些圣贤人事迹的时候，设想一下，假如我是当事人，我的心境会如何？比方范母带着两岁的孩子，家族不愿意照顾他们，当下她是什么心情？诸位女性同胞，你们会是什么心情？会不会很埋怨？会不会很沮丧？会不会不想活了？当下她没有任何的怨恨，这实在是太了不起的修养。我们要冷静，我们为人父母所有的负面情绪，孩子都可以感觉得到。

诸位学长，你记不记得小时候的情景？比方你爸爸今天心情好不好，你知不知道？你爸爸妈妈有没有吵架，我们是不是看脸就知道，都不用讲话？所以假如母亲有怨恨，孩子知不知道？知道，可能那个埋怨的人生态度就传给了孩子。所以要少说抱怨的话，多说宽容的话，抱怨带来记恨，宽容乃是智慧。我们宽容，量大福大，把这个胸怀传给自己的孩子。假如所有的不愉快都记住，一直在那里怨恨，那我们孩子的心量也不可能大到哪里去。所以要成就一个圣贤人，最关键的就是他的家教，闺阃乃圣贤所出之地，母教为天下太平之源。范母遇到这么困难的境界，她都能很有勇气地去面对，最后成就了一个圣人。所以人生不见得都是一盘好棋，难得的是遇到了不好的棋，每一步还能下得有声有色，还能下得很理智、很有气节。

范公在朱家长大，朱家比较贫苦，但是他非常勤学刻苦。范公从小身体就不好，他的母亲向天祈求，希望孩子能够健康成长。事实上他母亲念念还是想着要让这个孩子认祖归宗，让他以后有所作为，这样她才对得起她死去的丈夫。古代女子那种对先生的情义令人动容。范公二十九岁当官有所成就的时候，他母亲就让他改回了范姓，从这里我们也可以看到他母亲对自己的先生，还有对范氏祖先的那份道义。

范公看到母亲念念都是为他，这么辛苦，所以读书也非常认真。他在年少的时候，有一天遇到一位算命先生，他就问这位算命先生，您帮我算一算，我能不能当宰相？结果这个算命先生可能这辈子也没碰到过人家这么问的，而且还是个少年人，吃了一惊，年纪轻轻口气这么大。范公可能也觉得有点不好意思，又说，不然您看我可不可以当良医？这位先生觉得很好奇，你的志向怎么从一国的宰相一下变成医生？范公说，只有良相跟良医可以救人。这个算命先生听完很感动，你这一颗心是真正的宰相之心，你以后一定会做宰相。后来范公确实做到参知政事，副宰相的位置。一个人从小就立大志，目标明确，读书都是为了造福人民，那就会得到祖先的护荫、护佑。而且那一念心跟圣贤人的心境相契，书能读得进去，能契入经典的圣贤境界。

诸位学长，范公这个故事给我们什么启示？请问诸位学长，现在要救这个世界、救这个社会，应该选择哪个行业？要不做国家领导人，要不做卫星电视台的老板，为什么？影响的面大。要不从事教育工作，为什么？现在这个社会功利主义很厉害，读书志在赚钱，价值观偏得太厉害了。人不学，不知道；人不学，不知义。经典得靠人出来宣说，所以从事教育工作，在现在这个社会非常重要。所以大家栽培孩子可往这几个方向努力，我们的孩子就要做这个社会最急迫、最重要的事情。

我们也了解到，一个人能成就德行学问，进而能够胸怀天下，主要是他从小有心量、有志气。这里也告诉我们，一个人求学问的过程当中，首要的并不是他的才华。现在的人很喜欢才华，孩子能背些书，高兴得不得了。大家冷静看，民国初年那些否定文言文、否定中华文化的，都是小时候能背书的人，怎么到后来过河拆桥？他长的不是胸怀，是才能。自己能写这么好的文章，就是因为有文言文的基础，结果居然还要废了文言文。所以栽培出来的孩子才华很高而没有德行，那真的会忘恩负义，过河拆桥。

所以老祖宗留给我们一句很重要的话，"士先器识而后文艺。"我们在读这些经句的时候，要注意到这两个字，"先"跟"后"，先后能分辨清楚，才有智慧。"知所先后，则近道矣。"《弟子规》里面有很多先后，比方"或饮食，或坐走，长者先，幼者后"。今天受教育的孩子，积累的知识都非常丰富，可是为什么很难出胸怀天下的人才？甚至于才华高了，恃才傲物的太多太多了，那都是培养人的先后忽略了。先要有"器识"，"器"是什么？就是度量，胸怀要宽广。我们看范公是先天下之忧而忧。而曹操文学很好，写了不少文章，但是曹操心胸很小，怀疑心又很重。"识"，看得非常深远，有见识。有见识的人不会短视近利，只看眼前。周公制礼作乐，开周朝八百多年的国祚，他是有见识的，而后才提升他的文学、艺术才华。秦朝是以严刑峻法来统治人民，看起来效果很好，你不听话杀了你，强求赶快达到好的效果。结果不知上天有好生之德，跟老天的仁慈心完全相违背，虽然统一了天下，但是十五年就灭亡了。所以真正要成就一个栋梁之材，重要的还是他的德行、气度、智慧。

范公从小好学有志气，二十岁上下的时候，他到山东长白山醴泉寺去苦读。因为很穷，他每天煮一锅粥，切成四块，早晚各吃两块。这其实是格物的功夫，生活的需要可以降到最低，不要求生活的享受。所以他们范氏家风里面就有"断齑画粥"的勤俭态度，姜、韭菜切碎，撒在粥上面就这么吃了。

范公二十多岁时，遇到了当时的谏议大夫姜遵先生。有一次一群年轻人一起到姜大人的家里。见完面之后，姜大人唯独把范公留下来，事后姜大人跟他的夫人讲，这个年轻人以后会当显官，而且会流芳百世。范公那时候才二十来岁，姜大人就看得出来。大家想想为什么看得出来？《中庸》讲，"诚于中，形于外"，他器宇非凡。诸位学长，你回去看看自己的孩子，以后是不是能大有作为？《汉书·贾谊传》提到，"少成若天性，习惯成自然。""三岁看八十。"所以孩子小时候要好好地教。《训俗遗规》王郎川先生曾说，"凡儿童少时，须是蒙养有方。"就是要用好的方法教育孩子。而且从哪些地方去要求？"衣冠整齐，言动端庄，识得廉耻二字，则自然有正大光明气象。"都是从小地方陶冶孩子的性情，而且要真正认识廉——不贪，耻——有气节。我们要从这些很宝贵的经验当中，得到教育孩子的这些重要原理原则。

当时在醴泉寺，范公还偶然在一个洞里面发现了一堆金子。范公那时非常穷，却在金钱面前不动心，所谓"富贵不能淫，贫贱不能移，威武不能屈"，所以克服自己的贪欲功夫是非常好的。而一个人能够勤俭不贪，为官就能清廉，就是个好官。假如欲望很多，那麻烦了，当官一定会贪污腐败。所以"为政之要，曰公与清"，为政最重要的原则，公正清廉。而一个家庭要治理好，"成家之道，曰俭与勤"。我们看这两者其实还是很有关系的，他勤劳就很愿意付出，就能大公为人。他在家里能节俭，俭以养廉，他为官才能清廉。所以人才确实都要靠家庭的培养。

当时范公常常怕自己睡得太多，冬天都是用冰水洗脸。所以面对欲望，世间讲的五欲，财色名食睡，都能淡。范公二十三岁时，才了解到自己是范氏的后代，他非常难过，但也砥砺自己，下定决心要有所成就，功成名就再把母亲接回来。他二十三岁就到了河南商丘这一带的应天府，也称为南都学舍。他二十三岁到二十七岁都是在这里读书，先后不到五年的时间，读通六经，最后考上进士，把母亲接来奉养。

在那几年当中，当地的一个官员的儿子是范公的同学，他很佩服范公，将范公的情况告诉了自己的父亲，官员就派人送了丰盛的菜肴请他吃。诸位学长，假如你长期都吃一块一块的粥，突然有一顿丰盛的菜肴，当下会怎么样？可能都觉得，我是在做梦吗？结果人家范公，过了几天，那些菜动都没动，都发霉了。那个同学就很纳闷，我父亲这样盛情请你，你怎么这么不领情？范公非常恭谦地对他讲，你父亲对我这么关心，我非常感动、感恩，但是假如这样的好菜我吃下去了，将来我还能吃得下这个粥吗？所以很节制自己的欲望！

在白鹿洞书院的学规中，提到我们读书人修养自己的原理原则，在立身方面，叫"惩忿窒欲"。欲望要懂得节制，而且要愈来愈淡，这才是在修身的状态。假如我们一直在读书，一直在背经典，但是贪心愈来愈重，那就与道相违背了。孔子在《论语》里面说，"士志于道，而耻恶衣恶食者，未足与议也。"一个读书人说他要成就大道，结果不喜欢吃不好的，不喜欢穿不好的，那这个人你不用看了，他没什么大作为。为什么？道德一定是从格物下手的，要愈来愈放淡欲望，烦恼欲望少，智慧才能增长。这篇文章读完，不只食物不要挑，连境界都不要挑，什么都好。

在那几年范公求学的过程当中，有一次皇帝经过那个地方巡视，这些读书人忍不住，赶快冲出去看皇帝，只有范公如如不动，不去看热闹。人常常这也想看看，那也好奇，心都是浮动的。定才能生慧！结果这些同学就问他，皇帝好难得才来，你怎么不去看一下？范公说，以后就见到了，不急。人家很有自信、很有胸怀。这是我们刚刚讲到的，"自幼孤贫，勤学苦读"，这是对范公第一个人生二十年的叙述。

范公考上进士之后，开始造福老百姓，"为民治堰"，堰是指防海浪的防波堤。那时候他到了泰州一带，沿海老百姓因为水患，常常流离失所。可是那个工程浩大，动用的民力非常多，可能要上万的民力来修筑，后来在他的争取之下，真的开始修筑了。但是在工程进行的过程当中，遇到一次严重的水患，死了一百多个老百姓。当时朝廷就议论到底建还是不建，这讲起来很轻松，但当时承受的压力不知道有多大。其实在我们这个时代，想做真正的实事都要面对很多挑战，为什么？好事多磨！禁得起种种考验，能够百折不挠，才能把事情做成。尤其现在的人从小没有接受五伦八德的教育，认知比较不够，这个时候要团结大家去做事情，难度就会更高了。所以真想把事做好，确确实实要有度量、要有耐心，还要有决心，甚至于还要有不怕得罪人的心。不怕得罪人，是人家不理解，我们不难受，不是故意去得罪人，大家可不要误会了。时时都要心平气和，不跟人冲突，但是假如别人不能理解，该坚持还是要坚持。孔子一开始就期勉我们，"人不知而不愠，不亦君子乎。"

所以范公那个时候还是很坚持，极力疏通，最后决定继续建，而且他是站在第一线建。很巧的是什么？这篇《岳阳楼记》的另外一个重要人物滕宗谅先生，就是滕子京先生，刚好跟范公一起在建这个防波堤。他们两人正谈论的时候，海浪拍上来，很急，所有的人都被吓得不知道退了多少步，结果他们两个如如不动，还在那里谈论怎么建，哪边建得好。大家看他们两个都没有一点恐惧，又继续干。所以当领导的人身先士卒，还是非常重要的。最后建成了，流离的百姓都回到故土。建好之后，整个水利、农业就稳定下来，利益的人非常多，而且不只利益当时的人，还利益后世百年、千年的人。后人就把这个防波堤叫做"范公堤"，以纪念范公。所以范公不简单，当官到哪里都非常有政绩，为了人民的生活，把水利工程做好，然后教育老百姓。

范公三十多岁的时候，母亲去世了，范公服丧三年。服完丧之后，应天府的负责人晏殊先生就请范公去教书。范公学问非常好，他已经大通六经之旨，《诗》《书》《礼》《乐》《易》《春秋》这些教诲，他融通了，所以他带出非常多的学生，也办了很多的书院。在《德育古鉴》里面讲，他们家本来买下了钱氏南园，结果算命先生说风水太好了，后代会出很多人才。范公听完说，那应该拿来做书院。果不其然，那个书院教出的进士就有上百人，状元就有几十人，现在还是一所高中，风水特别好！当然更重要的，范公的德行还感动着、教化着那个地方的人。

后来，范公到京城当官。而当官的过程，确确实实是几起几落，但是他百折不挠。先后做了几个主要的官职——秘阁校理、右司谏、天章阁待制。秘阁校理是管国家一些重要的文献、书籍，当然也可以给皇帝一些谏言。他当秘阁校理的时候，遇到皇太后做生日，皇太后要求皇帝跟百官都来给她拜寿、磕头。做寿磕头那是家里的礼，跟国家的礼不一样，怎么可以让百官来到皇太后面前，然后还磕头？范公觉得这违反制度，就上书劝这件事情。大家想想那个情景，一个小官敢谏皇太后的事情，结果就被贬官了。但是大家不要看眼前被贬官，就是这一次一次的坚持，才把宋朝几百年的气节给唤醒，树立起来！不然大家都是攀附权贵，怕得罪人，最后真话都不讲，就麻烦了。范公被贬官之后，不久皇帝又请他回来做右司谏，那个时候皇太后已经去世了。司谏，也是给皇帝谏言的。

有一段文字，提到他做右司谏的一个实际的事例。

寻为右司谏，岁大旱蝗，奏遣使循行，因请问曰："宫掖中半日不食，当何如？"仁宗恻然，命公安抚江淮。所至开仓赈之，奏蠲（juān）除弊政十余事。

"寻为右司谏"，范仲淹当了右司谏。"岁大旱蝗"，遇到蝗虫之害。"奏遣使循行"，赶紧请奏，希望派人去了解状况，而那个时候宋仁宗好像不是很积极地去处理这件事。"因请问曰：宫掖中半日不食，当何如？""宫掖"就是指宫廷，宫廷里住的都是嫔妃、皇室，范仲淹就直谏说，可不可以让他们半天不吃东西，让他们感受感受饿是什么滋味？"仁宗恻然"，听了这个劝，仁宗心里也觉得过意不去，我们可能饿半天就很难受，他们都饿了多少天了。"命公安抚江淮。所至开仓赈之，奏蠲除弊政十余事。"很多地方都已经乱了规矩，他赶紧整治好。而且范公还把当地灾民充饥的野草，拿了几把回去给皇帝看，这都是让皇帝能身临其境，深刻感受人民的悲苦。这是讲到做右司谏的一个情况。

后来又遇到皇室内部争斗，要废皇后，范仲淹又直言，不应该废皇后，结果又被贬官，该说的说了，不听也只能随缘。后来第三次又回到京城，做天章阁待制。那一次范公又发现宰相吕夷简任人唯亲，整个朝政非常腐败。范公就画了一个百官图，很明显地可以看到宰相底下一堆都是他的党羽，结果又被贬官。虽然知道这些政治势力已经很难撼动，但是该讲的还是要讲。

这是第三次又被贬官，这一次年龄也比较大了，最后遇到什么事情？西夏兵进犯，整个国家找不到谁去抵御西夏兵，就把范公请出来。所以古代读书人都是文武双全，我们看孔子都是背着一把佩剑。守西夏的时候，范公治军严明，整个军队的风气都被转变过来。很重要的一点，就是范公以身作则，士兵没有喝，他不喝，士兵没有吃，他不吃，而且很爱惜生命，不轻易动兵。当时跟着他一起守边疆的还有韩琦，也是宋朝的名将。韩琦就说，一个为将者，要把死生成败胜负置之度外。范公讲，这一动可能就是千条命、万条命，怎么可以胜负置之度外？两人意见不合。最后因为韩琦的权位高，还是动兵了。结果死了超过一万人，韩琦带着兵回来，老百姓都在望着，我的孩子有没有回来? 一看孩子没回来，当场就痛哭失声，韩琦也跟着在那里流眼泪。所以真的一定要能多听这些仁人志士的话，人生才不会犯很大的错误。

最后，范公把西北边境守得很好，甚至于他也帮这些少数名族的人安置生活，辅导他们农耕，他们也很感范公的恩德。所以后来范公去世的时候，西夏地区的老百姓都痛哭流涕，而且集体斋戒守丧。范公的德行，能够让敌人感动到如此地步。其实《论语》当中也讲道，"远人不服，则修文德以来之。既来之，则安之。"远方的人，甚至是对立的敌军不服我们，修文德，用道德去感化。而他们来了，就安顿他的生活，照顾好他，冤仇就化解了。这是范公在抵御西夏当将领时候的风范。

这节课先跟大家交流到这里，谢谢大家!

第八讲

尊敬的诸位长辈、诸位学长、大家好！

我们继续来看《岳阳楼记》。上一讲讲到范公到西陲带兵，后来边防稳定之后，皇帝把这些有功之臣召回来，包括范公、韩琦这些名将。庆历三年，推行新政。前面几次范公谏言，都是为整个国家着想，都被贬谪，代表这些官员都已经结党营私，腐败了，很需要改革。刚好仁宗有这个心意，所以这些正直之臣都得到重用。但是新政没推行几个月，因为这些保守势力，也就是所谓既得利益者还是太强了。当时在西夏的时候，带兵的夏竦虽然是主帅，而事实上他没什么战功，在新政的时候，这些正直的人就把他换下来，夏竦就等待机会要报复。

那时，石介、富弼（富弼也是范仲淹的学生）都是名臣。这个夏竦度量实在太小，居然让他底下一个婢女学石介的笔法。学了好一段时间，学得很像，就冒充石介写信，诬告石介跟富弼要造反。人的心偏掉之后，什么事都干得出来！我常常感叹，历史上的奸臣，全都是读圣贤书的，这种事怎么干得出来！人的欲望来了，嗔恨嫉妒来了，啥都看不到，欲令智迷，利令智昏。所以孔子才劝我们，"君子成人之美，不成人之恶。"要有度量。在这种情况下，这些臣子都觉得反对势力太强了，新政推不下去，就请求离开京城以避祸。范仲淹觉得也推不下去了，请求到外省当官。

但是，范仲淹那时候推展得好的制度，为之后王安石的变法提供了一个非常好的精神跟主张。王安石的变法好不好？很好。但是大家要注意，请问民主制度好不好？不错。但问题是成败不在制度，在什么？人。王安石好恶太强烈，可能讲好听的话给他听，他就比较高兴，最后在推行新政的时候，用的还是一些心胸不大的人，结果就搞乱了。所以，"自天子以至于庶人，壹是皆以修身为本。"多有才华，多有能力，都是其次，有没有德行是关键，有德行才能凝聚人，才能感动人。

范公推行有障碍，自请出来当地方官，那个时候他这些正直的好友，统统都被流放了。这篇文章是在庆历四年春写的，那个时候滕子京也被流放到岳州。我们看看范公在被贬的时候，是什么样的胸怀。他也是借这篇文章，鼓励好友们不要丧志，要自立自强。

"岳阳楼记"，岳阳楼在湖南岳阳县的西门。这座楼是唐朝的张说当岳州刺史的时候修建的。到宋朝，又重新修建。"记"，是一种文体。第一段，主要把重修岳阳楼的因缘讲出来。"**庆历四年春**"，"庆历"是宋仁宗的年号。"**滕子京谪守巴陵郡。**""谪"就是当官的被流放、被降调，降职调到地方去当官。滕子京，本名叫宗谅，跟范公同一年考上进士，感情非常好。"谪守"，"守"是指郡守，就是被贬官之后来这里当郡守。郡守是唐朝官员的职位，到宋朝的时候，相当于知州。但为什么还是用"守"？怀旧，岳阳楼本身就是唐朝建的。"巴陵郡"指湖南岳阳县这个地方。"**越明年，政通人和**"，一年之后，政事通达，人心和顺。"**百废具兴。**""百"是指方方面面，就是所有废弛的事情。"具兴"，全都兴办起来，都办得很好。其实古代这些读书人，有很多都能治理国家，治理一个地方，对他们来讲不难，所以很快地就把这里教化好了。"**乃重修岳阳楼**"，接着重修岳阳楼。"**增其旧制**"，"增"就是扩大，"旧制"就是原有的规模。"**刻唐贤今人诗赋于其上**"，在楼上还刻上了唐代的名家和今人的诗词、诗赋。"**属予作文以记之。**"这个"属"通"嘱"，嘱咐范公写一篇文章来记述这件事情。这是把缘由讲出来。

岳阳楼最重要的就是看洞庭湖的风景，下一段讲道，"**予观夫巴陵胜状**"，"予"是我的意思，"夫"是那，我观看那巴陵的美好景象。"**在洞庭一湖。**"洞庭湖为什么景色非常美？"**衔远山**"，"衔"就好像口含着一样。洞庭湖中间有一座君山，就好像被它含在嘴里一样。"**吞长江**"，整个洞庭湖跟长江是连在一起的，好像把长江的水都吸进来。"**浩浩汤汤**"，"浩浩"是很广大的样子，"汤汤"是指水流很急的样子，合在一起，就是水势很浩大。"**横无际涯**"，"际""涯"都是指边、边岸，因为太大了，望过去看不到边。"**朝晖夕阴**","朝"是早上,"夕"是黄昏,"晖"是阳光普照的时候,"阴"是阴天。"朝晖夕阴"指的就是一天当中晴阴的变化很快。"**气象万千。**"天气变化无穷,"万千"是变化无穷。"**此则岳阳楼之大观也**","大观"就是盛大壮观的景象,看起来非常痛快!"**前人之述备矣。**"前人讲到这些洞庭湖的风景,已经讲得非常完备,我就不用再多讲。"**然则北通巫峡,南极潇湘**",洞庭湖北边连接的是巫峡,巫峡是湖南进入四川的一个要塞;南边接的又是潇水跟湘水,这两条河汇集之后流入洞庭湖。所以这里来往的人非常多,水路非常发达。"**迁客骚人,多会于此**","迁"就是迁徙,被流放、贬谪的官员、诗人,多汇聚在这里。春秋战国时代,屈原写了一本《离骚》,表达那种忧患,担忧国君,担忧国家。因为这个典故,所以后来就称诗人为"骚人",而且一般是多愁善感的文人。所谓"方以类聚,物以群分",假如遇到有同样人生经历的朋友,那愈谈就愈来劲。"**览物之情,得无异乎?**"每个人看这些风景,心情都有差异。

紧接着下一段,"**若夫霪雨霏霏**","若夫"就是说到,这是转语,说到下雨那个时候。"霪雨霏霏","霪雨"是雨下很久了;"霏霏"是雨丝绵密,一直下不停。"**连月不开**",一下下一整月,"不开",太阳不出来,没有放晴。大家想象一下,这么大的湖泊,雨又下一整月,人会不会受影响?"**阴风怒号**",不只下雨,"阴风"是冷风,风又吹得特别大;"怒号",吹的声音也很响。"**浊浪排空**","浊"就是浑浊的浪,"排空",就是浪拍得很高,冲向空中翻腾。可见得湖的浪涛非常凶猛。"**日星隐曜**","隐"就是消失了,"耀"是光辉,太阳、星星都被乌云给盖住了,失去了光辉。"**山岳潜形**",水汽这么大,崇山峻岭也看不清楚。"潜"就是隐没,"形"就是行迹。"**商旅不行**",商人跟旅客没法行走,则停下来了。"**樯倾楫摧**","樯"是指船的桅杆,都被吹得折断了,"楫"是划水的桨,桨也折坏了,可见风雨之大。"**薄暮冥冥**","薄暮"指傍晚,就是日将落下来了。"冥冥"就是很昏暗,没有什么光线。"**虎啸猿啼。**"听到老虎的吼叫声,还有猿猴的啼叫声。"**登斯楼也**",这个时候登上岳阳楼,"**则有去国怀乡,忧谗畏讥,满目萧然,感**

极而悲者矣!""则",就;"去",离开;"国"在这里是指京城。这些被贬的官员,都是从京城出去的,所以怀念、思念故乡。"忧谗",担忧朝廷里还有一些不好的官员在那里进谗言;"畏讥","畏"是害怕,"讥"是刻薄讽刺、非议的话。"忧谗畏讥",已经被流放了,又要担心是不是有人毁谤、讥讽。"满目萧然",放眼过去,感觉萧条凄凉,空虚寂寞。"感极而悲者矣",感慨之极而悲伤起来。

所以大家看,被流放的人假如不能够转心境,每天这样感伤很伤身。所以范公后面讲,"不以物喜,不以己悲。"其实,人一生能保持念念为苍生着想,非常有胸怀的人才做得到。很可能还没当官以前胸怀壮志,真的当了官,反而慢慢地心胸都变小了。一被流放,每天在那里想,皇帝怎么误会。其实你想那些有什么用?所以人要理智,时时要记得不忘初心。当官干什么的?当官又不是要皇帝肯定的。当官要干什么?造福人民!哪里不能造福人民!

所以范公第三次被贬的时候,讲到"岂辞云水三千里,犹济疮痍十万民"。他被贬了多远?三千里左右。虽然离开京城三千里,仍然能够救济、帮助老百姓,"疮痍"是特别困难的人民,还是有成千上万的人民等着这些好官去照顾。所以他们的胸怀,是"不以宠辱更其守,不以毁誉累其心",不因为皇帝信任、上位者宠信就高兴,也不因为被贬官、被羞辱了就难过,不会受宠辱的影响而更改应有的操守跟职责。"不以毁誉",也不会因为被称赞,心里就高兴得不得了,或者被毁谤就好几天吃不下饭,这些毁誉、外在的虚名不会影响他。孔子《论语》开始就讲,"人不知而不愠,不亦君子乎?"一般的人还是比较看眼前的利,看得深远的人少。所以一般有远大志向的人,不一定被理解,而他也不会去要求别人理解。所以读书人遇到这种情境的时候,对人生真相要看清楚。人生的际遇、缘分各有不同,所谓人生不如意事常八九,好事多磨,要看破这一点。尽力去做,假如做不成,也不要难过,也不要放不下,这是人生必修的一课。

诸位学长,你今天要去帮助一个人,帮了半年、一年,结果有一天,他叫你以后别给他打电话了。大家有没有遇过这个情况？难不难过？回去有没有吃不下饭？现在当好人不容易，好人难做，你对他很好，人家还觉得你有什么企图。所以你尽心尽力帮他，他不接受，不理解你，甚至还骂你，还嫌你啰唆，这个时候不能难过，"人不知而不愠"。而且一般缺乏了伦理道德之后，人也不懂得去珍惜这些道义。现代人喜欢享乐，反而觉得陪他玩的人好，每天在那里唠叨的真烦。所以首先要能够付出，然后对方不能理解，自己也不要很难过。

谁要先修这一课？当爸、当妈的人。你一心一意为孩子，他还不领情，这时候急不得，欲速则不达。尤其孩子十五六岁、十七八岁的时候，你愈要他这样，他就愈要那样，很逆反，跟你对着干。这个时候你反而不要强求，能劝就劝，不能劝就自己先做好。现在这个时代，人有时候头上撞二三个包，流点血，他才知道血是红色的。他得到教训了，可能一些经验的话就比较能听得进去。所以人要放得下，在这些时候要洒脱，要超然，这样才显得出境界。孩子气你，你还如如不动，还笑，孩子会觉得我妈的功夫不一般，肯定是武林高手。他回你两句，你脾气就上来了，那可能常常就会互相折磨了。

所以面对人生这些不如意的境界，还得有耐性去等待。比方说这些好官被贬，但是十年河东，十年河西，运势一转，可能他为国的机会又出现了。但是假如他在失意的时候没有志气，那可能他以后的机会就出现不了；或者失意的时候，干出一些比较不好的事，那皇帝或者高位的人就更不信任他了。所以我们处在家庭、团体当中，别人对不对不是最重要的事，自己不论遇到什么样的挑战都不能闹情绪，都要自己先做对，做好本分。假如自己伏不住情绪，又没尽本分，还去批评人，谁都不能接受。而且我们现在，本分其实都做得不是很圆满，急着要去说别人，有时候也是操之过急，人家对我们的佩服、信任不够，劝他可能不一定缘分成熟，"岂能尽如人意，但求无愧我心"。

说是这么说，假如回到那个时候，我也被贬，我能不能一点都不受影响? 因为讲别人都很容易，自己真正遇上了，放得下得失心吗? 得失心放得下，很多事情就困扰不了自己。尤其国家的事情，牵扯的面很大，也不是一个人马上就能扭转的，这个时候只能好好做自己，为天下祈福，等待时机，好好做些贡献社会的事情。国如此，团体亦如此。所以这也是延伸到我们人生的一堂必修课，叫"掌握情绪，才能掌握未来"。这个时候被贬，假如不能忍辱负重，又招来一些祸患就不好了。

接着下一段，**"至若春和景明"**，"至若"就是到了，"春和"，天气很温和。"景明"，是指日光明亮；另一个说法是景物鲜明。**"波澜不惊"**，"不惊"就是整个湖面很平静。**"上下天光"**，"上"是指蓝天，"下"是指湖面，蓝天、湖水连在一起，天连水，水连天。**"一碧万顷"**，"碧"是碧绿，整个天跟湖连在一起，一望无际，都是碧绿的。**"沙鸥翔集"**，沙滩上的鸥鸟，一般我们海边的叫海鸥，河边也有鸥鸟。"翔集"，"翔"是飞翔，"集"是栖息、栖止。它们停在沙滩上，有时飞翔，有时栖息。**"锦鳞游泳"**，"锦"本来是指花纹很鲜明的丝织品。很高级的衣服，我们叫锦衣。"锦鳞"在这里就是指纹路鲜明、美丽的鱼。"鳞"就是鱼的总称。在湖里面很多各式各样的、很漂亮的鱼在遨游。**"岸芷汀兰"**，"芷"是指白芷，是一种花，白芷的叶子可以做香料。"汀"是指小洲，"汀兰"就是沙洲上的兰花。**"郁郁青青。"**"郁郁"是指香气非常浓烈，"青青"是这些植物长得非常茂盛。**"而或长烟一空"**，"而或"就是有时，有时天气很晴朗，这些烟雾都散尽了，所以"一空"。**"皓月千里"**，"皓"是指光明、洁白的样子，明月照在了水面上。**"浮光跃金"**，月光照在浮动的水面，闪闪发出金光。**"静影沉璧"**，湖面很平静，月映照在湖上，就好像一块玉快沉下去那个样子，看得特别清楚。**"渔歌互答"**，在那样的风景之下，还有渔船、渔人的歌声相互应和。**"此乐何极!"**这样的快乐哪里有穷尽! 我们常说人要常常接近大自然，心胸会比较宽广，甚至比较豁达。大家有没有经验，心情很不好，去看看大海，或者到山上看一望无际的田园，深呼吸，调整一下心情，就好多了。当然调好以后，不要回来又马上变了，要保持，要效法，天地也是在表法，天地心胸都很宽广。其实接近大自然，最要学的一个就是心量大，化育万物，哪有什么不能容的! 其实人只要没人不能容，没人看不顺眼，好日子就来了。

什么是幸福? 诸位学长，幸福在哪里? 长得漂亮幸福吗? 有钱幸福吗? 学历高幸福吗? 当官幸福吗? 不一定。所以幸不幸福，跟外在的身份、条件没有直接的关系，幸不幸福是心决定的。心开阔了，没有人不能容，哪有不幸福的道理!"恩欲报，怨欲忘"，每天只记人家的恩，报人家的恩，每天都幸福! 心里从不放恩恩怨怨，事情过了，别人跟你道歉，"什么事，有吗?"隔天你就忘了。这样的人睡觉特别香，躺下去五分钟就睡着了，不用吃安眠药。而且，这个幸福还有一个很重要的修养，就是能够日日是好日，时时是好时，人人是好人，事事是好事。

这个幸福的秘诀吞下去没有? 有没有感觉好像吞不下去? 吞不吞得下去由自己决定。尤其人假如好恶太强烈，恩怨爱憎太分明，不只人家跟他相处压力很大，他自己也不好过。常常因为这些人事问题，情绪起起伏伏。看到人家作恶有什么好气的? 他又没学过《弟子规》。你说他学好几年了。他学好几年，他没有真学，没有学进去，你要帮他! 所以很多事情要放下对立、指责，要念念为对方好，想有什么好的方法能提醒他，时时都是这样的心境对每一个人。没有看不顺眼，没有要对任何一个人有什么发泄，纯是一颗利人的心，就对了。"我对他好，他不领情。"会讲这种话，就是对人好还带有目的，才会耿耿于怀。所以所有的烦恼都不干别人的事，都是"我"看得太重。所以大家今天很烦恼，根是什么?"我"。你看这个"我"字怎么写? 大家把它拆开来看像什么? 像不像两把刀? 跟人家争，我的! 所以人生最大的忌讳是什么? 心上常常只有自己，这就是大忌。所以真正幸福的人，时时都为人想。为什么? 为人想是因，感来的是什么? 人人都为我想。"爱人者人恒爱之，敬人者人恒敬之。"人生本来是这么单纯的事，被我们搅得这么复杂。

所以，"人不学，不知道"，你跟那些没好气的人一般见识——什么叫一般见识？就是水平差不多——才会不高兴，才会闹得起来。假如度量够大，像虚空一样，放几把火在虚空，不是全部都熄掉了吗？我们的修养假如是干草，人家一把火，全烧起来了。所以师长常讲一句话，确确实实也变成我们人生的态度，叫"先人不善，不识道德，无有语者，殊无怪也"。没人教他，他祖上也没教他，中华民族的儿女，居然没读过这些圣贤的道理，他这么可怜，你还跟他生气。所以看到人造恶怜悯他，"悯人之凶"。自己好好学，让他感觉，这个时代还有这么好的人，这么有修养的人，我要打听打听他是什么来历。原来就是学《弟子规》的，原来就是一个礼拜背一篇古文，这么认真深入中华文化才这么有修养。我们要以德行来给圣贤脸上贴金，胸襟气度要不断扩宽。

"**登斯楼也**"，在这样的风景之下，登上岳阳楼。"**则有心旷神怡**"，心胸开阔，精神非常愉悦。"**宠辱偕忘**"，受到皇帝宠幸，或者受到侮辱，都放下，都不去想它。"宠辱偕忘"也是提醒我们，随时随地心上都要清清净净，不要有一大堆的挂碍，甚至于一些怨气统统放下，好日子就到了。大家自己回去对着镜子练习练习，试着把所有东西都放下，等你感觉都放下了，然后笑一个，看看气色是不是都不一样了。所以说实在话，人往往是自讨苦吃，没事拿那么多情绪来折磨自己干什么！人常常情绪起起伏伏，那都是不孝！情绪大不就伤身吗？伤身不就不孝吗？我们自己常常情绪很不好，父母都很担心，"我最不放心的就是我那孩子，脾气特别大，很多事都看不开。"所以一个人执着了，身边的人都累，何苦呢！赶紧把得失放下，把执着放下，自己有好日子，别人也都有好日子，尤其是最近的人。

大家知不知道我为什么讲得这么顺？我很有体会。我考大学的时候，紧张得全家人都不安，得失心太重了。得失一放下，整个家庭气氛都不一样。当然这要感谢我的父母，他们的得失心非常淡。我考大学没考好，在房间里流眼泪。结果我爸上来一看，"我还以为什么事，考不好，明年再考就好了，别哭了，别哭了。"我爸觉得没什么，我就哭不出来了，好像我继续哭就大惊小怪了。我当时真愚痴！考不好就是实力不够，有什么好哭的？所以你看人不明理，每天都虚掷光阴，统统在没有意义的情绪里面。

"把酒临风"，端着酒，迎着风，跟好朋友干一杯。古人饮酒助兴，但是酒都喝得很有修养，不是那种咕噜咕噜喝的。现在的人哪叫饮酒？那叫灌酒。以前的酒杯，杯子上面有两条杠，为什么这么设计？就是你喝太大口，就会戳到你的眼睛；你喝太多了，眼睛都瞎掉，提醒我们要适度。有时候好朋友几年不见了，端个酒杯，好像特别能表达那种心情、那种敬意，但是都是有节度的。所以我们的文化其实很有意境、很美的，可以让人情绪、情怀得到很好的纾解。"**其喜洋洋者矣！**"这种感受有无限的喜悦，无限的舒适。

接着范公讲道："**嗟夫！**"就是感叹，唉！"**予尝求古仁人之心**"，我曾经去探求古代仁慈的人的胸怀、心境。"**或异二者之为**"，或许与这两种人的心境不同。"**何哉？**"那是什么心情？什么心境？他们会是什么样的反应？"**不以物喜，不以己悲。**"就是不会因为外在的环境跟个人的遭遇而患得患失。一般人得了高兴，失了就痛苦。"**居庙堂之高，则忧其民**"，"庙堂"是宗庙、朝堂，其实就是指朝廷，朝廷是中央政府，这是高位。他们有那样的机遇，则忧国忧民，制定一些有利于全国人民的政策、爱护人民的措施。"**处江湖之远**"，"处"就是被贬官，黜退了。"江湖"就是指不在朝廷当官，当地方官，离皇帝、离京城比较远。"**则忧其君。**"会担心国君，担心朝政是否妥当。"**是进亦忧，退亦忧**"，有机会在朝廷当官，尽心尽力为人民付出；被贬官，黜退在他乡，也担忧着国家、国君。"**然则何时而乐耶？**"那什么时候他们会感到快乐、欢喜？"**其必曰：先天下之忧而忧，后天下之乐而乐乎！**"这样的仁人，胸怀天下，他会先为人民去着想、去谋划，所以都是忧民之忧，想在前头。我们看周公制礼作乐，投注了多少心血？历史中说，周公"一饭三吐哺"，就是吃一顿饭，把饭吐出来三次。为什么？有贤德的人来访了，他赶紧去接见。"一沐三握发"，洗一次头发，刚好又有贤能的人来了，他为国之心很悲切，头还没洗好就赶紧出来接见。这都是忧国忧民。

而事实上，这些仁人的智慧能不能让老百姓受益，还得看老百姓的福报。所以有时候人世间很多事情强求不得，福报不够，还没办法享这个福。范仲淹假如继续做十年的宰相，那人民就真的享福了，结果缘不具足。宋朝福报还是不够大。你看南宋的时候有岳飞，金兵怕岳飞，不敢跟他打仗，眼看着整个国土就要收复了，十二道金牌把精忠报国的岳飞召回赐死了。遗不遗憾？人世间还是有太多不圆满，所以得懂得放下，"岂能尽如人意，但求无愧我心"。只要我们都对得起良心，一切时一切处都是善心对人，这一生福报很快就现前，子孙也会有厚福。

古人尽忠于国家，最后不一定能得志，所以我们也要豁达，所谓"莫以成败论英雄"。确实是这样，不是说他做成了叫伟大，是他这么难都能坚持，那种精神常存。范公，大家有机会可以去看《范文正公文集》，里面有一篇文章《十事疏》，对整个国家政治应该怎么样改革提出了建议，写得非常好。所以这些读书人，为国家不知道谋划了多好的前景，一有机会，赶紧把这些东西呈现出来，"先天下之忧而忧"，确实是这样。大家看诸葛孔明，智慧相当高，他也等机会，有人用他，他才能把这些好的措施利益人民。所以古人都是"穷则独善其身，达则兼善天下"，一有机会了，尽心尽力。"后天下之乐而乐"，当天下的人都得福了，都过上好日子了，这些仁人志士到田野乡间去巡视的时候，看到老百姓都丰衣足食，就高兴了。他们都有"见人之得，如己之得"的心，也有"见人之失，如己之失""人饥己饥，人溺己溺"的胸怀。这样的胸怀是中华读书人的胸怀，没有这种胸怀，谈不上读书人，谈不上知识分子。三代禹、汤、文、武、周公，他们都有这样的胸怀。"大禹治水"，只要听到有人遭水患了，大禹马上感觉是自己害的他，要赶紧去帮他、解救他。周朝的始祖后稷是农师，教导人民农耕，他只要听到有人挨饿了，就觉得是自己害的，赶快去解决这个问题。所以"人饥己饥，人溺己溺"，是在叙述尧帝、后稷这些圣人的胸怀。

接着，"噫！"感叹，"**微斯人**"，"微"是无的意思。"斯人"是此种人。

哪一种人？"先天下之忧而忧，后天下之乐而乐"的人。假如没有这样的人，**"吾谁与归？"**这是倒装，就是吾与谁归。"归"就是归附，就是向他学习。假如没有这种仁人、圣贤人，我向谁学习？意思就是范公非常仰慕有这种修养的人，他要向这样的人效法、学习。范公仰慕这些古仁人之心，其实他也已经契入这个修养。他被贬官，自己不只没有受影响，还写了这篇文章，鼓励所有的好朋友。范公被贬官，他随时都是安住在当下的缘分，尽他的力量。尤其是被贬官之后，他还是念念利益人民，所以"来守是邦，忧国忧民，此其职也"，他跟这个地方有缘；"敦伦尽分，忧国忧民，此其职也"，这就是他的本职工作。从这些胸怀我们可以看出，范公没有情绪化，不会浪费时间在这些没用的事情上。而且他说到，怎么样帮助人民？"彼患困穷"，他忧患困穷，"我则济之以富庶；彼忧苛虐，我则抚之以仁慈。"考虑的都是怎么解决老百姓眼前的困难。

所以我们不再受情绪影响，就是要保持一个觉照，就是所想所做都能为他人的利益着想。只要跟文化承传无关的，跟利益他人无关的，就不要去做，不要去想，那些都是妄想，都是浪费生命。师长常常讲到六个字，"为正法，为众生。"我把它想象成一把尚方宝剑。只要胡思乱想，马上想到宝剑出鞘，这与为众生一点关系都没有，又在那里浪费时光。一出鞘，烦恼丝就被"刷"砍断了。**"时六年九月十五日"**，当时是北宋庆历六年九月十五日。

这节课跟大家交流了这篇《岳阳楼记》，希望大家多读多思。好，谢谢大家！

孝悌忠信：凝聚中华正能量

第九讲

尊敬的诸位长辈、诸位学长，大家好！

我们这几节课一起学习的文章，都属于忠。像《出师表》，"鞠躬尽瘁，死而后已"的精神；像《岳阳楼记》，"先天下之忧而忧，后天下之乐而乐"。忠，不只指君臣关系当中臣子对君王、对领导者的忠诚，其实含义非常深远、宽广。人一言一行，甚至起心动念都要用忠。我们看这个字"忠"，上面一个中，下面一个心，所以心偏了就不忠。偏向哪里？偏向自私，不忠；偏向马虎、应付，不忠；偏向贪着、染污，不忠；偏向迷惑，不忠。不忠于谁？首先不忠于自己。"大学之道，在明明德"，《三字经》讲"人之初，性本善"，我们既有明德跟本善，就应该好好地珍惜，把握好自己、成就自己；让自己违背明德、心性，这就不忠于自己。所以"勿自暴，勿自弃，圣与贤，可驯致"，这也是忠于自己的表现。

心不能偏，一偏，身就不能修，家就不能齐，国就不能治。所以从家庭来讲，当父母的不能偏心，要用忠，一偏心，这个家的乱就要开始了。《郑伯克段于鄢》里面，"爱共叔段，欲立之"，乱源就开了。父母的心不忠，偏失了，家庭的纷争就开始了。忠延伸开来，忠于父母，忠于另一半，忠于家庭，忠于家族。我们看范仲淹先生，在钱公辅先生写的《义田记》当中讲到，范公以他的俸禄照顾了几百户族人，这是忠于祖先。祖先的福报到我身上彰显了、现前了，我有责任照顾好家族所有的人，不然我以后就无颜见祖先。忠于自己的团体，工作尽忠职守，忠于自己的民族，都是忠的表现。

现在民族文化真是到存亡的时候了，"此诚危急存亡之秋也。"这个时候我们还视而不见，一定是不忠，也不孝，不孝于祖先，把文化断在我们这一代。所以我们现在是用孝顺三皇五帝的心，友爱所有中华民族同胞的这份悌，来承担起这个责任。所以什么时候要尽忠？随时。所以用忠就

孝悌忠信：凝聚中华正能量

是什么? 就是用真心、用诚心。所谓"忠诚",不诚就不忠。"忠义",念念都把道义放在心上,才是忠诚的人。"忠直"、"忠正",一个人不正直、不公正、不大公无私,他就不忠。所以我们看,汉语的词汇很有味道。还有"忠勇",真正尽忠的人,他有勇气去承担起家庭、时代的责任,只要是他的责任,"虽千万人,吾往矣。"怎么难,他都不会退缩。所以"仁者必有勇",仁慈的人一定有勇气,一定有这种气概;但"勇者不必有仁",说的就是那种匹夫之勇,不是从慈悲心、仁爱心流露的勇。

所以这几篇文章都在让我们体悟这些忠臣的忠肝义胆,我们慕贤当慕其心,把他们的精神领纳在我们的内心。我们从此能如此处事待人接物,那诸位学长,不得了! 你的身上就有范仲淹的精神,有孔明的精神,今天上完,又有魏征的精神。假如是这么学,不成圣贤都难! 所以话说回来,还是信心问题,大家不相信自己有跟这些圣贤人共同的明德跟本善。相信自己就有力量,就能去鼓励自己、成就自己。而且我们看,范公两岁而孤,孔明先生也是从小父母就不在了,都是身世比较坎坷,但是他们最后都留名青史。所谓"环境何曾困志士,艰难到底助英雄"。这些圣哲人,身处比较艰苦的环境,反而自立自强,能够不畏艰难,成就他们坚忍不拔的人格。所以"不经一番寒彻骨,焉得梅花扑鼻香"。我们反观这个时代,孩子们从小吃香的喝辣的,生活都比较安逸,容不容易成就这些圣贤具备的人格特质? 现在的孩子为什么不成气候? 命太好了。所以真正父母爱孩子,不是溺爱,要懂得多培养他好的习惯,甚至要多锻炼他,他能力才出得来。

我们今天跟大家一起来学习《谏太宗十思疏》,这是唐朝的魏征丞相向唐太宗进谏的一篇奏章。魏征,字玄成,生于公元580年,卒于公元643年,享年64岁。巨鹿人,相当于现在的河北邢台巨鹿县,又有说法是河北晋州市或河北馆陶县。"年少孤苦","孤"一般指父亲比较早亡。但是他有大志,这很重要。他有大志,就能积极、主动地学习,因为志是一个人学习的动力。所以他"好读书",喜欢读圣贤书,并深入了解治国的智慧，经国治民这些道理。唐朝之前是隋朝，隋朝之前是魏晋南北朝。从汉到唐这个期间，时间很长，但是都处于乱的形势。魏晋南北朝的朝代都很短，战争很多。隋文帝建立隋朝，传到隋炀帝就亡了，时间也不长，最后到唐朝。当时的人民都是战乱中度过，都很希望有太平的盛世。

隋朝末年，因为隋炀帝比较无德，又好大喜功，又淫乱，所以后来群雄并起。唐太宗的父亲唐高祖在晋阳起兵，有一个军人叫李密，也起兵了。魏征先生先献给李密十策，结果李密没有用，后来就败了。这有一个重点，没有用好的大臣的建议。后来魏征先生归顺唐朝之后，又在太子建成底下做事。唐太宗不是大儿子，他的大哥建成是太子。那个时候，唐太宗武功高强，战功赫赫，他的功劳已经高过了他的哥哥建成。所以魏征就劝太子，你赶紧做好打算，不然你这个皇位可能就被你弟弟给拿走了。所以魏征很厉害，看什么事都很准。

后来玄武门之变，唐太宗发动政变，把哥哥跟弟弟杀了。有史书记载，当时是他们先下手要毒死唐太宗，但是唐太宗命大，喝了毒酒没死。所以也是被逼无奈，唐太宗才发动玄武门之变。不管怎样，这件事也是唐太宗一生的瑕疵。但是我们说"瑕不掩瑜，瑜不掩瑕"，这也是忠。你不能因为这个人有缺点，他所有的优点你都看不到，这个心态就偏得太严重了。他有优点，你也不能看不到他的缺点。就好像妈妈疼儿子，觉得他啥都好，幼儿园老师都提醒了，你儿子怎么样怎么样，"没有，我儿子很好。"心偏了，这个孩子就被妈妈给惯坏了。所以我们对人对事，用忠就不会以偏概全，他有瑕疵，但是他好的部分值得我们效法，所谓"见贤思齐，见不贤内自省"。

唐太宗玄武门之变之后，还没有当上皇帝，因为他的父亲还在。唐太宗把魏征请到他这边来，就质问他，你怎么可以破坏我们兄弟的感情。魏征说，假如太子听我的话，他就不会遭这个难。魏征不畏威势，唐太宗已经要责骂他了，他没有任何畏惧，他说就是因为太子没听我的，才会造成这个情况。旁边唐太宗的臣子们听了都很气愤，可是唐太宗听了之后反而佩服他。唐太宗有一个特质，叫英雄惜英雄，他看到这种很有忠义之气的人，特别欣赏。为什么？魏征是忠于他的主人，那个时候立场不同。看事情不能心量太小，他看到的是魏征的尽忠。后来唐太宗登帝位之后，起用魏征做谏议大夫，专门讲皇帝哪里做得不好。

李密跟太子建成都没有很好地接纳忠臣的谏言，所以他们最后都败了。唐太宗可贵，他起用魏征做谏议大夫。劝皇帝，有一个专有的说法，叫"批逆鳞"。皇帝穿龙袍，所以是真龙天子。忠言又逆耳，讲皇帝的过失、政策哪里不妥当，皇帝一听都会有点不高兴，甚至会发脾气。伴君如伴虎，皇帝一发脾气，臣子会怎么样？有的定力不够，就开始发抖了。所以批逆鳞，要有胆识、要有智慧，你讲错还不行，论事情都要在理上。有胆识，有智慧，还要有善巧，还要讲究方法。唐太宗属于几千年来少有的君王，能这样去接受臣子的劝谏，甚至有时候臣子不谏，他还引大家劝谏，叫"求谏"。在历代当中找不到几个这样的皇帝。假如不是遇到像唐太宗这样的皇帝，那劝谏有时候还要暗示的，点一下、点一下。点了，听懂了，那就算劝成功；点不通，算了。为什么？因为你直接点，他又没这个修养，可能脑袋就没了。

所以有一次，魏征向唐太宗说到，他要做良臣，不要做忠臣。唐太宗很好奇，良臣跟忠臣有啥不一样？魏征说，忠臣最后都死得比较惨，我不想死这么惨，我要做良臣。但是这也点出什么？杀忠臣的人都是谁？暴君。这也提醒唐太宗，你别杀我，你杀我，几千年之后都会说你是暴君。这些大臣饱读诗书，熟悉历史，常常会引一些事例来提醒君王。《礼记·学记》讲到，一个人很善教，"其言也，约而达。"他讲话不啰唆，很简约，把事理讲得很清楚、通达，"约而达"。"微而臧"，"臧"是善，很多很细微的地方，非常重要的道理，他都能在话当中流露出来；而且善用譬喻，"罕譬而喻"。所以不只当老师的人要这样，当臣子的人劝谏君王，也能守住这些原则。因为讲话太啰唆，君王可能听了都睡着了，或者听了觉得很烦，那就达不到效果。春秋时代的君王，见识没有这么深远，修养也没有这么好。这个时候的臣子，应该怎样来劝？我们举几个例子，让大家看到劝谏需要善巧。

　　景公有马，其圉（yǔ）人杀之，公怒，援戈将自击之。晏子曰："此不知其罪而死，臣请为君数之，令知其罪而杀之。"公曰："诺。"晏子举戈而临之，曰："汝为吾君养马而杀之，而罪当死；汝使吾君以马之故杀圉人，而罪又当死；汝使吾君以马故杀人，闻于四邻诸侯，汝罪又当死。"公曰："夫子释之！夫子释之！勿伤吾仁也。"

　　齐景公，春秋时候齐国的国君，《论语》当中有评语，"齐景公有马千驷，死之日，民无德而称焉！"马车由四匹马拉的，叫驷。有一千辆马车，这个国家算强盛，可是他死后，没有什么让人民称道的。其实这也是说，齐景公当了国君并没有什么大的作为，没有德行值得后世效法。而《论语》中又说："不降其志，不辱其身，伯夷、叔齐与？""伯夷、叔齐饿于首阳之下，民到于今称之"，伯夷、叔齐是没有富贵的人，可是他们却能够留名青史。那个时候，周武王起兵伐商纣王，吊民伐罪。结果军队被伯夷、叔齐拦下来了，他们阻止周武王的军队，说不可以以下犯上，还是很忠。士兵都有点气愤，但姜太公说这两个人是有道德的人，不可无礼。他们两个人，不愿意吃周朝的东西，很有气节，最后饿死在首阳山，连后世人都很佩服他们两个人的气节。

　　《论语》这两段话也是提醒我们，我们这一生结束之后，留什么给子孙效法。可不能到死的那一天，消息传开来了，好多人家听到后放鞭炮，死得好！这一生就是造了太多孽，才会有这样的结果。死的时候，要像范公一样，几百族人像死了自己的父亲一样痛哭流涕，连西夏的人民听到他的死讯，都设灵堂来祭拜他。而且范公在活着的时候，就有一些受他恩泽的地方立庙来感恩他，他去世之后就更多了。所以死有轻如鸿毛，有重于泰山。从《论语》这段对齐景公的评语看出，齐景公的德行不算很高，不像唐太宗。那劝谏要不要善巧方便？当然要了。齐国的贤相晏子就懂得善巧地劝谏。我们看：

"景公有马"，齐景公养了一匹很喜欢的马，爱之如命。"其圉人杀之"，养马的人不小心把它给养死了。"公怒"，齐景公很生气。"援戈将自击之。""戈"是兵器、刀，拿着刀就要去杀了他。"晏子曰：此不知其罪而死，臣请为君数之，令知其罪而杀之。"国君，等一下，您现在杀了他，他不知道他是因为什么罪而死，让我先把他所有的罪过讲给他听，再杀他，这样他死也瞑目。"公曰：诺。"景公说，好，你说，把他的罪统统说清楚。"晏子举戈而临之"，晏子做得很逼真，他也把刀拿起来，然后走到那个人面前，很生气，"曰：汝为吾君养马而杀之，而罪当死"，你把国君的马养死了，你这个罪就当死，判你死刑。"汝使吾君以马之故杀圉人"，因为你把马养死了，让我的国君因为这个缘故杀了他的臣子，这是你第二条罪，"而罪又当死"。"汝使吾君以马故杀人，闻于四邻诸侯，汝罪又当死。"因为这个事件，让其他的国家诸侯都知道齐景公为了一匹马就杀了他的臣子，这是第三条罪。"公曰：夫子释之！夫子释之！勿伤吾仁也。"齐景公听到这里，赶紧说：你就把他放了吧，我现在假如再杀了他，那天下的人都知道我没有仁慈之心了。

所以劝谏有很多方式，晏子这是用讽谏但是暗示的方式，提醒他的国君。请问大家，假如晏子是直谏，当国君最爱的马被养死了，刚好最生气的时候，晏子说，"你生气，你没仁德。"那不得了，"我有没有仁德关你什么事！"这个时候直接劝，结果铁定会不好的。所以这个时候，他那么生气，先让他转移注意力，缓一下。因为大家要了解一个重点，脾气是假的，你善巧地引导，他那个气慢慢就消了。为什么？"圣狂之分在乎一念。"那一念生气转过来，他不就是仁慈之心吗？当我们看到人家生气的时候，你也不要把他当真，不然你自己也会很生气。诸位学长，生气是真的还是假的？都是瞬间变化的幻相，不是真的，那是习气，不是我们的明德。

所以晏子先让景公的气能稍微缓下来，然后再一句一句暗示景公。

他第一句说，你杀了景公的马该死。这么一说，景公，"哼，对。"建立一种信任。信任建立了，第二句，让国人都知道景公为了一匹马杀了你。第三句延伸到全天下的人都笑景公，你罪重不重？晏子表面是在骂他有罪，齐景公会听话，听完，算了，顾及自己的面子，也不应该杀了，更不要说有没有仁慈心了。其实劝人最重要的是，用他能接受的方式，让他提起正念，他那个坏情绪就下去了。不过这要有善巧、要有胆识才行。

我们再来看一则故事。这一则让我们感觉到，忠臣总是抓住每一个可以劝谏的机会，成就国君的德行。其实利益了国君，就是利益了天下的子民。一个国家的兴衰，系于天子，系于君王，关系甚大。《大学》里面讲，"尧舜帅天下以仁，而民从之；桀纣帅天下以暴，而民从之。"所谓"上有好者，下必甚焉。"希望国君的德行好，就得抓住很多良机劝告，提升国君的德行，没有机智、智慧，那真的办不到。我们来看文章：

> 齐景公出猎，上山见虎，下泽见蛇。归召晏子而问之曰："今日寡人出猎，上山则见虎，下泽则见蛇，殆所谓之不祥也？"晏子曰："国有三不祥，是不与焉。夫有贤而不知，一不祥；知而不用，二不祥；用而不任，三不祥也。所谓不祥，乃若此者也。今上山见虎，虎之室也，下泽见蛇，蛇之穴也，如虎之室，如蛇之穴而见之，曷为不祥也？"

"齐景公出猎，上山见虎，下泽见蛇。归召晏子而问之曰"，齐景公出去打猎，上山看到老虎，下川泽看到蛇。然后回来就召见晏子说，**"今日寡人出猎，上山则见虎，下泽则见蛇，殆所谓之不祥也？"** "殆"是大概，大概是不吉祥的预兆吧？其实诸位学长，吉不吉祥，有可能在一念之间，这种在历史上有很多。天子见他的宫殿上长草了，认为不吉祥，他就洗心革面，断恶修善，结果开创了盛世。你说那是吉祥还是不吉祥？吉不吉祥是自己的心决定的，"祸福无门，惟人自召"，在《左传》当中就有这个提醒。商纣王在的时候，有许多吉祥的征兆，稻子长得特别长，吉不吉祥？

觉得是吉祥，结果商纣王愈来愈目空一切，非常地傲慢、放纵，最后成了亡国之君。

所以人能用平常心、用反省的心，来面对一切的境界，事事是好事，时时是好时。要体会到那个道理，要会转心，"学问之道无他，求其放心而已矣。"遇事都能"行有不得，反求诸己"，人这一生统统是吉兆，哪有凶灾？所以人不明事理，就会疑神疑鬼；明事理了，"但行好事，莫问前程"，"种瓜得瓜，种豆得豆"。"**晏子曰：国有三不祥**"，国君，国家有三种不吉祥。"**是不与焉。**"但是这个不算在这三种里面。哪三种不吉祥？"**夫有贤而不知，一不祥；知而不用，二不祥；用而不任，三不祥也。所谓不祥。乃若此者也。**"这三条才是真正的不吉祥。"**今上山见虎，虎之室也**"，因为老虎本来就在那里，你见到它，没有不吉祥。"**下泽见蛇，蛇之穴也**"，它本来就住在那里。"**如虎之室，如蛇之穴而见之，曷为不祥也？**"这怎么会算不吉祥？让景公不要胡思乱想，而且又借这个机会把治国最关键的道理告诉他。"治本在得人。"这是《资治通鉴》里面一句很精辟的话，要治理一个国家，让国家长治久安，要得到贤德之人。"得人在慎举。"谨慎地推举这些重要的臣子，一些国家重要的职位要谨慎观察。这个观察，不只是自己主观的认知，还要客观，从他的家庭，从他处事待人接物，从他面对很多境界，待会儿我们再跟大家开解一下。我们看王莽，他装得很像君子，最后却是一个大叛臣，叫大奸若忠，最奸诈狡猾的，看起来很忠。所以要很谨慎，"慎举在核真。"考核他是不是真正有德行、有忠诚。

所以为什么大舜在的时候，无为而治，天下太平？《论语》当中讲，"恭己正南面。""恭己"是他自己很有德行，自律很强，人民佩服他。"正南面"是他坐在天子位，所选派的重要大臣都是圣贤人。大禹是他的下属；后稷，周朝的始祖，是他的下属；契，商朝的始祖，让他去掌教育。这几个人都放在重要的位置，天下就安定下来。所以晏子劝景公，这是重点。我们刚刚跟大家讲，当一个臣子劝谏，想遇到像唐太宗这样的皇帝，是不容易的。没有这样的领导者，我们可以通过自己的善巧方便，达到劝谏的效果。而唐太宗有雄才大略，他登帝位之后，也是励精图治，想要为国家、民族做一番事业。然后看到魏征是这么有智慧、德行的人，所以常常把他引到寝宫里面去，向他请教治国的方略。大家想象一下，一个臣子，皇帝把他拉到寝宫里面去，让他侃侃而谈，然后对他好的建议，言听计从，这个臣子内心当然会很感动。所以有一句话叫"士为知己者死"，读书人一生能碰到这样信任他、珍惜他的朋友，或者是这样的国君，他定会尽心尽力，尽这份道义。所以知无不言，言无不尽，他当谏官几年的时间，就上奏折两百余个，不知道有多少夜没睡觉。现在想一想，这些古人真的都是呕心沥血，在尽他做臣子的忠心。所以唐太宗对魏征讲到，从你写了两百多个奏折，就看到你的忠诚。所以我们在史书上看到这些典故，都会感觉君臣那种相处的情义非常深厚。

贞观二年，有一次唐太宗宴请群臣。唐太宗旁边是长孙无忌，长孙无忌是长孙皇后的哥哥，都是很亲的近臣。唐太宗就对长孙无忌说："魏征每次劝谏我，当我实在不能接受，我就把话题引到其他的事情。结果我怎么讲，他都不理我，就不说话。你觉得是为什么？"长孙无忌说："可能是魏大人觉得，假如响应您的话，就好像要顺着您的意思，所以他不答话。"唐太宗讲："他就先回回我的话，下次再劝就好了，干吗现在摆个脸给我看？"接着魏征讲话了："皇上，从前大舜在的时候……"你看都举舜王、尧帝，唐太宗还有什么话说。当然这也可贵，时时期许他的君王成为圣人，这是真正爱护自己的国君，而不是去顺着君王的习气，最后把国家都给搞乱了。所以就讲到大舜在的时候，提醒后稷、契这些大臣："你们有任何不同意见，或者我有任何过错，你们当面就要给我指出来，不要等到事后再指；不要面前顺从我，背后议论我。"魏征说，我也要效法这些忠臣、这些有德之人，当面讲清楚、劝谏好，不能背后再议论。唐太宗听完就笑了，然后说，有些人觉得魏征傲慢，但是我觉得他很妩媚。意思就是他很可爱、很直率。我们从唐太宗这些言语，可以看出他跟这些臣子的情感非常深厚。

这是贞观二年的事情。后来因为魏征常进谏言，唐太宗觉得他对国家的贡献非常大，就把他升到很高的官——秘书监。但魏征他们这些忠臣，都不是为功名利禄而来的，他们是为国、为民而来的。他觉得自己职位太高了，就请求告老还乡。结果唐太宗说，五金，五种金属在矿山里面，没有什么好珍贵的。把它提炼以后，金银铜铁锡，就有价值了。而我就是金，你就是良匠，把我提炼出来。我们听到这段话，很佩服！唐太宗非常尊敬这些有德的臣子。我们之前跟大家有过交流，"用师者王。"把身边的人当老师一样尊敬、学习，可以王天下。所以唐太宗那个时候的贞观盛世，达到什么程度？邻边的国家统统都来归附，某个国家的语言，要通过八九个人翻译，最后译成中文，然后才能沟通，可见那个盛世。后来这些国家尊唐太宗为天可汗。他这个功业就是像魏征这样的大臣成就的。

后来又有一次，唐太宗嫡传的孙子出世了，唐太宗设宴款待文武百官。大家想象一下，孙子出世了，爷爷高不高兴？高兴了当然就会多喝两杯，然后一高兴，就说道："天下未定之前，房玄龄辅助我这么多场战役，他的功劳最大；天下安定之后，辅助我安国治民，魏征的功劳最大。"说完，马上把自己身上的佩刀取下来，赐给房玄龄跟魏征。所以从这几个事例，我们可以体会得到，魏征对整个唐朝的贡献非常大。

贞观十六年，因为太子的品性不算很好，唐太宗就请魏征当太师。唐太宗发现魏征的房子非常小，连个中堂都没有，唐太宗本来要修一个偏殿，结果把木材拉来帮魏征建房子。这时，魏征的身体已经不好，本来要推掉太子太师的工作，可是唐太宗觉得只有他的德行能胜任。魏征说，我连动都动不了。唐太宗说，让太子到你们家来，你给他授课。贞观十七年，魏征去世。去世之前，唐太宗年纪也大了，是被抬到魏征家里的。看到魏征病得这么重，可能活不了，当场失声痛哭。魏征去世之后，唐太宗亲自到灵堂痛哭，而且因为太伤心了，五天没办法上朝，罢朝五日。"废朝五日，追赠司空，谥文贞。"这个"谥"就是对于去世的臣子一生德行、功业的一种肯定。"陪葬昭陵。"就葬在皇帝陵寝的旁边。

魏征去世之后，唐太宗常常怀念他，后来有一次对着身边的大臣讲了一段话，这段话是大家都比较熟悉的，"以铜为镜，可以正衣冠；以古为镜，可以知兴替；以人为镜，可以明得失。魏征去世了，我这三镜中的一个镜就坏了，不能再发挥作用了。"这些是略举魏征跟唐太宗这份君臣情义，也让大家熟悉那个时代的状况。我们接下着来看《谏太宗十思疏》。

臣闻：求木之长者，必固其根本；欲流之远者，必浚其泉源；思国之安者，必积其德义。源不深而望流之远，根不固而求木之长，德不厚而思国之安，臣虽下愚，知其不可，而况于明哲乎？人君当神器之重，居域中之大，将崇极天之峻，永保无疆之休，不念居安思危，戒奢以俭，德不处其厚，情不胜其欲；斯亦伐根以求木茂，塞源而欲流长者也。

凡百元首，承天景命，莫不殷忧而道著，功成而德衰。有善始者实繁，能克终者盖寡。岂其取之易而守之难乎？昔取之而有余，今守之而不足，何也？夫在殷忧，必竭诚以待下；既得志，则纵情以傲物。竭诚，则胡、越为一体；傲物，则骨肉为行路。虽董之以严刑，震之以威怒，终苟免而不怀仁，貌恭而心不服。怨不在大，可畏惟人；载舟覆舟，所宜深慎。奔车朽索，其可忽乎？

君人者，诚能见可欲，则思知足以自戒；将有所作，则思知止以安人；念高危，则思谦冲以自牧；惧满溢，则思江海下百川；乐盘游，则思三驱以为度；忧懈怠，则思慎始而敬终；虑壅蔽，则思虚心以纳下；想谗邪，则思正身以黜恶；恩所加，则思无因喜以谬赏；罚所及，则思无因怒而滥刑。总此十思，弘兹九德。简能而任之，择善而从之，则智者尽其谋，勇者竭其力，仁者播其惠，信者效其忠。文武争驰，君臣无事，可以尽豫游之乐，可以养松乔之寿，鸣琴垂拱，不言而化。何必劳神苦思，代下司职，役聪明之耳目，亏无为之大道哉？

"谏"是劝谏，"十思"，"思"就是反思、反省，从十个角度提醒唐太宗。"**疏**"是指奏章、奏折。这篇文章虽然是魏征作为一个臣子所写的奏章，所谈论的却都是一个为君者应该如何治理天下。孟子有一段话说，"君之视臣如手足，则臣视君如腹心；君之视臣如犬马，则臣视君如国人；君之视臣如土芥，则臣视君如寇仇。"孟子这段话其实也点出来，有忠臣是因为君王对下属有爱心，然后又能虚心纳谏，君臣才能够相得益彰。所以一个人要感来好的下属，也要靠自己的德行。所以《大学》才讲，"有德此有人，有人此有土。"天地之间没有偶然的事情。所以一个人当领导，假如说我底下都没人，就是还不明理；明理了，讲这个话不好意思，要"行有不得，反求诸己"。

我们看孟子这段话，其实君臣的关系都是心相互交感，"视臣如手足"，把臣子当手足兄弟一样，尽心地爱护，"则臣视君如腹心"，当做自己的心和腹一样，怎么样？竭力地保卫，竭力地成就君王的德行。"君之视臣如犬马"，领导者把下属当犬马一样使唤，毫不尊重他，那下属"视君如国人"，就好像走在路上，不认识的行人一样，他也漠不关心，你的死活跟我没关系。所以孔子又说，"君使臣以礼，臣事君以忠。"对待下属也是爱护、尊重，那臣子侍奉他的君王、领导者，就会尽他的忠诚。"君之视臣如土芥"，把他当泥土、当草芥，践踏他，"臣之视君如寇仇"，寇就是强盗，仇就是仇敌。我们看每个朝代最后那个君王，引来天怒人怨，不都把他当寇仇了吗？所以唐太宗能感得魏征在几年之间写有两百多份奏折，可见得唐太宗很有度量。

我们看第一段，"**臣闻：求木之长者**"，臣子曾经听到这样的道理，希望树木能长得高大，"**必固其根本**"，必定要巩固它的根基，它的根要扎得又深又广，才能长成参天大树。所以《菜根谭》有句格言就讲到，"心者，修身之根也，未有根不植而枝繁叶茂者。"心是修身的根本，根没有扎好，怎么可能枝繁叶茂？"德者，事业之基也"，德行是事业的基础，就像盖房子打地基，"未有基不固而栋宇坚久者。"地基都不牢，哪可能盖成摩天大楼？而且地基不牢，很难用得很久，可能一地震，房子就毁了。所以一开始就譬喻，因为要阐明治国的道理，理毕竟比较抽象，能用一些具体的譬喻，让君王好理解。这都是善巧。

　　"欲流之远者"，希望河流能源远流长，**"必浚其泉源"**，"浚"就是挖深、疏通。河川能够疏通，能够加深，它自然能够流得更长、更远。所谓挖除淤积，疏通水道，都属于"浚"。**"思国之安者，必积其德义。"** 想要国家能长治久安，必定要积累德义。君王的行为都是符合德义，都能爱护人民，人民对君王就愈来愈爱护。德义也可以当做仁义道德，其实就是君王本身要有德行，然后用这个德行去爱护人民。所以这段最重要的就是点出来，治理一个国家，让它长治久安，不是靠法律，也不是靠威势，更不是靠严刑峻法，而是靠积累德义。孟子就讲过，"乐民之乐者，民亦乐其乐；忧民之忧者，民亦忧其忧。"所以忧以天下，乐以天下，能够让人民幸福的事情，尽力去做；人民最担忧的事情，赶快设法去解决，这样人民怎么可能不爱戴他? 乐民之乐，忧民之忧，都是积其德义。

　　"源不深而望流之远"，水源不深，而希望水流长远。**"根不固而求木之长"**，树根都不牢固，而要求树长得高大。**"德不厚而思国之安"**，德行不深厚，积累的这些善行不深厚，而想要国家长治久安。**"臣虽下愚"**，即使愚笨之人，**"知其不可"**，都知道这是不可能的事情。所以这段话也提醒我们，"君子务本，本立而道生。"万事万物，都必须把根本找到、做好，才能延伸出枝繁叶茂，才能延伸出源远流长，才能延伸出国之治、国之安。**"而况于明哲乎?"** "而况"就是更何况，"明哲"，有先知之德者。就是他看事情看得很远，从一些细微之处，见微知著。有先知之德的人，那就看得更清楚了。

　　好，这节课先跟大家谈到这里。谢谢大家!

第十讲

尊敬的诸位长辈、诸位学长，大家好！

我们接着来看《谏太宗十思疏》。第一段魏征举出了两个譬喻，"求木之长者，必固其根本；欲流之远者，必浚其泉源。"所以都是要从根本上下工夫，才能得到好的结果，明哲之人都能够洞察这个道理。

接着讲道："**人君当神器之重，居域中之大**"，"人君"指天子，"神器"是指地位，他居在天子的地位。为什么用神？代表这个地位是天命人心所系，不是说你想当皇帝就能当的。你有那个天命，又得人心，才能够居这个位置，代替上天照顾、教化子民，皇帝叫天子，不是拿了这个地位来享福的。这不是用力量可以争得的，所以叫神器。"居"，是拥有的意思，拥有广大的国土。"域中"就是指整个国内，统治广大的国土就是"居域中之大"。"**将崇极天之峻，永保无疆之休**"，"极天之峻"就是高与天齐，"极"就是至、到达，其实就是期许天子能做出与天齐的功业。"无疆"是无穷尽，"休"是指美善，以及福祉，就是永久保持国家无穷尽的美善、安定、福祉。所以坐在这个重要的位置，要干一番大事业。然后这个事业表现在哪？让人民长久得到安乐、幸福。

要达到这样的目标，有这样的一个使命，"**不念居安思危**"，但是却不能在安乐的时候思虑危难，就是防微杜渐，有一种危机意识。史书中说"忧劳可以兴国，逸豫可以亡身"。所以这里提醒，"居安思危，戒奢以俭。""忧劳可以兴国"，我们以前读历史，越王勾践十年生聚、十年教训，卧薪尝胆，所以兴国。我们之前讲的《岳阳楼记》，也是"先天下之忧而忧"。要治理好国家、人民，你要下工夫，要很用心地去教育人民，去做好很重要的一些决策。"逸豫可以亡身"，就是丧家亡身。"逸"是安逸，"豫"是游乐，过好日子，慢慢地就觉得享福是应该的。所以我们看，很明显的，开国的人都特别刻苦，第二代、第三代也没打过天下，也没吃过苦，慢慢地就比较安逸、纵欲，就慢慢衰下来了。所以孟子也说要"生于忧患，死于安乐"。人这一生要成就德行、功业，不要享受，享福没有不堕落的。

接着提到"戒奢"，要警戒，不可以奢侈，要勤俭，用节俭来格除奢侈的风气，叫"**戒奢以俭**"。这句话非常重要！这个时代物质发达，我们在这五千年的历史长河中算是最享受的一代。但是大家想一想，第一，环境的破坏是空前的。科学家都警告，再这样下去，地球、大自然完全没有办法恢复，之后就不能住人了。为什么这样糟蹋大自然？如何造成的？奢侈，纵欲。每个人的生活消费假如都像这样，就完了。我们小的时候开水龙头，长辈都提醒，开小一点，不要糟蹋水；吃饭，饭掉在桌子上，赶紧捡起来吃。大家现在有机会到大学去吃中饭，你在那坐一小时，看看那些大学生吃饭吃到几成，有的吃五成，一半就放在那里，不吃了。一个人福有多大，能这么样地去耗、去折福？以前一件衣服穿五年、穿十年，晏子穿三十年。现在的孩子，一不流行，衣服就不要了。都是奢侈的现象，衣食住行都很奢侈，所以大自然承受不了了，天灾人祸特别多，"作善降之百祥，作不善降之百殃。"再延伸到整个世界，金融危机跟奢有没有关系？有！人就是太奢侈，没钱装阔，买房子付不了贷款，之后就连锁反应，垮了。

中华文化里没钱还借钱去享受叫什么？叫无耻，一点羞耻心都没有。以前做不出来的事，现在变成不这么做好像落伍了。一个大学生连一块钱都还没赚，信用卡好几张，真讽刺！那叫信用卡吗？没赚钱就花钱的人会有信用吗？拿谁的信用？拿他父母的信用。没赚钱的人花钱不痛不痒，辛苦赚钱的人才知道钱难赚，不会乱花钱。老祖宗讲的这些话都是金玉良言，勤俭为持家之本，不勤劳、不节俭，家就没了，家都没了还有国吗？

人的虚荣心、奢侈心起来了，就要去买名牌，其实穷得不得了，回到家都吃泡面，但还装得很有钱，以为这样才会让人家瞧得起。你说这样的人生，这种心态累不累？累！为了面子活一生。所以奢侈之风一定要戒。

曾国藩先生提到，一个家族要三代、四代不衰，一定要守住勤俭；要五代、六代不衰，要能够谨慎朴实。谨慎才能免灾祸，一个人有钱、有地位就非常张扬，可能灾祸就要来了。要八代、十代以上不衰，要孝悌代代传家，才有这样的福报。家如是，国亦如是，要能"居安思危，戒奢以俭"。

"**德不处其厚**"，要能够不断地积累德义、积累善行。一个人，一个家，一定要积阴德，人能积阴德，当凶灾来的时候，可以逢凶化吉。所以人生有两本账本，一本是金钱的账本，你在银行存了多少钱；一本是善行阴德的账本。这两个账本不一样，第一本账本生不带来，死不带去，而且当凶灾来的时候，即使你是全世界最有钱的人，凶灾也化不掉，到时候你再去做好事，来不及了。我看到好多企业家，都是排在世界财富榜前多少名的，但是他忽略了积德的重点，最后凶灾来了，自己或者家人的命都救不回来。广积阴德，对一个人、一个家很重要，对一个国亦是如此。

"**情不胜其欲**"，"不胜"是不能克制，情感不能克制住欲望。"不念居安思危，戒奢以俭，德不处其厚，情不胜其欲"，这些情况都产生的话，想要整个国家能够安定昌盛，是不可能的。所以假如这些德行的问题都不能够去重视的话，"**斯亦伐根以求木茂**"，这就是砍伐树根而求树木长得茂盛，"**塞源而欲流长者也。**"堵塞住了泉源，而希望水流得长远。意思就是假如不好好地修养德行，又希望国家长治久安，那是不可能做到的。所以用这两个譬喻来让皇帝知道，积累德义才是治国的大根大本。所以仁君治国，必先积德，这是第一段要点出来的最重要的精神。

第二段，"**凡百元首**"，"百"指多的意思，基本上指所有的君王。"元首"，元是指头，元首是用身体来譬喻，一个国家的国君，从人体来看就好像头一样。一个国家的大臣，叫股肱之臣。四肢里面大腿很重要，股是大腿。肱，是指肘到腕。《论语》里面孔子说："饭疏食饮水，曲肱而枕之，乐亦在其中矣。不义而富且贵，于我如浮云。"大家在念《论语》的时候，要感受一下孔子讲这句话的那种自在快活。人家以道义为乐，没钱有什么关系，枕头买不起，手弯起来不就可以当枕头了吗？为什么？良心快乐，对得起道义。"仰不愧于天，俯不怍于人"，人生的乐！所以我们整个文化特别善用人们熟悉的东西来做譬喻。

"承天景命"，承奉天命。"景"就是大的意思，天命，这么重大的使命。元首是天子，"承天景命"，也等于是代老天爷照顾好人民，这是重要的责任。**"莫不殷忧而道著，功成而德衰。"**"殷忧"指忧患深重，这句是说，无不是在深深的忧患中治道显著。我们看历史当中，一些开国的君王，一开始也是非常地忧国忧民，很用心打天下、治理天下，慢慢天下比较安定，他就开始放逸，"功成而德衰"，功业有成就，德义就开始衰退了。为什么？功成会自满，觉得自己了不起，旁边的人又察言观色，又溜须拍马、奉承，"千古一帝！"他就开始觉得自己很不得了。

"傲不可长，欲不可纵，志不可满，乐不可极。"这是《曲礼》一开始讲的，一个人一定不能犯这四个错误。但是当一个人功业成就，觉得自己了不起，这四条犯了几条？全犯了。我们从这里就感觉到，傲慢的习气很不容易调伏，而且很容易滋长。大家现在去观察一下，小孩子几岁傲慢就开始长？衣服是名牌的就长傲慢，吃得比人家好可能就长傲慢，可以讲几句英语就长傲慢，小有成就，不知不觉就傲慢了。大家注意去看，现在长得很帅、很漂亮的人，几乎找不到不傲慢的。长得漂亮、很帅的人，眼睛长在头顶上。其实人的习性调伏不了，有什么好傲慢的！都变成欲望的奴隶了，还有什么好傲慢的？

有一个伊斯兰教的老阿訇退休后在山里修道，有一天一位中东的国王带一批人去打猎，国王射中一只麋鹿，这只麋鹿负了伤拼命奔逃，逃到这位阿訇的身后，阿訇就将宽大的袍襟把受伤的麋鹿掩盖起来。不久国王的一名部下追到，不见了麋鹿，就问阿訇有没有看见，阿訇闭目修道，理也不理。这名部将问几次都是如此，就报上了国王的名号，还扬言要杀掉阿訇。阿訇没有任何惊慌恐惧，反而说："你的国王尚且是我奴隶的奴隶。"这名部将听了大为光火，正要动手，国王正好赶到，问明原因后，就对阿訇说："你的奴隶又是谁？你若讲得出来，便可无罪。"阿訇说：

"你不要生气，坐下来慢慢听。我以前给欲望当奴隶，现在我修道了，已经懂了，再不会听欲望的指挥了，所以欲望变成了我的奴隶。而你虽然当国王，每天面对财色名食这些欲望，都没有办法自拔，连一只麋鹿都不放过，可见你还是听欲望的指挥，做了欲望的奴隶，所以你是我奴隶的奴隶。"这位国王一听恍然大悟，马上拜这位老阿訇为师，追随他学道了。所以人假如明白这一点，有什么好傲慢的？我们连习气都伏不住，还是习气的奴隶，赶紧洗刷耻辱，怎么可以再滋长习气？

所以我们到了佛寺山门，看到的是大雄宝殿，谁是大英雄？能够息灭烦恼，不被烦恼控制的，能解脱生死的，这才叫大英雄。大英雄要自己做，要下工夫调伏这些习气，然后提升德行，成就一生的道德学问，这太重要了。又有一句俗话讲，"少年得志大不幸"，为什么？定力还不够，德行基础不稳，一下子又小有成就，就很容易不可一世，"天底下没有我不能做的事！"只要有这个心态，一定会出状况，慢慢地他就觉得自己最厉害。大家注意去留心看，全世界的大企业垮下来，根本还是在一个领导者的德行出了问题。因为功业成就了，福报就现前，一享福，欲就纵，乐就极，乐极就生悲。你看古人都洞察机先，看到这个情况，后面什么结果，就知道了。

所以《了凡四训》说，"春秋诸大夫，见人言动"，看到这个人一言一动，"亿而谈其祸福。""亿"是臆测、预料，就是马上可以预料他的祸福。所以在《左传》里面，秦国的军队出去打仗，经过周天子的地方，有个读书人看到了说必败无疑，为什么？看到他们经过天子的地方，那些军队士兵都很无礼，骄兵必败！所以一骄傲，打仗一定败，学问一定往后退。一个人要常常虚怀若谷，自己觉得自己很不错了，就已经错了。一个人起这个念头，自己挺好的，挺不错的，那就麻烦了。一个人怎么进步？天天察不足，"务要日日知非，日日改过。一日不知非，即一日安于自是。"安在什么？我挺好，我挺不简单。"一日无过可改，即一日无步可进。"改过就进步，没改就退了，不进则退。

能发现自己的过失，叫开悟，我们不再糊里糊涂了。所以发现自己过失好还是不好？好！那别人把我们的过失讲出来好不好？也很好。自知者明，自知的人才能愈来愈明白、愈来愈有智慧。功成之后，假如没有高度的警觉性，贪嗔痴慢疑统统都出来、都滋长了。所以没有修养功夫，福报来了是祸而不是福，祸福相倚就是这个道理。

"有善始者实繁"，"善始"就是有好的开始，这样的人实在很多。"能克终者盖寡"，能够坚持到最后的，大概很少。所以这里我们看到，享福时清醒的人不多。比如我们立志向道，成就学问，发很宏大的愿，我一定文言文要背一百篇，"善始者实繁"。"克终者盖寡"，半年过去了，还能每个礼拜来上课的，不简单！所以发心容易，恒心难。人时时要发勇猛心，立决定志，决定要做好，决定要做到，这样才能不退。"岂其取之易而守之难乎？""岂"就是难道，"取"就是创业，就是草创，就是打天下。有一次唐太宗跟臣子讨论一件事，是打天下难，还是守天下难。其实这种问题国家要思考，家庭也要思考。一个家庭是有钱难，还是有钱以后家道保持难？所以大家用心去学，治国的道理句句都跟治家有关，道理是相通的。结果房玄龄就说，打天下难。为什么？九死一生，打了那么多仗，什么时候中个箭一下子就没了。结果魏征说，守天下难。因为历代这么多得天下的人，最后都腐败了。唐太宗很通达人情，他没有说这个对那个错，他说都对。为什么？因为房玄龄跟他出生入死，最清楚打天下的困难在哪里。魏征协助他治理天下，很清楚治天下太不容易，一个决策不对，影响的人民就是千千万万，非常戒慎恐惧。然后唐太宗就告诉所有的大臣，现在已经是守天下了，你们全部要好好帮助我治理这个国家，意思就是要效法魏征，我有不对的要告诉我、协助我。所以这里，是对"善始者实繁，克终者盖寡"的情况做了一个设问，难道是创业容易守成困难吗？

"昔取之而有余"，"昔"就是当初，取得天下，创业取天下，能力好像还有余。"今守之而不足"，如今守成能力却感觉好像不足。"何也？"为什么？接下来这一句就是点出为什么"善始者实繁，克终者盖寡"。"夫在殷忧，必竭诚以待下"，"殷忧"是深忧，是非常用心地在思考、用功。因为那个时候要取得天下，相当不容易，共患难的时候非常真诚、非常珍惜彼此的情义，所以必定竭尽诚意对待下属。"**既得志，则纵情以傲物。**"大家看很多朝代取得天下之后，杀功臣。不只不记得这些功臣的功劳，觉得他们太傲慢了，甚至还嫉妒，把功臣都杀了。"纵情"，放纵情欲，放纵欲望。"傲物"，傲视他人。所以这里我们就看到这心态的转变有天壤之别，造成的结果是什么？"**竭诚，则胡、越为一体**"，一个人能竭尽忠诚，"胡越"都能够相处得好，不分彼此。一般胡人是指北方的外族；"越"是指南方的民族。疏远隔绝的民族因为竭诚，都能够合为一体。合为一体是不分彼此，就是能同甘共苦、休戚与共。这也是至诚感通，哪怕语言不是很通，都能够团结在一起，延伸到即使关系很疏远的人，因为真诚也能够合在一起。"**傲物，则骨肉为行路。**""骨肉"跟"胡、越"对比，"一体"跟"行路"对比。骨肉是至亲，傲气凌人都变得形同陌路。

接下来讲，"**虽董之以严刑**"，"董"是督促，就是用严刑峻法来督促、管理人民，"**震之以威怒**"，"震"就是恐吓，用威严震怒来恐吓人民。用严刑、威怒能不能达到好效果？不能。"**终苟免而不怀仁，貌恭而不心服。**"这种方式不是用真诚、德行去感化，反而要加诸严刑峻法跟这些威势。"终"就是最终，人民最终只是"苟免"，就是苟且求免受刑罚。比方说，红灯他不闯，不是因为他有德行，因为罚钱，一半薪水就没了。但是假如他一看，没有警察、没有照相机，他就过去了。所以这里也讲到治理人民很重要的一个道理，就是《论语·为政》里面讲到的，"道之以政，齐之以刑，民免而无耻"，用政治、法律来整肃人民，他只能免于受刑罚，可是他没有羞耻心。"道之以德，齐之以礼"，用道德、理智来引导、教育、规范老百姓，"有耻且格。"他有羞耻心。这个格是什么？格正，他懂得用这些道德去修正自己，你不要求他，他会改自己。尧舜那个时代，"帅天下以仁，而民从之。"老百姓以尧舜为榜样，不用人要求他们，他们自己会修正自己，就有这种格。格也有来的意思，就是一个人能"道之以德，齐之以礼"，他有道德，很多人愿意来归附。"道之所在，天下归之；仁之所在，天下爱之。"大舜在那个地方，很快那个地方就变成都市了，大家很信任他、效法他，觉得跟着他很有安全感。

"道之以政，齐之以刑"，也就是"董之以严刑，震之以威怒"，人民最终苟且求免于刑罚，"而不怀仁"，一来是不能感怀仁德、仁政，这样治理人民，人民怎么会觉得你是仁君？他不会感天子、感国家的恩，抱怨都来不及。另外一个意思，上好仁，下好义；上不好仁，下就不讲仁义。《大学》讲，"未有上好仁，而下不好义者也。"领导者的仁义能把人民的善心给唤醒。但是假如领导者都不要求自己、放纵自己，然后还严刑峻法，最后老百姓可能也都苛刻、放纵，不怀仁了。"貌恭而不心服"，外表很恭敬，内心并不服气，并不是心悦诚服。其实，假如老百姓心都不服，慢慢怨气就会积累，积到某种程度，"啪"就爆发了。**"怨不在大"**，怨恨不在大小，**"可畏惟人"**，要戒慎恐惧，要敬畏的是什么？是人心的状态。很多乱世的时候，老百姓都没饭吃，皇帝还歌舞升平，每天唱歌、玩乐，你连他的命都不放在眼里了，他怎么可能还拥护你。好像有一个外国的国王，他的皇后听说老百姓现在都没面包吃了，说，"那就吃蛋糕！"面包都没得吃，还有蛋糕可以吃吗？这就是完全不知民间疾苦。而且皇帝他们花的谁的钱？民脂民膏。他还这么花，铁定会怨声载道。这里"可畏惟人"，为什么用"人"，没有用民？因为唐太宗叫李世民，皇帝的名字不可以乱用，是避讳。

"载舟覆舟"，这个典故出自《荀子·哀公》篇："君者，舟也；庶人者，水也。"现在都讲"水能载舟，亦能覆舟"，什么时候载舟？你爱护人民，人民拥戴你，所以载舟。什么时候覆舟？你糟蹋人民，视民如草芥，他当然要起来革命，覆灭你，所以叫覆舟。**"所宜深慎。"**"宜"就是应该，所以应该非常谨慎地来治理天下。接着又做了一个譬喻，谨慎到什么程度？**"奔车朽索"**，就好像用腐朽的绳索驾着奔驰的马车，那种情境不能有丝毫的松懈。《诗经》里面也做了个譬喻，也很相似，叫"如临深渊，如履薄冰"，战战兢兢的心。**"其可忽乎？"**"其"在这里表示诘问，相当于"岂、难道"，岂能疏忽？前面讲到要积德，而且积德当中要特别谨慎自己的道德不能够退丧，不能功成而德衰。具体要怎么做？第三段就强调一个领导者如何积德义，如何在自己的德行当中下工夫，从十个角度提供唐太宗反省改过。

"君人者"，"君"是动词，领导人民，"君人者"指的就是国君。《晏子》讲到，"君人者，宽惠慈众。"点出国君的职责。我们看到这句就想到《弟子规》讲的"待婢仆，身贵端，虽贵端，慈而宽"，都是这个精神。惠民，当然要施恩惠给人民，要爱护人民。"诚能见可欲"，就是见到可爱的，想要的东西、人、事物，都属于"见可欲"。"则思知足以自戒"，人想要的很多，要适可而止。因为欲是深渊，所以要"思"，就是反思，自我警戒，自我警惕，不能毫无忌惮、毫无节制地去追求欲望。财色名食这些欲求是无底洞，只要财色名食一直追求下去，铁定德行出问题、国家出问题。所以历代帝王，只要欲望节制不了，最后都是败。所以老子说，"知足不辱，知止不殆，可以长久。"知足的人才不会招来侮辱。我们面对一些欲望不能自拔，最后一定是感来侮辱，让人瞧不起。该适可而止的，没有适可而止，危险就出现了，殆就是危险。所以我们现在修道、求学问，面对这些诱惑、欲望，要懂得知足、知止才行，不然道业也会功亏一篑。所谓"一失足成千古恨"，立名于一生，失之仅顷刻。

"将有所作，则思知止以安人"，"作"是建造宫室，大兴土木，则要反思，"知止"就是节制。因为常常这样大兴土木，老百姓会非常地劳苦，心就不安，人心不安国家就易出状况。不能把自己的享乐建筑在人民的痛苦之上，这是完全错误的。"知止"除了不要大兴土木之外，也不要穷兵黩武，领导者常常攻打其他的国家，很多人就会死在外面，这么多人命没了，财力也大量消耗，这个国家的人心一定会很不安，"则思知止以安人"。

"念高危，则思谦冲以自牧"，自己权力很大、位置很高，是要负很多责任的，就该想到谦虚。"冲"就是虚，"牧"就是养，谦虚，养好自己的德行。

"惧满溢，则思江海下百川"，"满"就是骄傲，就是自满，觉得自己很了不起，"溢"就是满出来，骄纵。害怕自己会自满骄纵，"则思江海下百川"。其实这几个句子《老子》里面都有教诲，所以魏大人对老子的智慧体会得很深刻。老子讲，"江海所以能为百谷王者，以其善下之。"江海在百川的下面，所以百川就汇流到江海来，因为它能低下、能谦卑。其实这十个劝诫，主要还是劝我们谦卑，不可骄傲；要懂得节制，不可贪婪；要懂得调伏自己的情绪、习气，不可以放纵习气，这些精神都在里面。

"**乐盘游，则思三驱以为度**"，"乐盘游"，喜好出去游乐、打猎。"三驱"有两个说法，一个说法是一年出去三次为限，"度"就是节度，常常出去游玩就放纵了，就不理国家大事。另外一个，"三驱"是指在围猎的时候，围三面，网开一面，不赶尽杀绝。

"**忧懈怠，则思慎始而敬终**"，担忧自己会松懈怠惰，则常常想到要慎于开始，也要谨慎于最终，对一件事情始终保持恭敬、保持用心。

"**虑壅蔽**"，"壅"是指壅塞，隔绝了；"蔽"就是蒙蔽。这些忠言皇帝都听不进来、都听不到了，都是旁边的小人在作乱。假如怕没有办法听到这些忠言，下情不能上达，最重要的"**则思虚心以纳下**"，非常虚心地接纳下属的谏言，有这样的雅量，自然下属就敢进谏了。

"**想谗邪**"，顾及奸人会进谗言，这对国家的伤害非常大。"**则思正身以黜恶**"，端正自己，自然这些奸邪小人就不得其便，他要巴结谄媚皇帝，皇帝不会被他引诱。"正身"，有正气；"黜"就是斥退，斥退这些恶人。

"**恩所加**"，就是施恩惠于人，"**则思无因喜以谬赏**"，施恩于人，不能因为一时高兴就胡乱赏赐，这就不公平了。被赏赐的人愈来愈贪心，没有被赏赐的人心里不平。付出多的人，慢慢地就寒心了，就觉得这样的领导不值得效忠。

"**罚所及**"，处罚于人，"**则思无因怒而滥刑**"。《出师表》讲，"宜付有司，论其刑赏，以昭陛下平明之治。"不能皇帝自己不高兴了，斩! 都没按照法律，就乱了。"滥刑"，滥用刑罚。

"**总此十思**"，就这十个角度来反省自己。"**弘兹九德。**""九"是多，也指刚刚提到的这些德行，把它彰显出来。还有一个说法，指九种德行。"**简能而任之**"，选拔贤能的人来任用他。"**择善而从之**"，听取他好的建议，从善如流，他也很受鼓舞，就更积极地为国为民来筹划。"**则智者尽其谋**"，有才智的人尽力提供他的智谋。"**勇者竭其力**"，有勇气、有武功的人，尽力来效忠。"**仁者播其惠**"，有仁慈之心的人传播他的恩德。因为领导带头了，老百姓也都在行仁道。"**信者效其忠。**"信实的人献出他的忠诚。"**文武争驰**"，文官、武官奔走效力于国家。"**君臣无事**"，君臣之间非常地和乐，相安无事。"**可以尽豫游之乐**"，"尽"就是尽情享受，"豫游"就是游玩。因为国家治理得安定，出去游玩心情也放松。"**可以养松乔之寿**"，"松"是指赤松子，"乔"是指王子乔，这两个人都是修仙道，都很长寿。所以天下安定，治理得都很和顺，天子就可以长寿。"**鸣琴垂拱**"，鼓着琴，垂衣拱手，就是无为而治，挺轻松、挺愉快地来治理天下。"**不言而化。**"不用言教就可以感化百姓。"**何必劳神苦思**"，前面说只要有这十思、有这些德行，自然能感召智者、仁者、勇者、信者为国效力，天子又不用耗费太多的精神。这里也强调有德跟用对人才是治理天下的关键所在。但是假如没德又不好好用人，那可能造成什么？"劳神苦思"，劳累精神，苦苦思虑，绞尽脑汁，还得代替下属管理事务，"**代下司职**"。这就是不懂得用组织，什么都要管。"**役聪明之耳目**"，役使聪明的耳目，"聪"是指耳，就是他整个人的身心非常劳累。"**亏无为之大道哉。**"假如不修身，不注重德行，又不会善用组织，只是耗很多精神，不能把天下治理好，这就违反了无为而治的精神。

好，这节课我们就讲到这里。谢谢大家！

第十一讲

尊敬的诸位长辈、诸位学长，大家好！

我们上节课一起学了《谏太宗十思疏》，这篇文章是魏征丞相劝谏唐太宗的，劝导他如何治国。其实齐家治国最根本的还是在修身，"身修而后家齐，家齐而后国治"。楚国有一位令尹叫詹何，有一次楚王问他，治国最重要的是什么？詹何的回答就是修身。楚王听了以后有点犹豫，"我问治国，令尹为什么说修身？"所以他又重问了一遍。詹何回答："没有听过身修而国不能治的。"非常坚定！只要一个君王真的能修身，这个国家一定安定，因为君王是国家最高的领袖，上行可以带动下效。其实大家想一想，楚王有没有读过"身修而后家齐，家齐而后国治"？但是他有没有对这些道理坚信不疑？他没有坚信，他就不会在这些道理当中真正去下工夫。所以"信、解、行、证"，我们对经典这些道理，不能有怀疑，要好好去理解、好好去落实，自己才能得真实的利益。

整篇《谏太宗十思疏》，我们可以感觉到魏征公忠体国的那一份热忱，为了他的君王，也为了整个国家。这种精神在这篇文章中溢于言表，确实是苦口婆心、耳提面命。虽是治国的重点，对于我们每一个人来讲，也是我们自己修身齐家的关键。所以最后一段，从十个角度来反思自己的修养，我们拿来观照自己的人生、治家，应该也会很有启示。

比方最后一段讲到的，"君人者"，君人者是治理国家的人，其实也是治理一个家族、家庭的家长，"诚能见可欲"，见到自己很爱的物品，或者是人、事，要懂得"知足以自戒"。因为不知足，则欲壑难填。尤其现在这个时代，物质丰富。大家想一想，所有从事销售行业的人，就想把购买的欲望调动起来，这样你口袋里的钱才会拿出来。大家有没有逛百货公司的经验？尤其是大甩卖的时候，真便宜，买很多回来，结果很多东西都用不上。从治家来讲，应勤俭持家，节俭。小富由俭，能够节俭，家的开销

孝悌忠信：凝聚中华正能量

就不至于太大。其实，这都是掌握了节俭知足的原则。

现在的家庭是夫妻一起赚钱，上一代是只有爸爸赚，请问大家，上一代有钱，还是这一代比较有钱？欠钱多的，是上一代，还是这一代？现在这个时代看起来好像很不错，事实上奢侈感召来的一定是贫穷，勤俭感召来的才是家庭的稳定跟富裕。而且人欲望大的时候，"上有好者，下必甚焉。"上一代奢侈，下一代会怎么样？会更奢侈。所以古代很多很有地位的人，他的钱不留给后代，他拿去帮助别人，拿去帮助亲友，就是不希望这个财富让他的下一代奢侈、安逸。

所以这个"见可欲"，也是提醒我们，在面对很多欲望的时候，要知足，而且还要有警觉性。人生假如遇到一些境界，不可自拔陷进去了，你别怪别人，色不迷人人自迷，所有这些外在的诱惑，之所以能够障碍我们的人生，主要还是我们内在的贪念没有伏住。所以这也提醒我们"行有不得，反求诸己"。为什么要强调这一点？因为人一般出现状况，第一个反应就是掩饰，都是谁害的，都是什么原因。其实最根本的原因，还是在自己的内心。这一开始就劝我们要节制欲望，懂得知足。

第二个，"将有所作，则思知止以安人。""作"，对一个君王来讲，有时候他可能是为了自己的享受，大兴土木。这一定会引来民怨，你自己安乐了，人家流离失所，你哪有好日子可以过？你应该去爱民，去设身处地为人民着想，人民也会爱护你。另外，做好事都要能站在老百姓的立场，比方说这个君王想要为国家多做点事，不能说做好事就不体恤人民。做好事变成强势，就不妥当了。做好事，一来要让团体、百姓知道，这件事情为什么值得做，建立共识。建立共识以后，要考虑他们的生活，所谓"使民以时"，派给人民任务的时候要考虑时间点。比方古代是以农立国，正好是农忙的时候，把他调来做事情，他没有办法生产，就没有办法生活；要在他农闲的时候，请他们来服务。

而且今天我们做好事，是要去利益大众，假如我们连身边的人都体恤不了，请问我们利益大众有没有可能做到？连身边的人都体恤不了，都感觉不到他们的需要，感觉不到他们的辛劳和痛苦，那我们还说能利益远方的人？"近处不能感动，未有能及远者。""其家不可教而能教人者，无之。"自己家里人都教育不好，还能教育天下的人？所以我们现在学习传统文化，大家也有使命去推展传统文化，应该很自然的是，我们的家庭先得到传统文化的利益，因为我们自己的改变，家庭愈来愈和乐。这叫自然轨迹。假如我们今天学了传统文化，很热心地常常出来做公益、做义工，结果家里的人对我们很不满，你的另一半说，跟我不亲，走到弘扬传统文化的团体，每个人都很亲。先生、太太会不会吃醋？我们有时候执着，身边的人很痛苦，我们一点都不知道，这叫如入无人之境。

有一次，有一个女同仁跟我交流传统文化，她讲的过程当中，一直说先生哪里不好哪里不好，然后又说，我经常叫他看您讲课的光盘。我听了就很紧张，我说她继续这么做下去，我就会增加一个仇人。每次先生见到她就要被批评，然后她又说某某人很好，这是犯了兵家大忌。你看，对方愈来愈难受，我们感不感觉得到？我们学传统文化不就是学一个仁慈之道吗？怎么学了连感受最近的人的能力都变得弱了，这叫执着愈来愈重了。做好事，学好的东西，变强势了，变控制了，要人家听我的。君子之风，"求己不求人"，要求自己不要求别人；"责己不责人"，责备自己，反省自己，不去责备他人。这才是孔子教给我们的态度，"正己而不求于人则无怨。"正己，自己真正符合经典的教诲，很有德行，就像春风一吹，万物都滋长，让人如沐春风。每个人都有本善，我们这个德风每天在他身边吹，他哪有不感动的道理！

所以正己一定可以化人，这是必然的。不能化人，是因为我们没有在正己上下工夫。你说，我学很久了，怎么没有下工夫？学很久，这只是一个现象，一个表象而已，修学重实质不重形式。有时候我们学久了会形成一个态度，我学得很多了！一个人觉得自己学很多了，他会怎么做？不知不觉傲慢就上来了。修身有没有提升，看我们的习气去掉多少，这才是实质的东西。而不是告诉别人，我们很认真学习，下了很多工夫，那些都是表象的东西。今天你的脾气变小了，身边的人会怎么样? 很自然地刮目相看，你都不用叫他去学习，他就会找你打听，你就变成让人家信任传统文化的旗帜。

我记得师公曾经讲过"好人好(hào)事"。为什么说好事? 一来觉得好事应该做，但是带着功利的心去做，急于求成，没有量力而为；再来，可能团体的人跟我们一起做，他们已经累得不行，我们还体察不到。"将有所作，则思知止以安人"，你把他们都累垮了，以后谁敢来做? 这个流弊很大。假如愈做愈快乐、愈做愈健康，这个路子很好，赶紧去走。我为什么会有这个反思? 因为这几年来有人反映，在我旁边的人身材都跟我差不多。这就是我没有体恤他们，他们都累得不行了，我还冲、冲! 然后往旁边一看，没人了。能体恤身边的人，让他们身心安顿，事业才做得长久。

我们的爱心、耐心，要表现在身边最近的人身上。如果表现在远的人都是爱心、耐心，表现在身边的人都是刻薄、给脸色，这就颠倒了。但很奇怪的是，一般人对疏远的人、比较不熟的人，往往很有耐心，对最近的人两句就没耐心了，甚至于无形当中变得苛刻。比方说我们身边的人做得很累了，"今天做得好累!"我们马上一句道理就压下来，"你就是烦恼多才会累，百分之九十五的体力都是浪费在烦恼上。"有没有道理? 有! 这个人不简单，任何时候讲出来的都跟经典相应，一般人还没有他的功力。可是大家想一想，假如你是他的另一半，日子好不好过? 压力很大，稍微抒发一下内心的感受，马上一句道理就下来了。人家这么累了，就赶紧给他倒杯茶，或者挤一些柠檬，柠檬是碱性，消除疲劳! 我们懂了道理傲慢起来，反而变强势了，人情都感觉不到，不柔软、不体恤。所以老祖宗这些教诲，我们不能拿去要求别人；而要要求自己，"行有不得，反求诸己"。体恤才是仁爱心的表现。

有一次鲁定公跟颜回谈话，定公认为，东野毕非常会驾马车，可说是鲁国第一人。他就跟颜回说，你觉得他驾得好不好? 颜回说，他驾得非常好，可是他的马很可能会逃走。鲁定公很佩服东野毕，想让颜回也产生一下共鸣，结果颜回这样回答，定公一下子调整不过来。后来定公就对旁边的人说，颜回不是君子吗？君子怎么会毁谤别人？人家这么好，还不肯定，还挑人家毛病。结果三天以后，管马的人跑来跟鲁定公讲，东野毕的马跑掉了。定公很惊讶，颜回怎么知道他的马会跑掉？就赶紧请教颜回。颜回讲，我是从政治的角度知道他的马会逃走。大家可以理解吗？告诉大家，这跟挖井一样，你这口井挖到水源，就跟其他的井都通了。问题要通才行，不通叫知识，通了叫智慧，智慧就能举一反三。

我们学《弟子规》有没有学通？比方"父母呼，应勿缓"，能不能从心境上体会到，师长呼，应勿缓；长辈呼，应勿缓；领导呼……而且这个深广度还有不同。深度到哪里？还没有用言语呼，你看到他的表情，就知道他要呼。人家还没有开口，你水已经倒过来，"你怎么知道我要喝水？"人家都还没讲，就知道人家的需要是什么。每句经句通到心性上，就可以举一反三。

颜回继续说，舜王当天子的时候，"不穷民力。""穷"就是透支。虽然是让人民来为国家出力，但是很懂得体恤老百姓，不会让他们做到疲累，甚至于影响他们的生活。所以，大舜在位的时候，没有一个人逃出他的国家，都是十方的人民统统来归附他。舜王很体恤，所以他的老百姓愈来愈多。那个时候，还有一个叫赵敷的人，是专门管马匹的。他所训练的马匹，也从来没有逃走的。他能推己及人，还能推己及马，连马的感受也能够体恤得到。而颜回发现东野毕在驾马的时候，马匹长途跋涉，越过很多阻碍，可是东野毕都没有体恤到马匹很辛苦，还继续在那里耗损马的体力，所以迟早马匹承受不了，就要逃了。

所以"鸟穷则啄"，你欺负鸟，欺负到它忍无可忍，它会怎么样？为了活命而反抗。"兽穷则攫"，你让它没有办法生存，它会去拼命，去抢夺。"人穷则诈，马穷则佚"，你把人逼到没有办法生存，他当然就要动脑筋了。比方说一个当老师的人，派功课派到小朋友做到十一二点才做得完，这是不是"人穷"？最后小朋友怎么样？他得编个没做完的理由，不然他撑不住了。所以孩子撒谎，有很多种情况，我们不能一概而论。但是很可能有一种情况，是因为我们对他要求过高，他喘不过气来。最后颜回讲，"未有穷其下而能无危者也"，把人民都逼到没办法，而他自己当皇帝没有任何危险，没有这样的。他把人民逼急了，人民活不下去，当然要反抗。这一篇文章也告诉我们，水可载舟，亦可覆舟，载舟覆舟，所宜深慎，必须要谨慎。所以这个"将有所作"，其实对我们也是一个启示，我们在工作上，在教育孩子上，甚至于在做好事上，能不能体恤人情，凝聚人心。

下句讲"念高危，则思谦冲以自牧。""高"是指地位很高，而事实上地位愈高，所影响的面愈大，要负的责任就愈重。其实说实在的，当官轻不轻松？当好官福荫后代，当不好祸延子孙。而且人位置一高就比较容易傲慢。一般人都会讲，当官的都有官气，那个气焰不知不觉就上来了。诸位学长，大家在单位是不是当官的？我们有没有注意到还没当官跟当了以后，有没有什么不一样？问自己不准，当局者迷，你可以去问问身边比较近的人，"你有没有感觉我有什么不一样？"可能身边的人会说，"你要听真的还是假的？"人心性上的变化，往往在不知不觉当中，所以这个时候"则思谦冲以自牧"，谦虚、谦恭，来提高自我涵养，提升自己。要成就事情，最重要的基础就是德行。无德凝聚不了人心，凝聚不了人，根本不可能把事情做成、做长久。

所以《孝经·诸侯章》里面就引到，"《诗》云：战战兢兢，如临深渊，如履薄冰。"要有这样的心境，真的是不敢松懈，不敢放纵自己的习气，先天下之忧而忧，生于忧患死于安乐。假如我们刚好有机会弘扬传统文化，社会大众跟我们接触，他们觉得我们是学得比较久的人，也会看着我们。假如我们态度傲慢，言语非常苛刻，那人家会很难受，甚至会怀疑，学传统文化值得吗？所以推展传统文化的人，就是代表传统文化的形象。虽然我们可能没有世间的名位，但是在学习传统文化当中，社会大众对我们非常尊重，在他们心目中，我们还是比较崇高的。所以这个时候要谦冲，要自我要求、自我修养。不要人家一尊重，反而愈来愈不可一世，习气一出现，可能就把人家的信心给打击了。所以要"八风吹不动"，人家一尊重，尾巴就翘起来，这就麻烦了。所以应该是什么？人家愈尊重，愈战战兢兢，愈知道尊重背后不是尊重我，是尊重老祖宗的智慧，假如自己的行为跟祖宗的教诲不一样，就砸了祖宗的招牌。

下一句讲，"惧满溢，则思江海下百川。"很怕自己自满、自以为是，就要常常想到江海之所以能为百谷王，百川汇流都到大海里来，就是因为它能低下、能容。时时处在最低的位置，人就不容易傲慢。慢，说实在话，是很不容易调伏的习气。我们时时想到，自己还有那么多习气，还有什么好傲慢的？这个慢就下来了。常常想到我们跟孔子、孟子等圣贤的差距，尤其我们最近读了这些文章，我们常常思维范公的德行，诸葛丞相的德行，跟他们一比，我们差远了。常常以圣贤为榜样，就觉得自己还很不足，傲慢也起不来了。再来，要做到低下，我们还可以常怀一种心态，就是所有的人都是老师，只有我是学生。这样还会不会傲慢？这一帖药不错，吃下去保证从根上治掉这个傲慢的病。夫子有没有教？"三人行，必有我师焉，择其善者而从之，其不善者而改之。"善、不善，不都是老师吗？这句话我们都很熟，我们用上没有？没有用上它叫知识，用上了它叫智慧，才是德行。

我记得我小学的时候，语文特别差，有点自卑，又怕人家瞧不起，有时候朋友念上一句，我刚好知道，赶紧接下一句，就怕他不知道我知道。他假如说"见贤思齐"，我马上讲"见不贤而内自省"。说实在的，记了那么多句子，"不力行，但学文，长浮华，成何人。"这些经句没有好好地用心领纳在心中，记得多，无形当中傲慢就出现了。面对《弟子规》，面对经文，没有侥幸的，"不力行，但学文"，一定长浮华。可能讲到这里，大家也不一定相信，"没有，我觉得我没长什么傲慢。"我们现在思考一点，请问孔子哪一句教诲，完全变成我的心境，完全落实在处事待人接物里面？哪一句？一句就好。我有时候这么一想，冷汗直流，为什么？我自己一句都没想到。假如一句都没有真正"不可须臾离也"，放在心上，我们还是把智慧当做知识，其实是拿着经典来消遣。为什么说消遣？我还能念古文，一般世间的人，追名逐利，没我这么有气质，我还可以给他几句，"沙鸥翔集，锦鳞游泳"，人家还说好有学问！听了人家几句赞叹，很舒服。所以要真干，才能得到经典的真利益。

"三人行，必有我师焉"。真正肯这样去奉行，傲慢就不会起。每个人都是我们的老师，他好的地方，我们效法；他不妥的地方，当一面镜子提醒我，让我反照自己。这个时代，客观来讲，知识吸收比较多，不是用心去领纳这些教诲，只是习惯性记东西，记多了学历又高，不傲慢不容易。所以现在反思自己傲慢，不是打击大家，是这个时代普遍存在的情况。我们已经不习惯拿着道理来要求自己，以前背了这么多经句，什么时候用？考语文的时候用，考大学的时候用。所以面对这些人生的真理、道理，我们还是习惯知识吸收而已，很难直接观察自己。反而因为别人不妥不对了，我们借由别人的不对再观察我有没有，"有则改，无加警。"所以真正人家做错，我们才有机会反省自己是不是有同样的问题。假如我们常常会起高下见，这个人怎么这么差、这么不好，我们有时候也会增长傲慢。我们要提升到面对别人的错，就看到自己的责任。他错了，他同时告诉我们，这个时代缺什么。这个时代缺家庭教育，缺好的学校伦理道德教育，缺爱的教育。他不就是把他的需要跟社会的需要告诉我们吗？所以别人的错反而让我们知道这一生有哪些道义、哪些使命要去尽，没有指责，没有对立，反而是体察到这个时代的需要，见义勇为。

尤其我们在学校教书，我们教什么书？教科书。教书育人！教书是手段，育人是目的。"养子使作善也。"要让他德行愈来愈好。我们今天的教科书，有没有针对如何让孩子长善救失？假如教科书编的都是知识，跟做人，跟家庭生活，还有跟同学相处脱节了，那要教孩子做人就不容易。即使这些育人的教科书都编好了，这个时候有个重点，老师自己要能完全站在学生的水平，站在他整个家庭生活的实际情况，来给他引导，给他启发。我们没有这么去做，那孩子觉得书本是书本，生活还是生活，就脱节了。

另外还有一个角度要思考，每个学生的情况，是不是教科书中全部包括了？大家有没有看过哪一本教科书里面讲到自闭症，讲到多动症？但是请问大家，出现没有？所以真正爱护学生，不能只教教科书，教科书跟不上孩子出现的问题。《礼记·学记》讲，"当其可之谓时。"学生出现的状况，就是反映他现在最需要的教导。所以除了学校发的教科书以外，还有一本教科书谁编的？学生自己编的。你带三十五个学生，编了几本？三十五本。而且这一本百发百中，都是学生最需要的。学生犯错，那就是他编的教科书第一页打开了。就是因为他缺了那些教育，才会呈现这个错误出来，我们就可以针对他的情况，给他最适当的教导。

其实人能这样去思维，不会落在情绪里面，反而都是无尽的爱心、体恤跟设身处地。我们想一下，有一个学生很好学，你讲什么，他听了以后马上去做，然后又很主动来请教你问题。他来请教你问题，你给他讲了三个小时，你愈讲愈起劲，累不累？不累，他肯学，你很高兴。我记得有一次我邀请卢叔叔到我们的中心来，很多人慕他的名，早上九点就来排队。他那天从早上九点讲到晚上十点多，讲到声音都沙哑了，我提醒了好几次，"好了好了，今天就到这里。"他说没关系，这些朋友很可能这辈子就见我这一次，因缘很难讲，所以一定要讲到他明白，这样才对得起这个缘分。大家想卢叔叔累不累？身体累。心情呢？帮得上人很高兴。所以有时候我们累在哪？不肯承担，不肯原谅别人。不肯承担，很累！要不你就过马路，要不你就不要过，站在中间最危险。想做又不想做，车子常常在加油和刹车时特别耗油。所以你拿出直下承担的气概，就不会耗那么多精神跟体力，就不会有一大堆消极的烦恼产生。

下一句讲，"乐盘游，则思三驱以为度。"这其实都是在强调节制欲望的重要性，玩乐要知道节制。"忧懈怠，则思慎始而敬终。"担忧自己会懈怠懒惰，时时提醒自己，"靡不有初，鲜克有终。"都有很好的开始，但是有好的结束就不容易。我们很强调善始善终，假如没有善终，宁可连开始都不要开始。比方说一件好事，人家请我们做，我们没有量力而行，勉强答应，最后做到一半，又给人家推辞，可能人家也不好处理。所以要慎始，谨慎评估才能够把事情善终。而面对人家的信任，我们还是要竭尽全力把事做好。其实这个态度，我们在《出师表》当中体会就很深。刘备对孔明有知遇之恩，孔明一生为了这一份恩德，鞠躬尽瘁，死而后已。"先帝知臣谨慎，故临崩寄臣以大事。"受人之托，忠人之事。所以不轻易答应别人，一旦答应了，一定尽心尽力把它做到善终。而这一份态度就是严于律己。假如今天有朋友跟你一起做好事，做到一半，他说我家里有情况，真的没办法做了。我们应该怎么样？"鞠躬尽瘁，死而后已。"你现在有做到吗？学习传统文化，有一个坐标，数学中叫 X Y 轴。X 轴叫什么？叫严于律己。Y 轴叫什么？叫宽以待人。今天朋友跟我们一起做这件事，中途他有任何情况，我们不可强求，强求到最后不愉快，撕破脸，以后不好再共事了。绝交不出恶言，或者是因缘暂告一段落，不要苦苦相逼，凡事顺其自然，不可强求。这也是提醒我们不要有控制，不要有要求。这个朋友跟我们共事了半年、三个月，我们的心中只记他半年、三个月的付出，只记所有这个过程中他难得的地方。"当时跟我说得多好听，现在怎么变成这样。"记这些东西，心胸太狭小了，只记人家的好。你说他当初说得这么好听，人家那时候也是真的！善解人意就好了，现在刚好家里有些情况，变了。全世界唯一不变的只有一件事，就是变。所以时时处处都不要去指责、要求，才能长养我们的厚道。纯净纯善的心，只记人家的好，只记人家的付出，你看多快乐。都记人的不好，耗损能量。

下一句讲，"虑壅蔽，则思虚心以纳下。"怕不能听到很多重要的情况，下情不能上达。只要我们虚心，就能感得身边这些人的忠言。"惧谗邪，则思正身以黜恶。"害怕会有奸邪的人进谗言，"方以类聚，物以群分。"，最重要的自己能够先端正自己，感召来的都是正直之人，不是巴结谄媚的人。这两句其实是强调一个重点，一个国家、团体要成就事情，为政在人，一定要有好人才。一个领导者要知人善任，要了解人，要看得清谁才是忠臣，才是可以成就大事的人。知人以外，还要善任，要把人才摆对地方。这些都要很有智慧才办得到。"知人者智"，能知人是有智慧。"自知者明"，当然因为看得清楚自己，才看得清楚别人。自己跟自己二十四小时在一起都不了解自己，然后还常常拍着胸脯说，"那个人我可清楚，我太了解他了。"这种话不要乱讲，这叫妄语。为什么？连自己都不了解，还常常自夸了解别人，这不妥当。就好像说，十厘米的东西你都看不到，你还说一百厘米的东西看得很清楚。所以不自欺不欺人，其实不容易。自知很重要，所有经典的道理，都是先观照自己。我们在听中华文化课程的时候，听的当下，句句是讲给我听，不是讲给别人听，这样才能自知。假如听这一句，你看我先生就是这样；听下一句，我儿子就是这样，结果，满脑子都是记别人的不对，那就更不可能自知。知人很重要，用对人，很可能是成就一件事情的关键。我们下面一起来学《才德论》，这篇文章就是讲知人，出自《资治通签》。《资治通鉴》是司马光先生花了十九年写成的。司马光先生的德行非常好，他说平生所为，"无有不可语人者。"那是真的慎独功夫到家，所做的任何事，没有一件不可告人。而司马光先生为了成就这本巨著，十九年连个安稳觉都没睡过。他睡的是一个用木头做的枕头，而且是圆形的，只要他稍微动一下，头就掉下来，很难睡得很深。他也不敢睡太多，希望能好好通过这部史书，把几千年的智慧引以为君王、引以为有缘人的人生借镜。我们来看原文。

智伯之亡也，才胜德也。夫才与德异，而世俗莫之能辨，通谓之贤，此其所以失人也。夫聪察强毅之谓才，正直中和之谓德。才者，德之资也；德者，才之帅也。云梦之竹，天下之劲也，然而不矫揉，不羽括，则不能以入坚；棠溪之金，天下之利也，然而不镕范，不砥砺，则不能以击强。是故才德全尽谓之圣人，才德兼亡谓之愚人，德胜才谓之君子，才胜德谓之小人。凡取人之术，苟不得圣人、君子而与之，与其得小人，不若得愚人。何则？君子挟才以为善，小人挟才以为恶。挟才以为善者，善无不至矣；挟才以为恶者，恶亦无不至矣。愚者虽欲为不善，智不能周，力不能胜，譬之乳狗搏人，人得而制之。小人智足以遂其奸，勇足以决其暴，是虎而翼者也，其为害岂不多哉！夫德者人之所严，而才者人之所爱。爱者易亲，严者易疏，是以察者多蔽于才而遗于德。自古昔以来，国之乱臣，家之败子，才有余而德不足，以至于颠覆者多矣，岂特智伯哉！故为国为家者，苟能审于才德之分而知所先后，又何失人之足患哉！

《资治通鉴》是司马光写给皇帝的，从战国开始写。"智伯之亡"这件事是春秋战国一个重要的分界线。晋国有几个大夫，除了韩、赵、魏三家，还有一位智宣子，他是卿。诸侯下面是卿、大夫、士，所以卿比大夫位置高。智宣子在晋国地位很高，他有两个孩子，一个叫智瑶，一个叫智宵。智宣子要立继承人，以前立继承人很重要，"人存政举，人亡政息。"立错人，这个家就败掉，这个国就完了。一个族人叫智果，看到智宣子比较偏爱智瑶，智瑶就是智伯。智果马上跟智宣子讲，你假如立智瑶，你要考虑清楚，我觉得智宵比较好。智瑶有五个地方非常出色，哪五个地方？相貌很好，长得又高大，美男子；武力高强；有才华；口才很好，非常有辩才；而且强毅果敢，做什么事都很有气概，不害怕，遇事很果决。但是最弱的，他缺乏慈悲心。

但是大家想想，智宣子已经喜欢这个儿子，看不看得到他的问题？《大学》提醒我们，"人莫知其子之恶，莫知其苗之硕。"很疼爱这个孩子，好恶心就起来了，觉得他很好，他什么不好都看不到；觉得他不好，什么好都看不到。所以要去掉好恶的心，看人看事才能看得准确，身有所好乐就不得其正。诸位学长，对最疼爱的那个孩子，你能看到他的问题吗？有没有人说，我是平等心，每个孩子都一样。真的能做到，那不简单。父母能以平等心对待每个孩子，保证家道一定旺。平等，你所有的孩子心都平，他们就能和睦相处；我们偏心，他们的不平就出来了。我们之前一起学过一篇文章《郑伯克段于鄢》，历史就给我们很好的提醒。智宣子最后因为溺爱这个孩子，还是立他为继承人。结果智果马上改姓，改成辅姓。最后智伯造孽，遭到灭族，他所有的族人全都死了，只剩这个智果独存。所以学历史很好，学到智慧，洞察机先，见微知著，知道现在怎么做可以造福后代子孙，那子孙就有福气。

同样是在晋国，赵氏大夫赵简子就很不简单。他也是两个儿子，一个叫伯鲁，一个叫无恤。他就用竹简写了很重要的教诲，交给他这两个儿子好好保存，不要忘了父亲的教诲。三年以后，他又把两个儿子叫过来，对大儿子伯鲁讲，来，竹简上的教诲念给我听。大儿子说忘了。竹简在哪?不知道，找不到了。问小儿子，他马上把教诲讲出来。竹简呢? 从袖子里就拿出来了。所以就传位给这个小儿子，这个儿子才是真正谨慎，可以为一家之君，这是赵家的情况。

好，这节课我们先谈到这里，下节课我们再继续把这个故事跟大家说完。谢谢大家!

第十二讲

尊敬的诸位长辈、诸位学长，大家好！

上一讲跟大家提到春秋末发生的一件事情，智宣子选了智瑶继他的位，而赵简子选了有德行的小儿子无恤来接位。当时赵简子手下有一个大臣叫尹铎，他派尹铎到晋阳去当地方官。尹铎很有意思，就问他的主人赵简子："大人，您是希望我去抽丝剥茧，还是去保障人民？"赵简子回答，当然是照顾好人民、保障好人民，让他们有好的生活，让他们富裕。尹铎听了，到晋阳很爱护当地的人民。赵简子对他的子孙讲，尹铎这个人不简单，你们不要小看他，他治理过的地方以后会很团结，你们以后有什么难，就躲到那里去。"天时不如地利，地利不如人和。"你墙再高，护城河再宽，没有人和还是会有危难。

智瑶继位以后很傲慢，他武功高强，长得又很好看，有这么多好的条件，无形当中就傲慢了。有一天跟韩康子、魏桓子三个人一起饮酒，智伯现场侮辱了韩康子，这个时候智果就提醒他，这样对待别人，灾祸就要来了。结果智伯回答，灾祸都是我给人家的，哪有别人给我的？这就是狂妄！智果就讲，很多事情都有征兆，这些怨慢慢积累起来，你早晚要有大祸。连昆虫有仇都要报，更何况人家身为一个家的负责人。但智伯并没有放在心上。

后来智伯跟韩康子、魏桓子联兵打赵襄子，赵襄子招架不了，就问臣子该到哪里避难。臣子说，最近的县城叫长子县，那里的城墙最坚固，去那里躲。赵襄子说，"老百姓把城墙建得这么坚固，一定费了很多力气，我现在又躲到那里去，那边的老百姓都想，把城墙建得很坚固，最后就是惹来杀身之祸。那他们还能信任我吗？"大臣又说，不然到邯郸（赵国很大的一个城市），那里粮食最充足。赵襄子又说，"粮食多是老百姓纳的税，纳税最多的最后还是感来杀身之祸。那以后老百姓怎么信任我？"赵襄子也不简单，在危险的时候还那么冷静。接着他说，"这样好了，听我祖先的话，到晋阳去躲。"结果智伯引大河的水，把晋阳的城墙给淹了，淹到什么程度？城墙只剩六尺了，老百姓家里的灶也淹了，都有癞蛤蟆跳出来。可是晋阳人民很团结，都不愿意背叛。所以你看以前有一个好的县官治理，德政一直影响着这个地方。智伯手下有一个臣子叫絺疵（xī chì），其实大家看任何败亡的领导者，他身边都有很多人给他提醒过，他招祸还是因为自己傲慢。大家想一想项羽被刘邦打败，项羽旁边有没有很有智慧的人？有！亚父。身边好多的人都给这些人提醒过，但他们就是傲慢不接受。絺疵就跟智伯讲，"你现在放水淹赵襄子，韩家跟魏家跟着你，眼看城就要攻破了，他们两个没有任何高兴的表情，反而是担忧。为什么他们都笑不出来？因为他们两个对你怀恨在心，找机会要报仇！"人一傲慢，什么都看不清楚。智伯在攻赵襄子的时候，韩康子跟魏桓子，一个帮他驾车，一个拿着武器，三个人坐在车上。智伯就在那里笑，哈哈，原来用水也可以把人的城给淹掉，把他的地方给夺取。这个时候，旁边这两个人一个撞一下，一个用脚踩一下，互相看一看，为什么？因为他们两个的地方也都可以放水淹了。所以他们两个很有默契，互相踩一下、碰一下，下一个该我们了。

絺疵分析得很准，因为当初智伯很嚣张，一开始就要求韩康子把万户的一个县城让给他。韩康子气得半死，上次被他羞辱，这次还让我把万户的县城给他，不肯。旁边的人劝他，智伯现在势力大，不要跟他正面冲突，给他，之后他就会傲慢，骄兵必败。智伯要完韩康子，又去找魏桓子要，也要了一个万户的县城，也给他，两个人很有默契。结果要赵襄子给，赵襄子不给，智伯就出兵攻打。眼看赵襄子就要撑不住了，赵襄子赶紧派了一个臣子，夜里出去找韩康子跟魏桓子，对他们讲，你们把我给灭掉了，就好像嘴唇没了，牙齿就很寒冷，"唇亡齿寒"。所以三个人就达成协议，按兵不动。赵襄子派人把守堤防的官吏给杀了，然后把水往哪里引？往智伯的军队引。

历史告诉我们，"恶有恶报，善有善报，不是不报，时候未到。"所以打人就是打自己，骂人就是骂自己。人实在很愚痴，只顾眼前，我高兴，我打他。你打完他，没事了，出气了，那个怨的种子记在他的心上。恶果迟早会回来！所以人假如明白事理，这个世间任何事情都不会责怪。人家对你不好，那是时间到了，恶果现了。恶果现了叫什么？恶果现了叫还债。债还完了怎么样？轻松，无债一身轻。所以真明理的人，这个世间没有一件是坏事，全部都是好事。今天你被人家骂了，债消掉了。那个人骂你好几次，你每次看到他还是微笑，他会觉得这辈子没有看过这么有修养的人。你就把《弟子规》介绍出去了。所以打人最后会回到自己身上，骂人最后也还是会回到自己身上，那人又何必这么愚昧，去做很多障碍自己、障碍他人，又障碍以后的事情？所以智伯用水去淹人，没多久就被人用水淹了，怨恨报复的机会到了，灾难就来了。不只放水淹他，赵襄子出动军队跟他正面交战，然后韩跟魏的军队从两翼攻打智伯，一下就被人家给攻灭了，智伯被杀。

司马光先生很感慨，就写了这篇文章。"**智伯之亡也，才胜德也。**"因为他的才能超过了他的德行，之后他傲慢结怨，最后才感来这个恶果。"**夫才与德异，而世俗莫之能辨**"，其实才能跟德行是不同的，而世俗的人没有办法分辨出来。"**通谓之贤，此其所以失人也。**""失人"我们可以当做看错人，也可以当做失去人才。他分辨不了才德，用的可能是很有才但是无德的，有德的人没有用，就失去人才了。"**夫聪察强毅之谓才**"，"聪察"，耳聪目明，很聪明，观察力也很高。"强毅"，是做事很刚强，不退缩，又很有毅力，他要做的事，一定做到底。但是大家注意，有时候错了他也不回头，劝不动。子贡问孔子："君子亦有恶乎？"孔子说："有恶。恶称人之恶者，恶居下流而讪上者，恶勇而无礼者，恶果敢而窒者。"这些行为、态度对整个团体的杀伤力太强。

第一个，"恶称人之恶者"。我们应该是隐恶扬善，你还常常去把别人的不好说出来，破坏人和，人和对一个团体很重要。你背后说他的坏话，他知道之后愤怒、怨恨可能很难消，团体就不得安宁。而且你把别人的恶讲给其他的人听还造成什么？听的人又对他有看法，我们无形当中破坏了整个团体人与人的关系，所以这个事不能做。大家想一想，有几个人听了这些话不记在心上的？比方你一个朋友讲某某朋友的不好，你听完之后，就像镜子一样，完全不落痕迹，我们做得到吗？可能隔天看到他，觉得他真的挺像小人的，真的眼睛有一个大一个小，就开始怎么看他都不顺眼，落印象了。所以不可以造这种孽，去障碍人与人的和谐。今天假如对方要讲人的不是，你可以跟他讲，他以前对我很好，对不起，我要上厕所。不听为净。是非天天有，不听自然无，心地清净，"净极光通达"，清净心才有智慧，每天记人家一大堆不好，那是最傻的人，智慧现前不了。真的只记人家的好，不想听别人说他的不好，两次、三次，什么闲话是非，到你这里马上就弹回去了，不找你了。

第二个，"恶居下流而讪上者"。处低位毁谤领导，这也不好。比方说国家领导人负责的是一个国家，你毁谤他，老百姓假如对他没有信心，整个国家就会动乱，造的罪就大了。所以不谤国主，这是很重要的。延伸到团体，我们不要乱批评领导人。一乱批评，我们组织的同仁就对自己的领导失去信心，杀伤力就很大。

第三个，"恶勇而无礼者"。很勇猛却无礼，这样的人特别不容易控制，最后就作乱。大家看历代乱臣，其实都读过书的。假如去问作乱的人，他会不会说自己不对？他还趾高气扬，觉得自己对，别人不对。再比方说团体里面发生争执了，那个不对的人，你去听他讲，好像都是他对。那就是很勇猛，但是不明理，就容易造成动乱。我们自己有没有这样的问题？我们有礼吗？我们平常都四十五度微笑就有礼吗？真正在处事待人时，我们的思想言行跟经典相应，这才叫有礼。我们可能认不清我们自己的实际情况，心里都觉得自己有礼，可是实际在做事的时候，都是顺着我们自己的习气，这个时候我们无形当中添乱了，自己都不知道。所以，假如我们对于自己言行的观照不够，看起来很正直、很勇猛，很可能都在添乱。

最后，"恶果敢而窒者"。果敢，很果决，说做就做，不迟疑。问题是他每一次判断，智慧还不够，"窒"就是对道理不通。他冲的速度很快，问题是方向错了，再把他拉回来，可能不知道要耗掉多少精力。我们看孔明有一次派马谡负责带兵，结果伤亡非常惨重。你说他有没有果敢，也很果敢，好，就这么扎营，最后死了一大半。所以很重要的一点，不只是人要有正确的知见，还要再加上足够的经验、历练，"屈志老成，急则可相依。"为什么要找屈志老成的？他能忍，能冷静地忍，再加上经验丰富，能吸取宝贵的经验。这个时代善心的人很多，成事的人不多，为什么？他很善心，可是他的阅历不足，这个时候旁边的人又赞叹，"好事，不容易！"结果没有冷静下来多请教真正有经验的人。纵使对这些圣贤的道理都很明白，问题是这个社会变化很快，人事的复杂度比以前高很多。这个时候就不能只是纸上谈兵，还要多吸取有经验的人的意见，集思广益再做抉择。不然做错抉择，就好像路走错了，再拉回来，不知道要耗掉多少工夫。

"正直中和之谓德。" "正"，公正无私，正直不虚伪；"中和"，处事懂得中庸，懂得和为贵，以大局为重。我们冷静来看，自己才多还是德多？我们在团体当中有没有念念以大局为重？有没有念念以和为贵？有没有念念想着这句话讲出去了，是能促进团体的和睦，还是造成团体的不和睦？我们有没有这个观察力、警觉性，还是想说什么就说，说完之后才后悔？假如不能以大局为重，我们的德就欠缺了。假如处事常常只想到自己，自私自利比较重，这也缺德。一个人为什么不能正直？因为他有贪欲，无欲则刚。我不敢劝领导，为什么不敢？到时候我就不好发展了。有顾忌，什么顾忌？利的顾忌。假如我们是为团体好，该讲就讲，不会有这么多顾忌。

接下来讲，**"才者，德之资也"**，"资"就是辅助德行去利益人的，今天有德了，当然还要通过自己的能力去服务人，所以"才"是让"德"去发挥作用的一个条件。**"德者，才之帅也。"** 德行才是才能的主帅，德行控制所有的才能，去服务大众。这句话也告诉我们，才能要以德为前提，才能真正利人。我们注意去看，一个团体里面最傲慢的人，搞得大家看到他都很有压力，往往才都是特别高的，才胜过德了。我们在团体里面还觉得我才华很高，我贡献很多。每个人看到我们都有压力，我们还对团体多有贡献？那是自欺欺人。可能领导在私底下不知道要安慰多少人，都是那些被我们吓到的人，"算了算了，别跟他计较。""德才兼备"这个成语讲得好，把德摆在前面。

"云梦之竹"，云梦出产的竹子做的弓箭。"云梦"是指楚王当时游猎的地区，这些丘陵山区都属于"云梦"。**"天下之劲也"**，这是天下最好、最锋利的竹箭。竹子本质就非常好，本质好就是德好，德好当然要再接受培养，再提升能力。**"然而不矫揉，不羽括，则不能以入坚"**，虽然竹子的质很好，还是要"矫揉"，通过一些工序，把竹子做得很直。"羽"，就是装上羽毛，这样箭会射得更准。"括"是指箭尾跟弓弦接触的地方。这些部分都做得更完善，箭射出去就更准、更有力道。但是假如没有这些工序，就不能射穿坚固的东西。

"棠溪之金"，"棠溪"这个地方做的剑，**"天下之利也"**，是天下最锐利的剑。**"然而不镕范，不砥砺，则不能以击强。"**但是还要经过"镕范"，"镕范"就是把它消熔，然后倒进一个模具。入了模具以后，还要"砥砺"，经过磨砺才能锋利。所以有好的本质，还要经过后天的培养。"击"，就是击刺，比较强韧的东西，才能够把它砍得断、砍得破。

"是故才德全尽谓之圣人"，德行才能都发挥到极致，称为圣人。**"才德兼亡谓之愚人"**，没有德行也没有才能，这是愚人。**"德胜才谓之君子"**，德行超过才能，这是君子。**"才胜德谓之小人。"**才能胜过德行，这是小人。**"凡取人之术"**，大凡选拔人才，"术"强调的是原则。**"苟不得圣人、君子而与之"**，假如没有得到圣人跟君子，"与之"就是选取出来。**"与其得小人，不若得愚人。何则？"**这是什么道理？**"君子挟才以为善"**，"挟"就是持，就是用他的才能去行善。**"小人挟才以为恶。"**小人德行不够，私心比较重，名利心比较重，他可能会用才华去谋取名利。**"挟才以为善者，善无不至矣"**，君子有才能去服务大众、去做好事，这个善没有做不到的。反之，**"挟才**

以为恶者，恶亦无不至矣。""愚者虽欲为不善"，才德皆亡的人想要去做不好的事，"智不能周"，他的聪明才智不够，连想个害人的方法都想不出来，"力不能胜"，就是不能得逞。"譬之乳狗搏人"，"乳狗"，还在喝奶的小狗，它想要去伤害人，伤害不了。"人得而制之。"人们能够制伏它。"小人智足以遂其奸"，"遂"就是实现，"奸"就是奸计、奸邪。小人很聪明，等人发现事情不对劲、不妥当，想阻止都阻止不下来。所以得洞察机先，得老成持重，自己组织里面要有一些老人，看到一些端倪就懂得赶紧调整。现在很多大企业忽然倒下来，跟用了小人有直接关系，往往是被小人给搞垮的。"勇足以决其暴"，"决"是发泄，逞他的横暴，他的暴行，"是虎而翼者也"，如虎又添了翼。他心性已经不好，又很有才华，那就如虎添翼。"其为害岂不多哉！"他对于人的危害，难道不是更严重吗？

　　愚人还害不了人，小人对人的危害就很严重。我们要观照一下自己，有没有可能做一件好事，一开始是君子，做到一半变小人，有没有可能？做到一半嫉妒心起来了，做到一半脾气上来了，这个时候又觉察不到，人就顺着自己的习气去做。所以人能护念好自己的这一颗心，比什么都重要。这颗心绝对不能偏到贪嗔痴慢去了，一偏，小人说的不是别人，就是我们自己。假如我们现在真的才胜过德，真正做事的时候，又伏不住自己这些习气，先缓一下。我们真想把事做好，不希望自己做到一半又坏事，先好好在自己的习气上下工夫，静下来，深入扎自己的根基。"天将降大任于斯人也"，先要"增益其所不能"，先把习气给剔掉。而且老天将要有任务给我们，不用去找，不用去求，他自然会来找你。而当老天来找我们的时候，也是我们德行比较稳的时候。我们往往急着要出去做好事，都没顾及自己德行稳不稳固，结果本来是要弘扬文化，最后陷到是非人我里面了。社会大众一接触我们，原来学传统文化的人比江湖更江湖，把人吓退了。人家是要来这里找心灵的依归、大同的社会，结果我们带着习气都调伏不了，就很麻烦。所以人都有善心，但是要做善事，也要把自己的德行扎稳固，做好事不能急于一时，要考虑长远。

"夫德者人之所严"，虽然分析得很清楚，用小人可能很难掌控，但问题是，所谓"果仁者，人多畏"，人们看到有德行的人，会生起敬畏的心，也佩服，但是不大敢亲近。比方你见到一个很有德行的长辈，他坐在那里，你马上"叔叔好"，然后就赶紧跑了。为什么？因为坐过去之后，又期待，又怕受伤害。希望这个长辈肯定几句，可是又怕他会批评，自己承受不了。为什么？有德的人一定会把我们的问题指出来。我们得欢喜别人给我们提问题，"闻誉恐，闻过欣"，有这个心境才能"亲仁"，没这个心境，亲仁也只是口号而已。

人能够时时希望赶快突破自己的习气，这个心态可贵。为什么？因为他有使命，"我要赶紧提升，才能做得了事，才利益得了大众。"这样的人有慈悲心，有使命感。所以纵使被批评不舒服，但他觉得长痛不如短痛，早点突破，这一生才没白来，才能做几件有价值、有意义的事情。人有这样的心境，就能欢喜接受别人的批评。这些长者在讲我们的问题的时候，当下好不好受？舒不舒服？有没有一点呼吸困难？有，难过。你把那难过拿来我看看。二祖慧可大师说我的心不安，达摩祖师说拿来我帮你安。那是假的，别把它当真，所有的不舒服都是虚妄的，真正改掉习气，那个欢喜是永久的。一个人以前很贪色，好不好过？不好过，每天头昏脑胀，"抽刀断水水更流，举杯浇愁愁更愁"。等到他能不为所动，身心轻安。所以，世间那种欲望享乐，绝对没有放下习气跟经典相应、那种从内散发出来的喜悦。

"而才者人之所爱"，才能是人所爱慕的。**"爱者易亲"**，很爱慕才华，一看到就赶紧过去，很喜欢亲近有才的人。**"严者易疏"**，因为敬畏就容易疏远。刚好我有机会去亲近卢叔叔，卢叔叔每次见到我就说，"你是当红炸子鸡。"那个时候我虚名在外，知道我的人有一些，然后卢叔叔说，"你很红，你很危险，你要坐好，不要掉下来。"每一次见面，都是耳提面命，"习气别犯，保持无私无我，不要习气现前，把事情给搞砸了。"当每个人都是给你肯定、称赞，突然听到批评感觉怎么样？好不好受？"刷！"冷水泼过来，冷水有点凉，不过会让人比较清醒。卢叔叔这个水给我一泼，清醒不少。为什么? 我们是刚好遇到一个机缘，出来抛砖引玉，跟大家分享，可别人给你几个肯定，就觉得自己不可一世，少年得志大不幸，人家几句肯定，你就看不清楚自己，觉得自己很了不得了。其实说实在的，不就讲了几堂课，习气不是还在吗? 还不看清的话，最后持续下去，干的就是自欺欺人的事情了。不是自己有德行，不是自己有能力，那是刚好遇到个时间点，所以要赶紧调伏自己的习气，好好提升，这才是重中之重。"物格而后知至。""君子务本。"这个本不重视，所有的功业最后一定是倒下来，绝不可能有偶然。就好像一棵树长得很高，但根已经坏了，迟早是要烂的，是要倒下来的。所以修学的路上，第一关卡，我们必须看清自己，打破自欺。所以那时候卢叔叔常常都会给我清醒清醒，一开始觉得水很凉，不过冲多了以后，反而会觉得很习惯，很能接受卢叔叔这些提醒。大家冲过冷水澡没有? 慢慢适应了，就不冷了。所以听别人的忠言，也要听到很习惯，这样就不容易去疏远有德之人，疏远别人的劝告。这真的很关键。这里也是强调领导者要有胸怀，你才能够让这些有德善谏的人围到你的身边来。

我们这一路也感觉，能接受批评的人确实不多。批评他之后，可能两三天他看到我们，就赶紧转到其他的路上去了。所以这个时候我们也要调整，人家不是很能接受我们批评，我们就不要好为人师。这个时候也都要观照到自己，有没有做得不近人情的地方。假如他还不是很能接受，也不要急于去劝，让因缘水到渠成为好。

"**是以察者多蔽于才而遗于德。**"考察人才的人，往往会被才蒙蔽，而品德好的人他没有留意，"遗"就是忽略。为什么有才的人容易被重用? 因为能很快看到成绩。所以主政者、领导者，去掉急于求成的心，才不会选用才胜德的人。为什么? 他有才华能一下子提高业绩，好，高兴! 所以领导者往往很难放下。急功近利，急于求成，这种心就感召来才胜德的人。所以人与人这个因缘，善缘也好，恶缘也好，也是互相交感。"**自古昔以来**"，就是从古至今。"国之乱臣，家之败子"，亡国、败家的这些臣、子，都是什么？"才有余而德不足"。所以司马光一开始感叹"智伯之亡"，举了这个败家的人，才能特别好，但是德行不够。"以至于颠覆者多矣"，造成国家，还有自己的家族倾覆灭亡的就很多了。"岂特智伯哉！"难道只是智伯这个人而已吗？"故为国为家者"，治国理家的人，"苟能审于才德之分而知所先后"，"审"就是明察才德，"知所先后"就是知道哪个先哪个后，其实就是德为先才为后。"又何失人之足患哉！"那就不会有看错、错用人才，或者失去人才这样的事。"足患"就是值得忧患的事情。

《孔子家语》里面也提到德才的重要，孔子讲道，"弓调而后求劲焉，马服而后求良焉，士必悫（què）而后求知能焉。不悫而多能，譬之豺狼不可迩。"弓箭调试之后，再从这些调过的弓里面找弹性更好的。意思就是说，最起码保证他们都是有德的人，再从中挑更优秀的。马统统都已经训练过了，再从中求更好的。其实都是强调，有德的基础了，才是选人才的时候。"士必悫"，"悫"读"què"，就是这个人比较厚道、善良、朴实，比较实在。他本质很好，再求他的聪明才能。不善良却很有才能，就好像豺狼虎豹一样，"不可迩"，不要靠近他，靠近就要出事了。

我们负责团体，可能会想，没人可以用了。没人可以用，你就先别做，多少缘做多少事。你急于去做好事，然后又用不对人，好事会变什么？那不就太攀求了吗？人生要随缘，缘不具足，好好提升自己就好了，提升自己慢慢不就感召人来了吗？明明没有适合的人又硬要去做，后面就不好收拾局面了。

我们接着看《谏太宗十思疏》。"恩所加，则思无因喜以谬赏。"今天要赏赐臣子，赏赐下属，不能顺着自己的情绪来，高兴了就多赏一点，不高兴了就罚多一点，这就不公平了。所以一个上位者更要懂得掌握情绪，不可用好恶做事情。他没什么功劳，你赏给他很多，他会怎么样？一来他会傲慢，二来他会贪心，做了点小事就要很多。其他的人呢？心不平，我做那么多都没有功劳，连个肯定都没有，他根本没怎么做，就只是一个嘴巴讲好听话而已，就得那么多封赏。还有，领导者赏赐多了，或者高兴就答应别人了，轻易答应别人事情，请问谁辛苦？整个团体就要陪着我们做牛做马，让很多的人疲于奔命。所以一个领导者不能顺着自己心情做事情，"这件事情容我考虑考虑，我也回去跟我们那些干部商量商量。"有个缓冲，才能防止人一时情绪太高昂。所以领导者答应事情，最好都能够退一步，冷静总没有坏事，真正评估好了，再答应人家，反而让人家觉得我们做事非常慎重，你会赢得人家的尊重。你随便答应了，然后又反悔，最后就撕破脸。

"罚所及，则思无因怒而滥刑。"一下子太生气，失去理智，就会罚得太过分。唐太宗就有一次因为很生气，下令当场把一个大臣拖出去斩了，后来发现那大臣根本就没有多重的罪，而且那个人还是对国家很有贡献的人，结果唐太宗很痛苦。所以后来规定，朝廷里面要处以死刑的人，要连续两天来告诉他五次，很慎重。州政府，两天最起码要讲三次，最后确定才可以执行。从这里我们看到，一个领导者掌握自己的情绪太重要了，不然都会做出让自己后悔莫及的事。所以人在情绪非常激动的时候，最好先冷静下来。这也是"十思"给我们的一个省思。

这节课就跟大家交流到这里，谢谢大家！

孝悌忠信：凝聚中华正能量

第十三讲

尊敬的诸位长辈、诸位学长，大家好！

我们这几节课讲的都是有关忠的古文，今天我们再来讲一篇忠臣的故事——《介之推不言禄》，选自《左传》。

> 晋侯赏从亡者，介之推不言禄，禄亦弗及。
>
> 推曰："献公之子九人，唯君在矣。惠、怀无亲，外内弃之。天未绝晋，必将有主。主晋祀者，非君而谁？天实置之，而二三子以为己力，不亦诬乎？窃人之财，犹谓之盗；况贪天之功，以为己力乎？下义其罪，上赏其奸；上下相蒙，难与处矣。"
>
> 其母曰："盍亦求之？以死，谁怼？"对曰："尤而效之，罪又甚焉！且出怨言，不食其食。"其母曰："亦使知之，若何？"对曰："言，身之文也。身将隐，焉用文之？是求显也。"其母曰："能如是乎？与汝偕隐。"遂隐而死。
>
> 晋侯求之不获，以绵上为之田，曰："以志吾过，且旌善人。"

这里讲的是鲁僖公二十四年发生的事情。**"晋侯赏从亡者，介之推不言禄，禄亦弗及。""晋侯"**是指晋国当时的国君，晋文公。晋文公重耳登上君王的位置之前，逃亡了十几年，颠沛流离，九死一生。所以一开始说"从亡者"，有几位臣子陪着晋文公逃亡了十几年。

这个故事还要从晋文公重耳的父亲晋献公说起，晋献公有九个孩子，晚年又娶了一个太太叫骊姬，骊姬生了一个儿子叫奚齐。骊姬因为得到晋献公宠信，就动了歹念，希望自己的儿子奚齐能继承王位，就设计陷害献公的儿子，先下手的就是世子申生。有一次祭祀，祭祀完的酒肉让申生拿给他父亲吃，骊姬在里面先下了毒。吃前说先试一试，就把酒倒在地上，结果土起变化，显示有毒。又把肉丢给狗吃，狗死了。居然还叫个小臣来尝，小臣也死了。接着骊姬就开始演戏了，说申生早就想杀害君王，自己是世子，早晚都做君王的，干吗急于一时？然后还对献公讲，我们母子以后有危险了，你还是让我们先逃走。献公被这么一闹，真的相信骊姬的话，就下令杀世子申生。申生知道消息之后，不等君王来抓他，就自杀了。重耳他们就觉得，只要骊姬在，他们都有生命危险，就逃亡了。但骊姬用这种手段，想要谋取富贵，那是不可能的。她的儿子奚齐后来当了君王，又被申生的师父李克给杀了。所以"货悖而入者，亦悖而出"，今天我们的财富、地位是用不当的手段夺取的，留不住，甚至有更大的灾祸临头。奚齐被杀之后，齐国没有国君，后来就让重耳的弟弟夷吾回来做国君。"惠、怀无亲"，晋惠公就是夷吾，晋怀公就是夷吾的儿子圉。结果他们不修德行，都被杀了。最后重耳回来当了国君。

请问大家，这个家庭所有的灾难从哪里开始的？骊姬？不是！晋献公好色！大家还是要把根源找到，不然解决不了问题。安史之乱根源是什么？杨贵妃吗？是唐玄宗好色这点没有突破。所以根还在领导者、君王自己身上，怪不了他人。以前的古圣先贤面对诱惑的时候都非常警觉，"大禹恶旨酒而好善言。"大禹曾经喝了夷狄做给他的酒，他喝一口，马上说，以后一定会有人因为这个酒而亡国，因为这个酒太好喝了，控制不了。他就赶紧把酒给扔了，然后远离那个人。他很有警觉性。所以杨贵妃假如遇到古圣先贤，会怎么样？赶紧远离她，知道这个女子的诱惑太强，眼不见为净。唐玄宗可能就没有这个警觉性，最后就陷下去不可自拔。所以，这个根源在好色。

再来，《朱子治家格言》里面讲："听妇言，乖骨肉，岂是丈夫；重资财，薄父母，不成人子。"把钱财看得重，把妻儿看得重，都不管父母，那根本没有资格做人家的孩子。现在也常讲一句话，叫"娶了老婆忘了娘"。这都违背伦常，违背了孔夫子的教诲。子夏讲道，"贤贤易色"，我们看，"贤贤易色"排在前面，就是对妻子重品德，不重容貌；接着谈到了孝道，

"事父母，能竭其力"；再来是为人臣的忠，"事君，能致其身"；与人相处，"与朋友交，言而有信"，"虽曰未学，吾必谓之学矣。"这个人纵使没有学习，在子夏看来，他是真正有学问的人。因为学无伦外之学，学问就是怎么落实五伦，成为一个重伦理道德的人。把"贤贤易色"排在前面，就是提醒我们五伦当中，夫妇这一伦是一个重要的核心。重色就轻义，就忘了父母、忘了道义，那夫妇之伦可能就不稳固。所以我们看现在的社会，好色，不孝父母，再加上夫妻之间不讲道义。"以色交者，花落而爱渝"，以色交往，色会衰，一衰又是喜新厌旧、见异思迁，夫妇的基础非常不稳固，所以家庭问题就层出不穷。我们看到现在的社会现象，再来看这句"贤贤易色"，感受就很深刻。尊崇贤德超过好色，也就是说，一个男子在选择对象的时候，重德不重色。诸位学长，你们有儿子的请举手。这一点要赶紧教，从小要让他重德不重色。大家要注意一个重点，学好要学好多年，学坏一天就够了。所谓"由俭入奢易，由奢入俭难"，由不好色变好色易，由好色变不好色难，所以要先把免疫力打好。因为我有经验，我是说我到中学去交流的时候，强调以后找伴侣重要的是德行。我讲了老半天，这些孩子说，老师，德行很重要，不过漂亮也很重要。所谓先入为主，这些重要的人生认知愈早建立愈好。

"听妇言，乖骨肉"，历史给了我们很多教训。所以男子要懂得重德，一定不能被欲望冲昏头，因为欲令智迷，欲望一重，判断力就不见了。晋献公这个故事也提醒女子心胸要宽大，心胸狭窄，言行都会成为家庭的斧头利剑，把家搞得四分五裂。当然不要一看到"听妇言"，又说是骂女人了。这是提醒和爱护，男人有男人的弱点，女人也有女人的弱点，人修身能得力，都是先从最难的地方下手。所以在《易经》当中，男子相应的是天，是乾卦，女子相应的是地，是坤卦，"地势坤，君子以厚德载物。"女子把习气去掉，性德彰显，母爱的光辉可以照耀整个家族，甚至于成为天下母亲的榜样，厚德载物，心胸非常宽广。你看我们的母亲，为家庭的付出无怨无悔，遇到什么情况都能包容。有智慧、有见识的女子，她很清楚要容、要忍，要以大局为重。由于这样的心境，孩子看在眼里，打从心里佩服母亲，怜惜自己的母亲，以后也能很孝顺。

这里也提醒我们，在一个家庭或团体当中，不能听心胸狭窄的人的话，不然纷争就要开始了。"来说是非者，便是是非人。"他的言语当中充满着对某个人的批评指责，这个人一定是是非人。为什么？他心都不平，没有仁慈心，在发泄情绪，这个时候他心中哪有大局？所以我们听到这样的话，要有警觉性，不能被影响。是非天天有，不听自然无，大家要会判断。"不知言，无以知人也"，别人讲的话，我们不能够判断是善意还是恶意，那你就很难了解这个人，甚至被他牵着鼻子走。现在团体的纷争很多，往往就是我们听不出一个人的态度，进而陷入是非当中。所以被卷入是非，不要怪别人，自己判断力不够。有时候实在不得不听，都要在听的过程当中平息对方的心，化解彼此的对立跟冲突。

我印象当中，我母亲的同事有一次到我们家来，我在自己的房间，听到大人的讲话。母亲的同事在骂她先生，其实这也是兵家大忌，为什么？家丑不可外扬，到别人家里去骂先生，这个消息假如走漏了怎么办？到处骂，骂到最后，先生是最后一个知道的。等他知道，冲突就很大，这种隔阂可能一辈子都去不掉。其实拿家丑出去讲，叫自取其辱。有没有哪个人把自己家里的不好讲完以后，人家说，我真佩服你，你真有勇气，家里什么不好都讲。没有，人家听完之后，更瞧不起你，瞧不起你的家。假如转个念，为什么人生会不幸？就是没理智、说错话、做错事，最后这个恶因就结恶果。祸从口出，灾祸中言语占了很大部分。讲自己家里的不是，之后传回自己的家里，哪有不冲突的道理？另一半有不好，不讲，讲他好。可是有人说，找不到好怎么办？拿放大镜去找。

我有一次跟一个地区的家长交流，我说夫妻之间要只看对方的优点，不看对方的缺点。有个女子很激动，举手，她说我先生没有优点。我走到她的面前，对她肃然起敬。我说，你先生没有优点，你还敢嫁给他，你是现代的革命烈士。我不入地狱，谁入地狱！所以其实不是世界变了，是我们自己的心变了，从欣赏、付出变成挑剔了，整个世界就转过来了。人非圣贤，都有优点缺点，但怎么让另一半的优点增加，缺点减少？你肯定他的优点，传出去，他的亲朋好友都跟他讲，你太太说你有哪些优点，很好！他一听，挺受鼓励的，心里又想，我那些毛病我太太都没讲，我就这么一点优点，不能辜负太太对我的欣赏信任，我应该做得更好。这种隐恶扬善，就把他的积极性、优点给激发出来了。但假如是讲缺点，那就完全反过来了。我有好你都不会欣赏，那我找人欣赏去吧。再来，都传出去了，他很难在人群当中立足，谁信任他？在社会中得不到人家信任，怎么发展他的事业？

一句话可以让家庭和谐，一句话也可能让家庭冲突。所以老祖宗说，"一言兴邦，一言丧邦"，言语不可以不谨慎。我母亲的同仁讲她先生的不好，我观察到，等她讲完一段落，我母亲没马上接话，可能因为她在气头上，也不好马上接话，只能让她先把气发一发。等她发完了，我母亲接着就说，你先生哪里好哪里好，让她回忆她先生的优点跟她先生以前的好。这个长辈气已经消了，再听到这些，慢慢情绪就比较平和。所以我们在听亲朋好友谈话的时候，只要是谈到人与人的一些不愉快，一定要通过我们让这个冲突减弱，这才是理智的。假如他在气头上，你一听也加入战火，那无事都变有事，小事都变大事。总要理智应对每一个人生的情境。在团体当中，心胸狭窄的人你不能听他的，要借这个机会扩宽他的心量，让他"见人善，即思齐，见人恶，即内省"。如果他说某某人不是，你就说他以前对你也挺好，"恩欲报，怨欲忘"。所以要让《弟子规》成为企业团体的文化，让我们的同仁在遇到事情的时候，不是顺着自己的情绪习气，而是顺着经典提起理智来。

讲到这里，大家不要回去之后说，只要讲别人都不行，别人的事都不能讲。《弟子规》又有另外一句话叫"善相劝，德皆建，过不规，道两亏"，这与"人有短，切莫揭"有没有矛盾？经典是事事无碍的，不会有冲突的。所以更重要的是我们的心地功夫。我们这个心假如对人有看法、有成见，讲出来就是在扬人恶；假如我们这个心是为他好，去劝他，那不是扬恶，是在尽道义。所以任何一个经句回到自己的心，用真心去做，就离道不远。今天要"善相劝"，要劝导他，我们就会体恤他，不会马上在其他同仁之间讲他不对，都考虑不到人家的感受。很多人都说，我这个人就是比较正直，直来直去，这叫鲁莽，做错了，还要给自己一大堆堂而皇之的理由。正直是好的特质，但正直要通过学习让自己处事更圆融，能考虑到别人，而不能年龄一直增长，还抱着自己的这个执着点，不肯提升。

我们今天劝一个人，实在忍不住，"他太过分了"，那还是自己情绪控制不了，克己的功夫还是不够，这怪不了别人。所有的人、事、物都在提醒我们还有什么不足、德行不够的地方，"行有不得，反求诸己"，这句话不可须臾离也。为什么？因为我们的目标是"圣与贤，可驯致"，假如偏离了这个心态，我们就背道而驰，怎么走都走不到圣贤的境界去。把责任推给别人，都是情绪化，离道愈来愈远。所以这个时候要能规过于私室，为人着想。当然，假如他不听我们的劝，那我们怎么办？"算了，狗咬吕洞宾——不识好人心。"我们起这个念头又错了，所谓"开口便错，动念即乖"，一起念头就跟经典相违背。纯是一颗利益他的心，哪能说一次他不听就气了，还骂人家没有善根。"谏不入，悦复谏"，甚至于他没有办法接受我，找他可以接受的人去帮助他，好人要做到底，尽心尽力，不辞劳苦，这是真正的爱心。

所以很可能有个人来找你，说某某人的情况是这样，希望你帮助他。这不是扬恶，因为他的言语当中都是希望能帮到对方。他是把情况讲清楚，让我们了解，可以去协助他。不要这个朋友想找你商量，他才一开口，你说"扬人恶，即是恶"，他就不知所措，很难过了。所以人总要判断对方的心境，他真是善心的，我们一起跟他来协助对方。假如他的心态不对，我们也不要给他难堪，赶紧提起他的理智，化解彼此这些对立、冲突。所以言语的智慧很重要，孔子教学生，"言语"排在第二位，紧跟在"德行"之后。"祸福无门，惟人自召。"这个嘴厉害，如果总是肯定人，鼓舞人，随喜人，一天积很多的福；假如言语苛刻，情绪化，可能一天就造了很多罪孽。所以"口为祸福之门"，不可不慎。

这是故事的一开始给我们的启示，一个家庭要圆满，父母、一家之长的修养很重要，欲望太多，灾祸就来，最后整个家庭，就像当时的晋国一样，重耳那一辈只剩他一个人，很凄惨。后来重耳回国之后，因为这些大臣陪着他十几年，他要赏赐这些跟他一起逃亡的臣子。结果"介之推不言禄"，他没有要求得到俸禄，也没有要求官职。其他的臣子统统在那里比，我最辛苦，我付出最多。当时同甘共苦，现在富贵现前，人的贪心都浮现起来。讲到这里，想到汉光武帝，他复兴汉室，之后称为东汉。这个过程中冯异将军建功非常大，每次军队停下来作短暂休息时，将领们都在那里自述战功，冯异将军常常一句话都不说，去坐在一棵大树底下。有人不居功自傲，将领们就觉得有点不好意思，这么有功劳的人，人家连说都没有说，我们还是闭嘴。以前的人，毕竟从小都读古书，比较敏锐。后来士兵们就称冯异叫"大树将军"。以前的人看到别人的优点，自然心生仰慕，而且马上把他彰显出来，让大家都学习这个人。

同样是汉朝，在西汉的时候有五经博士。有一次，皇帝赏赐他们每个人一头羊，结果这些博士去领羊的时候，就看哪一只比较胖，哪一只比较瘦，在那里争，最后还说，这样分不公平，拿秤来称，不然就切开来，像卖羊肉这样称。有一位也是五经博士，叫甄宇，他看到这个情况，也没骂人，就把那只最瘦的牵走了。牵走以后，所有的人都不好意思了。假如是我们现在的人，把那只最瘦的牵走会怎么样？你清高！那就麻烦了。所以要先打好基础，听到人劝才能转。现在没有孝悌忠信、礼义廉耻的基础，没有《弟子规》"闻誉恐，闻过欣"的基础，纵使生命当中有人肯劝他，也不一定劝得动。所以，做人做事的根基非常重要。

介之推没有提出要赏赐，结果真的他也没有得到赏赐。"**推曰**"，介之推说，"**献公之子九人，唯君在矣。**"先王献公儿子九个，只剩你还在。"**惠、怀无亲**"，惠公、怀公德行很不好，没有人愿意亲近他们。"**外内弃之。**"亲人、人民不愿意跟随他，其他国家的人也非常厌恶他们。**"天未绝晋，必将有主。"** 天还是怜惜我们晋国，一定会有好的君王出现。**"主晋祀者"**，负责晋国的祭祀。身为一国国君，对列祖列宗都要慎终追远，祭祀，更重要的要传承晋国的国运，也是承传他们的家道。**"非君而谁？"** 不是君王您，又是谁？

"天实置之"，"置"是立，就是立了重耳来做国君，这实在是上天的安排。《易经》说，"积善之家，必有余庆。" 他们的家族虽有这些危难，但是他们的先祖还是积了很厚的德，所以这个国家还有福报继续传下去。**"而二三子以为己力"**，"二三子"是指跟在重耳身边一起逃亡的这些臣子。这是上天祖先的福荫，怎么回国之后统统说是他们的功劳？**"不亦诬乎？"** 这不就是欺骗吗？不就是太虚妄了吗？接着介之推作了个比喻，**"窃人之财，犹谓之盗"**，偷窃人家的钱财，尚且被叫做盗贼。**"况贪天之功"**，况且现在这些冒取、贪取了上天的功劳，**"以为己力乎？"** 还认为是自己的能力办到的。我们从历史来看，一个朝代真的没有福气了，纵使得到很有智慧的大臣辅佐，也还是很难绵延下去。所以一个朝代、一个家族能不能绵延，还是在德义、福分够不够。

《谏太宗十思疏》里讲，"思国之安者，必积其德义。" 德行、道义才能感来福分。从《出师表》里面我们看到，历史当中能有孔明德行、智慧的大臣不多，可是孤臣无力可回天。所以，介之推说的话很有道理。确实是老天、是他们的祖宗有福，庇荫的，这些臣子怎么都说是自己的功劳？所以介之推对这些人的态度，非常不能接受。在这十多年的逃亡过程当中，有一次重耳饿得实在是没有办法了，介之推把他大腿的肉切下来给文公吃，就为了救他一命。你看连自己的身体都切下来给他的君王吃，忠诚到这种程度都没有去邀功。**"下义其罪"**，"义"是合理的意思，就是把罪过都看做是很合理。什么罪？贪天之功。但是他们讲起来好像很合理。**"上赏其奸"**，而君王还赏赐他们的罪恶。**"上下相蒙"**，君臣上下互相欺骗、蒙蔽。

我们冷静来看，重耳在外颠沛流离十几年，其实他的国家也是非常地危难。换了这么多的君王，人民也不知道吃了多少苦，好不容易盼着一个有德的君王回来了，重要的是赶紧君臣一心，念念想着百姓才对！怎么可以回来之后，都在那里邀功？所以介之推对文公的这些提醒太重要了，这是上天给你的机会，上天是要你做什么？天子天子，君王都是要代天行化。上天有好生之德，"天听自我民听。"能听到人民的苦痛就是听到上天的声音。但是当下，这些君臣有没有想到这些重点？而且当这些臣子起的都是贪念之后，他们去当官，可能问题就会出来了。值得省思的是，他们陪着文公逃难，那是道义，道义是不附加条件、不附加利害的。假如一有福报马上就去邀功，那这个道义一下子就退到利害了。

我们冷静来看，很多夫妻穷困的时候，互相照顾，不分彼此，同甘共苦。结果一富贵，先生一有钱，就忘了当初另一半的付出跟恩义。人这一生，什么都带不走，应该但留道义、清白在人间才好。所以人生要时时提醒自己，唯一带得走的就是自己的慧命，就是自己灵性的提升，就是自己这一生所有的善行。不能人生当中富贵现前，我们反而被染污了，反而重利轻义，灵性就不断堕落下去了。尤其我们现在处的社会，物质极度丰沛，诱惑特别多。说到这里，我们来看一个故事。

> 史堂，微时已娶。及登第，遂恨不得宦家女为妻。因日睽隔，其妻郁郁成疾。数岁，堂不一顾，妻深饮恨。临终，隔壁呼堂曰："我今死矣，尔忍不一视耶？"堂终不顾。及妻死，心不自安，乃谋压胜，束缚其尸而殓。是夕，妻托梦与父曰："女托非人，生怀愁恨，死受压胜。然彼亦以女故，禄寿皆削尽矣！"明年，堂果卒。(《德育古鉴》)

"**史堂，微时已娶。**"有个人叫史堂，他微贱的时候就已经娶妻了。"**及登第**"，后来他考上进士，十年寒窗，一举成名。大家想一想，十年寒窗的时候谁煮饭？谁在这些生活点滴当中陪伴他吃苦，咬着牙从不抱怨？我曾经在客家村庄教过书，我听说客家的男人挺幸福的，因为他们的女人很能干，几千年来都是让先生去读书，考功名，其他的事太太全包了。客家的女人很不简单，很刻苦。不过时代变了，现在客家男人不考功名，得要顺着时代调整。假如夫妻都工作，太太也很辛苦，要懂得分担、懂得体恤太太。传统那是美德，要学到美德背后的精神，成全对方。所以一个人考上功名，他的妻子、家人对他有非常多的协助。史堂登第之后，衣锦还乡。"**遂恨不得宦家女为妻。**"你看变心了，有了功名就想，我怎么没有娶到一个官家的女儿，最好是宰相的女儿，大官的女儿。"**因日睽隔，其妻郁郁成疾。**"就跟他太太隔开了，不见她了，结果太太郁郁寡欢，就生病了，人忧郁、痛苦就很容易生病。"**数岁**"，几年，"**堂不一顾**"，这个男人居然连看都不看一眼。"**妻深饮恨。**"深深地怀恨。"**临终**"，太太快去世了，"**隔壁呼堂曰**"，在隔壁叫他。"**我今死矣**"，我就快死了，"**尔忍不一视耶？**"你忍心不见我最后一面吗？"**堂终不顾。**"最后也没有见她。人被世间的这些虚荣染污之后，心就扭曲了。"**及妻死，心不自安**"，他妻子死之后，他心里也不安。"**乃谋压胜，束缚其尸而殓。**""压胜"就是古代一种巫术，用符咒、法术来压制自己所厌恶的人或鬼等。他居然用压胜之术把他太太的尸体绑紧压住，然后入殓。"**是夕**"，"夕"就是晚上。"**妻托梦与父曰**"，他的妻子给她父亲托梦。"**女托非人**"，"托"就是嫁、托付，嫁给不好的人，"**生怀愁恨，死受压胜。**"活着的时候吃了很多的苦，死了还被压身。"**然彼亦以女故，禄寿皆削尽矣！**"也因为他对我这么不好，他的福禄跟寿命都被削掉了。一个人造孽之后，他的福气、寿命都会减损。所谓"天网恢恢，疏而不漏。"我们世间人犯罪，警察没看到还治不了，但是还有天律，举头三尺有神明，这个骗不了。"**明年，堂果卒。**"过了一年，果然史堂就死了。所以祸来了，再大的官，再有钱，留不住。

《迪吉录》里面说道，"人生莫作妇人身"，做女人真是很辛苦。"百般苦乐由他人。"在家照顾父母，嫁了照顾公婆，照顾另一半，照顾孩子，还要照顾孙子。"彼其离亲别爱，生死随人"，出嫁以后，离开了自己的家人。"所主惟一夫耳。"嫁过来了，只有依靠丈夫。"饥不独食，寒不独衣。"

我们整个成长过程当中，妈妈都是一定让爸爸先吃饱，甚至自己吃不够从来都不说，好的都是留给爸爸，留给爷爷奶奶，留给孩子，确实是这样。"舍其身而身我，舍其父母而我父母。"妈妈照顾爸爸的时候，熬夜什么的，从来没有为自己想过。所以男人时时都不能忘记太太的恩德，这样才是大丈夫，才是真正讲情义的丈夫。

"一遇远旅之商、游学之士，孤房独处，寒夜铁衾，岂易受哉。"有的还嫁给商人，丈夫有时候出去做生意，好几年才回来。或者出去读书考功名游学，都很久才回来。女人孤房独处，一个人支撑家庭，熬过来这么多的岁月，是很不容易的。"衾"是指棉被。"一旦富贵，姬侍满前，罔念结发"，"结发"是指元配。富贵现前，这么多妾，就完全不顾元配的情义。"恐惧与汝，安乐弃予"，苦难时跟你一起，安乐的时候却把她抛在一边。"噫嘻! 何待人以不恕也!"这样待人太不宽恕，"恕"就是感同身受，设身处地。

"长舌之妇，恣志凭陵；失行之女，忘身撒泼，固宜已矣"，假如这个女子非常强势傲慢、德行不好、不孝顺，不理她，那还可以说得过去。"若乃事舅姑、睦妯娌、和姑叔，以及前后嫡庶间，人各有心，众皆为政，其于忧烦展转，忍辱吞声，殆未可言。"假如这个太太又侍奉公婆，又和睦妯娌，又照顾小姑小叔，这么长的岁月，多么的辛劳。尤其古代有些人家娶几个太太，"嫡"是指元配生的后代，"庶"是指其他太太生的后代，这么多人都有各自的想法，元配在这么大的家族当中，操心是很不容易的，她得要忍辱吞声。这些辛劳，实在讲都讲不完。

"而衣食不充之家"，假如这个家庭又很穷困。"晨夜无炊"，每天都吃不上什么饭。"针黹（zhǐ）自活"，"针黹"是女子缝纫的总称，也就是她非常辛勤地织布来养活家庭。"种种艰苦，又有不能殚述者"，不能讲完，太多太多。"岂其终身望我，甫得出头，遽中道弃之，其情理谓何哉!"她辛苦一生，就希望我们有成就，能出头。"甫得出头"，"甫"就是先生方才出头，终于苦尽甘来。"遽"就是急剧，结果马上又抛弃她了，这实在是天理不容。所以我们在人生当中，面对君臣，面对夫妇，面对这些关系，我们都应以道义相交，不能一富贵了，心态都变了。

我们接着看文章。介之推讲，上下的态度都错了，互相蒙蔽了，"**难与处矣。**"很难跟他们相处。介之推这么劝谏他的君王之后，就离开了。"**其母曰：盍亦求之？以死，谁怼？**""怼"是怨的意思。他的母亲对介之推讲，你何不也去要求一下？"以死"，求得了赏赐，就这样死了，也不会有埋怨了。"**对曰**"，介之推说，"**尤而效之**"，"尤"就是罪过，"**罪又甚焉！**"我的罪又更深重了。已经知道他们是错的了，我还去效法，那我的错就更深了。"**且出怨言，不食其食。**"我已经讲了他们不对的地方，不该再接受赏赐、俸禄了。我们从谈话当中可以看出来，介之推很有气节，而且他也不愿意做出违背自己良心的事情。

"**其母曰：亦使知之，若何？**"好！你不要赏赐，也让他知道一下，你很有气节。"**对曰：言，身之文也。**"言语是身体的文饰，意思是讲出来的话其实就代表我们这个人。"**身将隐**"，我已经打算隐遁了。"**焉用文之？**"何必去讲？"**是求显也。**"假如我又去讲不要赏赐的话，还是想求显达。所以他是下定决心，不只不求赏赐，连表达自己不要赏赐都觉得不用了。"**其母曰：能如是乎？**"你真的能这么做吗？真的不后悔吗？真的下定决心了吗？假如你是真的，"**与汝偕隐。**"好，那妈妈就陪着你，跟你一起隐遁。"**遂隐而死。**"他们隐居直到终老。

"**晋侯求之不获**"，晋文公可能后来冷静下来，觉得介之推讲得太对了，想求介之推回来，可是求不到，最后介之推跟母亲终老在绵山，"**以绵上为之田**"。"绵上"是现在的山西介休县，"田"是祭田，以介休县这个地方为祭田。"**曰：以志吾过，且旌善人。**""志"是表现、彰显，封绵上为介之推的祭田，让天下的人都记得我的过失，没有珍惜这个忠臣。

好，这节课先跟大家谈到这里，谢谢大家！

孝悌忠信：凝聚中华正能量

第十四讲

尊敬的诸位长辈、诸位学长，大家好！

我们上节课一起学习了《介之推不言禄》这篇文章，文章也给我们人生很多启示。一开始，家庭为什么会乱？家的领导者要懂得节制欲望，女主人要心胸宽大。接着讲道，"窃人之财，犹谓之盗；况贪天之功，以为己力乎？"我们在尽道义当中，不能掺杂功利心，不能邀功，不然这个道义的心慢慢就变质了。就像我们之前学的《谏太宗十思疏》，"竭诚，则胡、越为一体；傲物，则骨肉为行路。"很多开国的帝王，一开始要为人民带来好生活，结果等他登上皇位了，开始贪婪好色，这个心就变了。包括我们刚刚举的夫妇，彼此那一份道义，终生要保持，对方的恩不能忘。

包括我们推展、弘扬中华传统文化，这是我们炎黄子孙、华夏儿女的道义、职责，我们不传下去，何以见祖先？我们在做的过程当中，不能变了念头，我付出很多，我很有功劳，我很了不起。其实最重要的，我们在分享的过程当中给人家利益，那也是因为老祖宗的智慧好，不是我们的德行多高。所以颜回的德行，是我们观照自己很重要的一个标准，"无伐善，无施劳"，不张扬自己的优点，也不强调、不表扬自己的付出、贡献。一有"伐善、施劳"的心，人就傲慢起来了，就邀功起来了，就不好了。

孟子也说，善养浩然之气，浩然之气就是集义而生，心里都没有自私自利，都是道义。跟人都是谈道义、付出，从不求回报，从没有在那里计较的。所谓"无欲则刚"，人没有欲求，才有那种正气刚直。人贪念起来的时候，心性就往下降，道义的态度就慢慢往下降。所以我们要守好自己的这一颗心，时时效法孟子。我对家应尽的道义是什么？我对自己的团体单位，以至于对社会国家，我应该尽的道义是什么？你看很多年轻人面对诱惑，想不到父母了，想不到曾经帮过他的人，嫉妒心一起来，连曾帮过他的人，他都对立，甚至于陷害都有可能。所以我们在行道的过程中，要很有警觉性。"从善如登"，一个人行善像爬山一样，一步一步用力往上迈；"从恶如崩"，一个人恶的念头、行为一出来，就像爬山没踩稳滚下来。爬上去很慢，掉下来很快。所以俗话讲，"一失足成千古恨"，道义的心一离开，有可能就干出终身悔恨、无法挽回的恶事。所以时时要高度警觉，不能堕落。

后面介之推的母亲用激将法试探他，看看儿子是不是很坚定。其实，介之推这么有气节，谁教出来的？母亲试探之后，感觉果然是我儿子。最后一句话，"与汝偕隐。"我陪你，我成全你。当你的孩子说，我这一生不为自己活了，为文化复兴而活。你会不会说，好，妈跟你一起，爸跟你一起？那真的是成就孩子的功业道德。不只孩子，当你的另一半有道义的人生态度，我们能不能随喜，甚至成就他的道义？这次我们办了一个中华文化进修班，来了几十几位学长，要进修四十五天。他们能来，背后一定有很多亲朋好友，甚至于同事的支持，"你去，好好学习，这里统统交给我们。"所以这些学长能来，背后有多少都是以复兴文化为己任的亲戚朋友，这都是很值得我们佩服的。

最后晋侯这八个字"以志吾过，且旌善人"，可以看出文公也不简单，接受人家劝谏之后，不仅能面对过失，还昭告天下，让天下人都记住他的过失，记住这个教训。这些留名青史的人都很不简单，都是我们的学处。

整篇文章，事实上也是介之推在劝谏他的君王。我们一说到劝谏，就想到《孝经》说的，"进思尽忠，退思补过，将顺其美，匡救其恶。""进"，一般就是在朝廷之上，尽心尽力为国效力，出一些好的意见。"退思补过"，回到家里，还不断地思维，君王还有哪些不妥的地方，赶紧提醒他。另外，"退"也可以延伸到不在朝廷里面当官，也是想着、关心着君王的状况。就像我们之前学的《岳阳楼记》，"居庙堂之高则忧其民"，这就是进思尽忠；"处江湖之远则忧其君"，这是退思补过。"将顺其美"，领导者对的，尽心尽力辅助；"匡救其恶"，错的，赶紧善巧方便地提醒。

君王比较大的过失，要劝，一些小过失，就顺其自然多提醒，因为不至于造成国家的动乱。为什么这些忠臣一定要劝？因为那些情况必造成国君跟国家的危难，义之所在，不劝是不行的。可是劝，也不要危及自己的性命，所以劝三次不听，可以离开。就像范纯仁先生讲的，"苟言之不用，万钟非所顾也。"他是宰相，假如他讲的话，皇帝不听、不接受，宰相的俸禄他也不领了。他来做这个官，是为国家社会，不是为俸禄。走好不好？好！走也是劝。劝三次不听，再劝可能就结怨，但又不想同流合污，所以离开。假如这个领导者冷静下来，一个忠臣离开，他就会反省，所以有时候离开也是劝谏。后来领导者反省了，请你回来，要怎么样？赶快回来。你要耍大牌，这个心态又偏了。自始至终，都是为了领导者好，这个心不能变，不能夹杂情绪在里面，一夹杂就不忠。尽忠尽忠，忠诚，忠则是正，心一偏就不忠。

关于"劝"，《孔子家语》里面指出来，劝有五种：谲谏、降谏、直谏、戆谏、讽谏。当然，用哪个方法，还得要观察帝王的性格。大家想，魏征有时候能直谏唐太宗，因为那是唐太宗，假如换做另外一个皇帝，这么做行不行？可能三个脑袋都不够，所以还要看情况。谲谏，是委婉地劝。降谏，委屈自己，很卑微，苦苦哀求地劝。直谏，用很正直的言语去劝。戆谏，是很鲁莽地去劝。讽谏，用暗示，君王真的有心，他就听懂了，不能接受，也不跟他发生冲突。比方说，"可以人而不如鸟乎？"用譬喻提醒。孔子比较赞成讽谏。

关于劝谏，孔子在《论语》当中还举了一个例子，也很典型。孔子讲，"直哉史鱼"，史鱼的原名叫史鲥，字子鱼。孔子称赞他，"邦有道，如矢；邦无道，如矢。君子哉蘧伯玉！邦有道，则仕。邦无道，则可卷而怀之。"史鲥非常正直，不管他的国君有没有道，"矢"就像弓箭一样，很正直去劝。蘧伯玉又是另外一种忠臣的样子，"邦有道"，他就尽力去奉献他的学问跟智慧，但是假如领导者无道，不听劝，他就回家去了，也不去强求。"卷而怀之"，就好像我们卷个东西，怀抱着，把他的学问、才能收起来，看哪天因缘成熟了再出来。所以很多很有德行的人，很难请到，只要领导者有私心，就留不住他，他不是为钱来的。所以"难进而易退"，很难把他请进来，但他很容易就走了。但是小人"易进而难退"，他要谋私利，你让他进来，引狼入室，再把他推出去就不容易了。现在有的公务员不认真工作，都在单位里面当"米虫"，不为国家做事，只是在那里领薪水，有时候记功嘉奖，还在那里争，那就是小人，易进难退。

卫灵公晚年的时候用了一个奸臣叫弥子瑕，只会巴结谄媚，没什么学问，史鰌就非常担忧，一直劝卫灵公进用蘧伯玉，斥退弥子瑕，最后史鰌去世了，卫灵公也没听。虽然卫灵公没有用蘧伯玉，可是他也知道史鰌很忠诚，所以也很伤心，就去祭祀。结果到了他们家一看，棺木没有放在正堂，放在旁边的窗户底下。灵公就质问史鰌的儿子，"你这个儿子在搞什么？你父亲去世了，你居然这么不守礼。"结果史鰌的儿子讲，我父亲临终的时候交代我，他没有为国家尽到忠，所以他觉得死后没有资格放在正堂，只能放在旁边的窗户底下。卫灵公听了，非常感动，也很惭愧，之后就用了蘧伯玉，罢黜了弥子瑕。所以史鰌连最后一口气都想着如何劝他的国君。你看劝动之后，影响的是一个国家的发展，人民的幸福。活着的时候，以身去谏，死的时候以他的尸体去劝谏，"死以尸谏"。这也是让我们非常感佩的一位忠臣。

刚刚提到的是臣子的态度。我们在谈忠的时候，其实很自然地也会谈到君的德行。因为这些忠臣劝谏国君，最重要的还是要成就国君的德行，希望他更有仁慈心，来爱护人民。而一个领导者要能做好，很重要的是什么？我们儒家的三宝，叫"君、亲、师"。道家的三宝，"一曰慈，二曰俭，三曰不敢为天下先"，其实就是礼让、忍让、谦让的态度。请问，假如有这三宝，金融危机会发生吗？所以能解决金融危机的，不是经济学家，是谁？老子。有仁慈，还会干那个事吗？有节俭，还会出现这么大的金融黑洞吗？所以从这里我们看，圣贤人这些智慧千古不变，几千年之后的大问题，他们几个字就点出根本。佛家三宝是什么？住世三宝佛法僧，实质三宝觉正净。儒释道的三宝，"道也者，不可须臾离也。"我们时时记在心上，就得大受用，人就时时都在道德、智慧当中。

君亲师当中，君者，一定要有使命，要有责任感，要大公无私，"大道之行也，天下为公。"从这几篇文章当中还体会到，领导者要以身作则；还要知人善任，要知道这个人是不是真的有德才；知人了，还要把他摆对位置，要善任，他的特质，要充分了解，用其所长，避其所短；再来，我们这几篇一直在强调，也要有受谏的雅量，这是君。

作为君，领导者同时是子民的父母官，包括现在的企业，企业是个大家庭，领导者就是这个大家庭的家长，应该有哪些心境？父母亲的心境，高度信任。我感觉从小到大，虽然我成绩不好，也挺调皮的，但是父母都还是非常信任我可以愈来愈好。我成绩不好的时候，我爸爸每次都笑着说，"加油加油，一定可以再进步的。"对我那种信任，就会让我感觉到，不好好加油，对不起父母的信任。这是高度的信任，而且不舍不弃，不管孩子发生什么情况，都是想着怎么爱护他，怎么帮助他，没有嫌弃。我们对自己的员工，能不能保持这样的心境？父母的心就是不求儿女回报，但是这一份无求的付出，感得的是孩子的至孝。所以一个领导者不求回报，一心为员工，感得的是员工的尽忠职守。孟子那一段话很有道理，"君之视臣如手足，则臣视君如腹心。"领导者把底下的同仁当做自己手足一样看待，底下的人把领导者就当做自己的心和腹一样看待。

作为亲，还要护念底下人的成长。成长包括健康，领导者让底下的人累垮了，这也不妥，对他的家庭就很难交代。很多的企业，员工可能都是离乡背井而来，他的父母信任我们的公司，信任我们的领导者，我们也有责任照顾好员工。不只身体，还要照顾好他的心灵，不能让他堕落，让他长德行，让他的人生往幸福走。我们很多企业家，接触传统文化后，真的是以这样的心照顾他的员工。我们最近接触了几位企业家，他们真的把员工的利益、员工的幸福摆在第一位，他们的企业也发展得非常好。这都印证了古圣先贤讲的话，"爱人者，人恒爱之"，"未有上好仁而下不好义者也"，领导者这么仁慈，哪有底下的人不讲道义的？他们企业很多员工，公司成立以后就一直跟到现在，非常忠诚。这是亲。

作为师，一个领导者还要教育他底下的人，长养他的善心德行，而且这个长善，还要因材施教。每个人的差异很大，因材施教，栽培同仁，针对他的情况去教导。在这个时代，一个企业家受社会、国家的重视，受重视的背后，也有更重要的社会责任。现在很多大学都邀请企业家去演讲，因为他们觉得企业家就是成功的代表。在这样的情况下，企业家要把承传文化、承传智慧放在心上。然后，又能在员工出现状况的时候，不只自己没有情绪、没有动火，还很冷静地去应对，借这个机会点教育员工，使他觉悟。就像我们教小朋友，小朋友犯错的时候，我们很冷静地去处理，让他认知到他的过失，可能他一辈子都不会忘。不只是学生，不只是孩子，我们对底下的同仁亦如是。第一，我们得要伏得住情绪，不能动气；再来，要真有智慧，很明理，一看就知道问题在哪，循循善诱去提醒他。

这是从君亲师来观照我们领导者，有没有跟这些心境相应。我们相信只要相应了，那一定是一个非常好的领导者，受欢迎的领导者，也相信这个团体的凝聚力会很强。当然，假如我们在带领团队的过程中，觉得还有很多问题存在，我们再回到"君亲师"的心境观照，是不是哪里做得不够，一定能找到一些症结点，再提升，再突破。我们"忠"就讲到这里，告一段落。

我们接着来看"信"。"忠信"二字，是一个人德行提升的动力，一个人时时讲忠讲信，他就会不断地要求自己、提升自己。我们一起看《信篇》"绪余"的第一段。

夫信，德之固也。《说文》：诚也，从人从言，会意。是知人言之不可不信也。言必有信，可以践交游之然诺，可以化伦类之猜嫌，可以孚州里蛮貊之心意。信，则民任焉。故君子信而后劳其民，未信，则以为厉己也。信而后谏，未信，则以为谤己也。古帝王之治天下，上信下行，而人民崇之。上好信，则民莫敢不用情。可以去兵，可以去食，而不可以去信，民无信不立。人而无信，不知其可也。大车无輗（ní），小车无軏（yuè），其何以行之哉。

"**夫信，德之固也。**"信是德行能不能稳固的关键，因为信是诚信不欺，一个人诚信不欺，他才有可能德行提升。他假如不能做到，他就是自欺又欺人。"**《说文》**"，《说文解字》当中说，"**诚也，从人从言，会意。**""信"这个字，左是人，右是言，是会意字。代表什么？人讲出来的话一定是信，所以一个人不守信，他讲的就不是人话。大家注意，不守信连做人的资格都没有。所以五常——仁义礼智信，人不守五常，就不是正常人。老祖宗造字，也给我们很大的提醒，到底我们想不想活得像个人。而现在这个"信"，还真的面临危机。有一个心理调查，现在的孩子最不能接受父母的是什么？答案最多的是父母不讲信用。一个孩子连对父母的信都提不起来，他还能去相信谁？所以父母绝不能失信于孩子。曾子杀彘，这个故事我们都会讲，但到底对我们当父母的有没有高度的提醒。

"**是知人言之不可不信也。**"人一定要守信，这是做人的根本。"**言必有信**"，言语一定要诚实守信，"**可以践交游之然诺**"，"交游"是指常在一起的朋友，常打交道的。守信可以践行朋友之间的承诺。"**可以化伦类之猜嫌**"，因为我们守信，就能够化解人与人之间的猜疑。假如我们很有信用，人家跟我们做生意、相处就没有负担，交给你放心。跟你住在一起，不怕什么东西会不见，甚至于跟你讲一些秘密也不担心，因为你很守信，不会告诉别人。不过现在这一点，一般人很不容易做到。"我跟你讲，你不可以跟别人讲……"他说好好好。他也去跟人家说，"我跟你讲，你不可以跟别人讲……"那个人也是，"我跟你讲……"密室相语，不相发露，这是一个当朋友的道义。为什么他会跟你讲，因为他信任你。他不讲出来闷得慌，又很痛苦，需要找人倾诉一下，但你绝对不能够讲出去。有时候比较隐秘的事情，你可能讲一次，情谊就完全破损了。

"**可以孚州里蛮貊之心意。**""孚"就是使人信服，使谁信服？"州里"

是指跟自己很近的人。二千五百家称为州，五家为邻。五邻为里。以前的一家，是整个大家庭，跟我们现在的四五个人的家不一样。"蛮"是指南方的民族，"貊"是北方的民族，意思是很远的，甚至语言都不通的、文化差异很大的民族，都能够让他们信任我们。

《论语》当中有段话，很能解释如何"可以孚州里蛮貊之心意"。"子张问行"，子张，姓颛孙，名师，陈国人，小孔子四十八岁，也是七十二贤之一。子张这个问题问得很好，"夫子，人要怎么样才能处处行得通，四海之内皆兄弟？"孔子回答道，"言忠信，行笃敬，虽蛮貊之邦，行矣。"一个人言语非常忠诚，守信用，行为非常地笃实、恭敬，即使他到不懂中华文化的远方，都能够跟这些民族相处得很好。"行"，就是跟人家相处没有任何阻碍，很快地就取得人家的信任。周朝的时候，泰伯、仲雍离开自己的国家，到了现在的江苏一带，那个时候那里的民族还没有开化，他们去了，居然被推为君王。那是真的不是假的，人有德行，异族都佩服他，推他为君王，听他的领导。

"言不忠信，行不笃敬"，反过来，这个人没有德行，"虽州里，行乎哉？"纵使是在自己的家乡，最近的这些地方，能够走得通吗？这个"乎哉"就是带着感叹怀疑的语气，能行得通吗？而君子言忠信、行笃敬的态度，"立，则见其参于前也；在舆，则见其倚于衡也。""其"就是指言忠信、行笃敬。站着的时候，"忠信笃敬"这几个字就好像立在他的面前一样，时时不敢忘。坐在车上，就好像又看到这个教诲。"衡"是指车子的横木，好像那个字就印在那里。所以古人修养德行非常地慎重，不敢懈怠，不断地往"道也者，不可须臾离也"的境界迈进。夫子接着讲，"夫然后行。""夫"就是如此这样的意思。一个人对"言忠信、行笃敬"能时刻不忘去力行，一定走到哪都行得通，都受人欢迎。现在很多父母担心，以后我的孩子能不能跟人相处，会不会受人欢迎？起这个念头，叫杞人忧天。应该怎么样？真正让自己的孩子"言忠信、行笃敬"就对了，你以后就不用操心。子张听完老师的教诲，"书诸绅。""书"就是书写，把这段话写在他衣服的衣带上，时时怕忘了。

文章接着又提到："信，则民任焉。"守信，言而有信，人民信任。在团体里面，领导者守信，底下的人就信任他。身为一个领导者，最好常常有个小本子，讲出来了，答应了，先把它写下来，不然很容易忘。记下来，常常翻，就不会忘记，不会失信于人。而且因为你常常有记录，你的心是定的，你不怕忘，不会担忧一大堆事。"故君子信而后劳其民，未信，则以为厉己也。"这也是《论语》里面的教诲。君子，可以指国君，也可以指一个单位的领导者。君子要跟人民建立信任，才能够去指派他们做一些工作。假如还没有信任，就派给他们一大堆工作，他们就会觉得是虐待自己。一个员工刚来，跟你都还不是很熟悉，你一下子所有的工作都压下去，这个人不被压死才怪，不被吓跑才怪。但是假如建立了信任，知道要多接受磨炼，积累能力，他信任你，也了解你要栽培他，你再派给他很多工作，他是欢喜感恩，这就不一样。

"信而后谏"，信任之后才可以劝谏。"未信，则以为谤己也。"新认识的朋友、同事，还没有建立信任，我们就指出他的问题，他一下调整不过来，还觉得你看他不顺眼，在毁谤他。所以我们到一个单位，一定要先让领导信任我们，进一步才好劝，才好提意见。"古帝王之治天下，上信下行，而人民崇之。"古代帝王治理天下，坚守信义，下属则效法学习，因而人民推崇他。秦国商鞅变法的时候，先在城门放了一根很大的木头，说把这根木头拿到哪里，就赏多少钱。最后有一个人心想试试看吧，拿了，就得到这个赏赐。这件事之后，人们觉得上面的人很守信用，慢慢就信任国家了。所以得要真干真做才行。

"上好信，则民莫敢不用情。"上面的人讲信用，底下的人就很有安全感，感激上位者的付出，他们也会真心实意地对待领导，尽好自己的本分。"可以去兵，可以去食，而不可以去信"，这个典故也出自《论语》。子贡问政，孔子讲，"足兵，足食，民信之。"这三件事对一个国家的政治非常重要，军队强盛，人民衣食无缺，人民也信任国家。子贡也很聪明，进一步问，夫子，假如出现状况，这三者必须去一个，先去什么? 孔子说，去兵，军队可以先去掉，不能让老百姓饿着。假如剩下两个又要去一个呢? 孔子说，去食，食物可以没有，可以跟人民同甘共苦，但不可以失去人民的信任。"**民无信不立**。"一个团体内都不互相信任，不信任领导，内乱迟早发生。"**人而无信，不知其可也**。"人假如不守信，真的不知道能做什么，真的不知道他的人生怎么走。换句话说，他的人生一定行不通，得不到人家信任，他连工作的机会都没有。所以人而无信就好像什么?"**大车无輗，小车无軏，其何以行之哉**。""大车"是指牛车，"小车"是指马车。车辕横木要有金属固定，这个金属固定物就是輗、軏。孔子作了一个比喻，人假如没有信用，就好像车无輗、軏。也就是说，信是立身处世重要的德行，没有这个德行，就没有办法在人群当中立足。

好，这节课我们就先谈到这里，谢谢大家!

第十五讲

尊敬的诸位长辈、诸位学长，大家好！

我们上一讲进入"信"这个德目，一起学习了绪余《信篇》的第一段。《说文》讲，信是诚。守信的人内心一定真诚，所以讲出来的话值得人家信任。"信"字是人言，不守信就侮辱自己的人格。而且守信能够让团体彼此信任，甚至于没有开化的地区民族，都能对我们信任。文中还提到，"君子信而后劳其民"。我们获得人民高度的信任，这样我们安排百姓去做一些工作，造桥铺路，他们才会欢喜愿意。因为他们知道这个领导人是很无私的，都是为国家谋福。假如没有这个信任的基础，就叫老百姓做这个做那个，就没办法赢得人民的信任，最后让人民流离失所，可能就要被推翻。

"信而后谏"，朋友之间、亲人之间有了信任的基础，才好劝谏。还没有信任就去劝谏对方，他会觉得你在毁谤他，或者对他有看法，纵使好的谏言，他也很难接受。比方我们年轻人到一家公司去上班，"我学过《弟子规》，为人要正直。"上班一天，看到老板跟同事有很多问题，下班以前拿出十大罪状，跟老板说："我这个人就是正直，有什么说什么，这就是你跟同仁的问题，你自己好好看。"老板一看，"你写得不错，明天不用来了。"这在人情上就不敏感。我们要去劝谏别人，要赢得别人的信任之后才能劝。而我们自己的行为值得人家信任吗？信任不是要来的，是自然而然人家发自内心提起的。《弟子规》有一篇"信"，可见信是我们相当重要的做人的基础。如果孩子不信任我们，我们怎么教育他？夫妻不互相信任，怎么同甘共苦？君臣不互相信任，怎么上下一心？兄弟不互相信任，怎么黄土变金？朋友不互相信任，整个社会就没有安全感。所以信任不只是言语的诚信，还有我们所做的一切事情能不能赢得亲朋好友对我们的信心。

《弟子规》讲，"凡出言，信为先"，讲出去的话要守信用。"话说多，不如少"，话讲很多的人，不值得信任，言多必失。话很多，都不懂得先看看情况，心很浮躁，有话就"啪"出去了，啥时候得罪人都搞不清楚。话很多，一来不谨慎，二来是心里很急躁的一个表现。所以《易经》告诉我们，"吉人之辞寡，躁人之辞多。"讲很多话、很急躁的人，有阅历的人一看就知道这个人不值得信任，你把一些重要的事情交代给他，他出去乱讲。"事以密成。"事情要做成，要比较低调、比较隐密，不要张扬。尤其现在这个时代，做好事太张扬，容易招来人家的嫉妒、障碍，所以要沉着、寡言。

但该讲的还是要讲。所以中庸之道最要守住的是，话能真正利益人，不要讲太多废话、牢骚话，更不要讲挖苦人的话，不要讲人家的隐私，那都是大忌。虽然平常话不多，但只要对团体有利益，能够让团体化解误解冲突，一定要讲。"我这个人就是话少。"那就变执着。该讲的时候不讲，仁慈心何在？对团体的忠诚何在？一个人心量大，有大局观，只要能利益国家、团体，叫我改掉本来的习惯跟个性，马上用力去改，这才是学古圣先贤。不能孤芳自赏，"我已经不错了。"你要看跟谁比。我们一跟孔子比，就知道自己"言非礼义"，"不能居仁由义"，属于自暴自弃；一跟贩夫走卒比，高高在上，就不好了。"德比于上则知耻，欲比于下则知足。"一个人，一言一行常常提醒自己效法孔子，德比于上，值不值得信任？值得！假如你说他两句，他都说我比那些人不错了，这样的人值不值得信任？他都跟差的人比，怎么会值得信任？"欲比于下则知足。"一个寡欲的人，处理大众的事情才能刚直。一个欲望低的人，才值得信任，欲望很多的人，迟早出事。

曾经有一个贪污走私案，牵扯的面非常大，当地很多高官被抓起来。涉案金额很大，连当地的公安局局长都被贿赂。但重点在哪里？重点在所有的官员都有弱点，都没有办法放下欲望，被收买了。那个走私案的主犯说道，"只要他有想要的，我就能买通他。"老祖宗说"无欲则刚"，很有道理。我听说过一个高官，所有的财物他都不动心，但他有一个弱点，喜欢看足球赛。那些人真厉害，还真的去买足球票送给他，后来被人揭发。他因为这事辞职，郁郁寡欢而死。还有一个高官，喜欢书法、山水画。这个爱好好不好？陶冶性情，算不错。那个行贿者很厉害，把一些很稀有的书画都借他看，然后还称赞他书法写得好，画画得好，可不可以送我们。人家这么赞叹他，高兴，送人。我们拿你的东西不行，给钱、送东西，最后就陷进去了。

诸位学长，我们教育出来的孩子要有金钟罩、铁布衫，没有任何贪欲，这样他在现在的社会才能抵御诱惑。大家有没有信心教育出无欲则刚的孩子？很重要的一点，首先父母要无欲则刚，为什么？"上有好者，下必甚焉。"父母、领导喜好，底下的人可能会更厉害。比方父母喜欢赌博，孩子可能就变赌王，为什么？他五岁就开始学了。好的习惯，青出于蓝胜于蓝，坏的也是这样。所以要教育好下一代，要从我们自身开始要求起；要带好下属，领导者首先要行为世范。刚刚讲的格言，《弟子规》中其实都有。"德比于上则知耻"："见人善，即思齐，纵去远，以渐跻"。"欲比于下则知足"："唯德学，唯才艺，不如人，当自砺。若衣服，若饮食，不如人，勿生戚"。这样的胸怀，这样的德行，值得人家信任。

所以《信篇》讲得好。"话说多，不如少，惟其是，勿佞巧。"一个人回答别人的问题，在那"呃嗯啊"半天，人家还信任他吗？事实怎么样就怎么去回答，"勿佞巧"，不要动小聪明，不要编借口。"奸巧语，秽污词，市井气，切戒之"，一个人常常讲粗话，不恭敬人，谁还信任他。媒体常常说什么八卦新闻，八卦是我们的古文明，这么好的东西，被用在这里，真是不振兴文化不行。八卦不可以乱用，挖人隐私是错误的，我们要隐恶扬善，"道人善，即是善，人知之，愈思勉；扬人恶，即是恶，疾之甚，祸且作。"为什么我们的人生可能会遇到一些麻烦？很多情况可能是我们无形当中言行伤到了别人、扬了别人的恶。所以学传统文化是当个明白人，找到每一个问题的根源，然后不要再犯同样的错，学习颜回不贰过。

《弟子规》又讲，"见未真，勿轻言，知未的，勿轻传。"这都是赢得人家信任非常重要的态度。还没有判断清楚，道听途说，最后人家说你讲的都不对，不信任你了；讲错了，当事人觉得你侮辱他，那就麻烦了。"知未的"，对于一个道理我们没有通达明了，人家问了，不要装懂，最后人家查出跟你讲的都不一样，对你就丧失信心。"知之为知之，不知为不知。""强不知以为知，此乃大愚。""本无事而生事，是谓薄福。"怎么"本无事而生事"？一定是好讲、多舌。本来没事，传来传去，加油添醋，变成有事，所以口为祸福之门。

"事非宜，勿轻诺，苟轻诺，进退错。"这都是在处事当中赢得别人信任的基础。轻诺了之后，最后还是违背信诺，就麻烦了。可能当时我们拒绝了，他会一时很难受，可是日久见人心，他慢慢了解我们做事很有原则，反而能赢得他的尊重。可是因为怕他难受，轻易答应了，最后做不到，可能这一辈子人家都不信任我们。我们当下可以先跟他讲，你让我考虑一下。缓冲一下。充分了解一些情况，条件可以，答应；条件不可以，很清楚地告诉他，请他谅解。处事当中有一个缓冲还是挺重要的。一下子很急，没考虑清楚，最后进退都很狼狈、都很为难。"凡道字，重且舒，勿急疾，勿模糊。"讲话很急，人家会感觉到你的心很浮躁。"重且舒"，讲话很清楚，人家听得很明白，对你比较容易产生信任。"彼说长，此说短"，好讲长短，这也不值得信任。

"见人恶，即内省"，这样的人值得信任，见善思齐，见恶内省。假如见人恶，即要跟人家吵架，即要跟人家冲突，值不值得信任？那是匹夫之勇。"闻过怒，闻誉乐，损友来，益友却"，这样的人不值得信任。一个人在人生的过程当中，他的德行、经验都是循序渐进的积累，不可能一下子就变成很有智慧，变成圣贤。我们成长的过程中，没有父母的教导跟提醒，很难不犯错！到公司去，我们在这个领域重新学习，没有领导、同仁的经验传承、提醒，哪有不犯错的？所以一个人假如不具备"闻誉恐，闻过欣"的态度，他这一生不可能有大作为，智慧、德行也不会不断地提升。所以"闻誉恐，闻过欣"的人值得信任。"闻过怒，闻誉乐"，不肯面对自己的问题，而且好大喜功，这样的特质很容易败事。"无心非，名为错，有心非，名为恶。""有心非"的人不值得信任。"过能改，归于无"，知过能改的人值得信任。"倘掩饰，增一辜"，这样的人不值得信任。

从这个信再延伸开来，《弟子规》所有的教诲，做到了值得人家信任，做不到不值得信任。诸位老师，《弟子规》我们好好深入，以后会看相、算命。这个人能不能用，看他"入则孝"做得怎么样，忠臣出于孝子之门。能不能跟人相处得和乐，看他"出则悌"做得怎么样。事情能不能办得稳妥，看他"谨"做得怎么样。

"绪余"最后提到孔子回答子贡问政，就是如何治理国家。"足兵，足食，民信之"，这在一个国家、团体是非常重要的。子贡也很善学，问在这三个当中，不得已要去掉一个，先去什么？孔子回答，先把军队去掉。两个当中还是有一个要去掉，去哪一个？食物。"自古皆有死，民无信不立。"这是治理国家，延伸到现在的企业是同样的道理。当时东南亚金融风暴，韩国很严重，很多公司都面临倒闭。某一些公司的员工把自己的钱拿出来，对老板说，老板你不能倒，我们的钱先借你。你看财务已经周转不过来，他没兵也没食，他有什么？民信之！所以韩国在那一次的金融风暴中很快速地经济复苏，很大程度上取决于人民的向心力。所以，其实最关键、最重要的东西，有时候是眼睛看不到的。兵看得到，食物看得到，人心看不到，可是在最大的危难当中能化险为夷，也能在太平当中一夕倒闭，根源都在于这个信。

我们接着来看《左传》中的另一篇文章《曹刿论战》。

　　春，齐师伐我。公将战，曹刿请见。其乡人曰："肉食者谋之，又何间焉？"刿曰："肉食者鄙，未能远谋。"乃入见。

　　问何以战？公曰："衣食所安，弗敢专也，必以分人。"对曰："小惠未徧，民弗从也。"公曰："牺牲、玉帛，弗敢加也，必以信。"对曰："小信未孚，神弗福也。"公曰："小大之狱，虽不能察，必以情。"对曰："忠之属也，可以一战。战，则请从。"

公与之乘，战于长勺。公将鼓之，刿曰："未可。"齐人三鼓，刿曰："可矣。"齐师败绩。公将驰之，刿曰："未可。"下，视其辙，登，轼而望之。曰："可矣。"遂逐齐师。

既克，公问其故。对曰："夫战，勇气也。一鼓作气，再而衰，三而竭。彼竭我盈，故克之。夫大国难测也，惧有伏焉。吾视其辙乱，望其旗靡，故逐之。

之前我们讲《郑伯克段于鄢》，对《左传》做了解释。《春秋左氏传》、《公羊传》、《谷梁传》，这三传都是注解《春秋》这一本书的。《左传》是左丘明先生写的，他是鲁国人，所以《左传》主要以鲁国的历史做编年，当然内容涵盖其他的国家。这个故事发生在庄公十年，"庄公"就是指鲁庄公，在庄公十年春天正月发生了这件事情。

"**春，齐师伐我。**""**我**"是指鲁国，齐国的军队侵略鲁国。"**公将战**"，鲁庄公决定应战。"**曹刿请见。**"曹刿了解到君王要应战，请求跟庄公见一面。"**其乡人曰**"，他要去以前，乡里的人就对他讲，"**肉食者谋之，又何间焉？**""**肉食者**"，在古代吃得上肉的，是很有地位、有钱的，所以这里就是指高官厚禄者，掌有权位的人。"谋之"，出谋划策。打仗是国家大事，朝廷当中有这么多官员，应该这些人去给庄公出谋划策。其实这个话里，也流露了一个很重要的道理，就是吃国家这么多的俸禄，应该尽更多的责任才对。"又何间焉"，你又何必去参与？"间"就是参与、干预。"**刿曰：肉食者鄙，未能远谋。乃入见。**""鄙"就是粗陋、浅陋，这些在位的人，见识短浅，他们不可能深谋远虑。

为什么这些领俸禄很多的人，反而不能为国家出谋划策，想不远？这就提醒我们，人在富贵当中很容易安逸，没有那种刻苦、牺牲奉献。很多朝代，在国家很危难，外族入侵的时候，都出现了一些非常好的武将，像岳飞。金人看到岳飞很害怕，他训练出来的军队，饿死了都不拿老百姓一点东西，冻死了都不去住老百姓的房子，军纪非常严格。岳飞讲"文官不爱钱，武臣不惜死"，文官一爱财就变成既得利益者，一个人好安逸、爱财，他能想得远吗？欲令智迷，利令智昏，考虑不了那么远。人只要起贪念，看事就看不准。这个贪念有对物的贪念，食物、衣服、车子、房子，还有对人的贪念。比方说对孩子偏心，看事就看不清楚。看到一个女孩子很喜欢，也看她不客观。大家应该有感受，我们在人生的过程当中，比方在读书，或者在职场，遇到一个人，才认识他半个月，觉得好像三五年的朋友。高不高兴？别高兴太早，那是缘分很好，但是有可能因为缘分太好，看不清楚对方的问题，甚至还袒护他的问题。《大学》说，"好而知其恶，恶而知其美者，天下鲜矣。"一个人能把好恶放下，才能很冷静、很客观地去看人事物。

心有所好乐不得其正，心都不正了还能利益人吗？ 比方说在团体当中，底下的人会说，领导跟谁比较好，会不会？这个时候，这个人犯错了，你很严厉地指责他，这些同仁会觉得，领导挺公平的。但是假如他错了，还袒护他，人心就失掉了。所以愈亲的人，骂的时候要骂得愈凶，这样人心才能平。以前我们跟人家吵架，一回来父母就打我们，打给谁看？打给邻居看，人心就平。邻居一句话都不说，就回去了。"恶而知其美"，人家都觉得你跟那个人不和，突然有一个机遇，你说某某同仁有这方面的特长，我推荐他。人家说他都找你麻烦，你还推荐他，对你肃然起敬。而且你的领导看到你有这种胸怀，会觉得你这个人大气，心胸不狭隘。再来，团体里面增强了和谐，不去分谁跟谁好，谁跟谁不好。人都是希求和，谁喜欢分来分去的？

宋朝有一位宰相王旦。宰相位高权重，做了很多决策。当时有一个官员叫寇准，学问也不错，一生也是公忠体国，他要死的时候说，我差不多了。交代下去把席子铺好，然后躺下去就死了。这么死真痛快！前提是一生无愧于社会、老百姓。但王旦的修养比寇准还好。寇准在皇帝面前提到王旦一些决策上的不妥，后来皇帝就跟王旦讲，寇准说你这不好那不好。王旦怎么讲？王旦说，我当宰相这么久，定有很多不妥当的事，寇准是为了国家，忠臣！大家想，这样的胸怀、度量，给整个朝廷带来多好的风气。假如他没有这个胸怀，还对皇帝讲寇准的不好，朝廷的纷争就来了。所以一个人在团体当中的度量，能化解太多的纷争，大事化小，小事化无。

所以"必有容，德乃大，必有忍，事乃济"，好事多磨，忍下来，包容下来，才能让事情持续发展下去。不然，容不下了，本来要做好事，全都卷到是是非非、恩恩怨怨的对立去了。人要保持冷静，我到底要干什么？是来跟人家争长短、争高下、吵架的吗？绝对不是。是为了团体、为了民族、为了传统文化的复兴，这才是我们的初心。常常保持这个初心，才不会意气用事，走到死胡同里面去跟人家吵架，跟人家是是非非。王旦很清楚，和为贵，所有的大臣都是人民的榜样，臣子都争吵，老百姓能好到哪里去？后来王旦老了，皇帝很信任他，"谁做宰相？"王旦推荐寇准，完全没把小恩小怨放在心上。后来寇准做了宰相去谢主隆恩，皇帝跟他讲，是王旦推荐你的。大家想想，当寇准听到是王旦推荐他，对他的震撼有多大！一个朝廷有这么好的官，所有的同仁就跟着效法学习。

所以我们在各地推展传统文化，都算带头的人，这个头得带好。假如你是父母，或是爷爷奶奶，你们家族的风气就靠你带起来。"以慎重之行利生则道风日远"。以慎重的德行来利益自己的家庭，利益自己的团体，家道才能久远。我们刚好遇到这个时节因缘，在推展传统文化的关键时期，我们一起来参与，一起来尽我们中华儿女的本分。不只有一份热忱，还要谨慎，还要真正去力行。不是仅靠热情，就能成就文化的复兴，必须时时提升自己的德行，增长自己的智慧，而且有勇气对治自己的习气，提升自己最弱的能力，只要能利益大众绝不推辞，这就是"智仁勇"三达德，这才能成就事情。

"好学近乎智。"智慧可以不断提升，只要精进不懈怠，学习圣人的教诲。培养德行最重要的是不断扩宽自己的仁慈心，"力行近乎仁。"仁慈从哪里来? 从服务人群，体悟他人的需要、困难。就像我们在学校教书，真正感觉到孩子很苦，孩子很无奈、很无助，我们不能袖手旁观，要见义勇为。我们作为从教的人员，不用人家催，就会不断鞭策自己，提升德行跟智慧。"知耻近乎勇。"在立身处事当中，一定可以察觉自己的习气、缺点，用知耻的心勇敢地去对治。不会的赶紧去学习，要利益他人，不只要有德有智，还要有能力，才能做好我们的本职工作。比方工作上需要学电脑，那就学;工作上需要会唱歌，那就唱;制礼作乐很重要，那就学。那个时候没老师，我这个臭皮匠得出来撑一撑，音乐课没人上，自己上，赶鸭子上架也得撑。你尽心尽力，更好的人就出来了，比你专长的人就出来了。所以告诉大家，请这些有德有能的人出来，不是靠你的能力，是靠你的诚心。诚心从哪里看出来? 全心全意、尽心尽力、鞠躬尽瘁的态度。

孔明是怎么被请出来的? 是刘备比他有智慧，比他有谋略? 都不是，刘备诚心。"先生未出茅庐，已知三分天下。"孔明先生都没有离开他的茅庐，就已经知道三分天下的大势，这是万古之人所不及也，刘备赶紧请他出山相助。孔明说，我已经习惯这种恬淡的生活，不想再去管那些纷纷扰扰的尘事，推辞了。刘备一听孔明这么坚定，没有办法请出大贤，当下痛哭失声! 边哭边讲，那老百姓怎么办? 哭到衣襟都湿了。孔明一看，不忍心，这才答应出山，"为图将军之志，愿效犬马之劳。"是这么请出来的，是仁慈，对老百姓的那一份诚心，把孔明请出来的。所以很多的历史，我们深刻去体会那些心境，对我们一生都有很大的启示。

刚刚讲到，我们时时都要不忘初心，我们的目的是为往圣继绝学，绝对不能陷到人情的是是非非当中去。真正要利众，一定要把好恶的心放下，要把贪求的心放下，人才客观，才有智慧。刚刚讲到"肉食者鄙，未能远谋"，是因为他们有欲求。现在这个时代，外面的诱惑很多，每一个年龄层都有人生的挑战。最近听到一个朋友讲，他的女同事谈到婚姻、男女问题，都说只要他对我好就好了。诸位学长，你看讲得有没有道理?

大家冷静！现在二三十岁的人，看事情多远、多深？值得我们忧心！二三十岁的人，我们到底教给他们什么判断力？欲令智迷，利令智昏，她的欲是什么？一个对我好的感觉，就可以把一生交给对方，把幸福交给对方。难怪现在离婚率这么高，因为判断力不足，都没有慎于开始。慎始才能慎终。遇到这样的年轻人，我们当长辈的有没有责任引导她，让她提升对婚姻、对男女关系的认知？现在的年轻人听道理听得太多，一听到道理，还没考虑对不对，"好了好了，别啰唆了。"别怪年轻人，怪我们，为什么？他成长的过程当中，父母、老师都太啰唆，啰唆到年轻人已经下意识一听到道理就排斥。我成长的过程当中从没排斥过道理，我交的朋友大部分都比我大，我喜欢听年长的人给我谈人生经验，很有收获。自己成长过程中要做一些重要的决定，脑海里一定就是爸爸妈妈。父母话少，但讲的话有智慧，都让我们去验证。爸爸讲得对、妈妈讲得对，不是啰唆，渐渐地我们有事就一定会请父母指导。这个习惯延伸到社会，有事要请老师指导、请领导指导、请年长有经验的人指导。

孩子嫌啰唆，一来自己可能做得不好，二来讲的时候没有针对孩子的情况，讲一大堆他都用不上，最后他就烦了。在六十四卦当中有一卦叫"家人卦"，专门指导家庭的。里面提到"言有物，行有恒"，讲出来的话都跟道理相应，让人听了就很受启发。言语不跟仁义道德相应，本身就是自暴自弃。假如父母不开口则已，一开口都是切中要害，孩子会觉得你的功夫高深莫测。卢叔叔的孩子来请教他都要排队的，因为他收了很多学生。愈难求的道，孩子愈珍惜。"行有恒"，父母很有恒心，很有毅力，言行一致，好的习惯终身保持。比如爱整洁，做事很有条理，对人很恭敬，孩子从小看到大，就佩服了。大家不要看一些小动作，那种节俭，那种尽心尽力把自己本分做好的态度，对自己父母无微不至的照顾，都会印在下一代的心里。"言有物，行有恒"，这也提醒我们，让人感佩，就在言行一致。教育能达到好的效果，主要还是言行一致。

孔子三千弟子，七十二贤。子路第一次见孔子的时候，戴着鸟兽的羽毛，肚子前面围着一张野猪的皮，很粗犷。他接受孔子的教化，最后成为七十二贤之一。老师教过他，死的时候都要端端正正，子路最后一口气把自己的帽子转正了才死。这么粗犷的人被教化到这么有德，孔子的魅力在哪里？孔子是做到了才说，他是圣人。所以我们教育子女，能达到好的效果，离不开身教。效果不好，我们要冷静反思言行一致的问题。只要有开始，都不晚，"精诚所至，金石为开。"很多长者学了传统文化，回去之后反思、忏悔自己在家庭里面的错误。本来孩子很叛逆，后来他真做、真改，孩子被他感动，转过来了。

除了言语都跟正理相应，还要善巧方便。每个人的性格不一样，你讲话的方式也要有差别，正直的人可以跟他直，言语比较直率；比较脆弱的人，就不能太直了，他受不了。青少年的年龄比较尴尬，他还不算大人，你说他小孩也不高兴。所以他是不够大人的成熟，他要装个大人的样子给你看。这个时候他特别重面子，你就留他三分面子，顺势给他引导。你不要说，"对你好就好了，你也太没头脑了，你也看得太短了。"你这么一讲，一下子就把他全部否定掉，他很难接受。大家有没有觉得青少年有时候特别需要人家认同他？你认同他，不就顺着他的思路了吗？当然，讲话没有一定的模式，你要顺着那个互动，很自然。不要今天听完，像背公式一样，结果回去一用，对方没反应，没效。只要你是一心为他好，到时候会有很多很好的言语出来。

你说，"对你好很重要，好多久？"假如她接说，"好一辈子！""对，真有智慧。"假如你问好多久，她呆呆地看着你，那你就要接话了，"当然好一辈子最好！好一辈子的，一定是真爱，真爱不会变。"那你不就把什么是爱，不知不觉跟她沟通了吗？真爱不会变，而真爱的源头在哪里？孝顺父母。"夫孝，德之本也。"父子之爱，天性也。所以你要先观察这个男人对他父母孝不孝顺。而且真爱是情义的结合，所以男女走向夫妻，是情义的结合，不是欲望的结合。他真爱你，一定会为你着想，不会伤害你的身体，损害你的名节。一时的冲动，可能会造成堕胎，堕胎很危险，甚至以后就不孕了。他假如真爱你，他会不考虑这些吗?

再来，我们在引导的时候，要用孩子能体会的一些人生感受。因为有时候我们讲的都是自己，他会觉得那是你不是我。比方说我们可以跟她讲，你从小到大二十多年来，交过多少好朋友? 她说谁谁谁都是我的好朋友。请问现在有没有跟你在一起? 她说有几个，现在在美国、在哪里，或者失去联络了。人生的缘分，很难长长久久，难免会有缘聚缘散。这个男孩虽然有缘跟你谈感情，但不一定具备跟你走向婚姻的缘分。假如这个缘没具足，他又没有好好爱惜你，失了分寸，以后你找了一个对象结婚，你丈夫一打听，你以前跟某某男孩子怎么样怎么样，那你一辈子都不幸福。为你的未来考虑，这才是真正爱你的人。

诸位学长，这不是讲给女孩听，男孩也得听。这些话我们有没有去跟年轻人说过? 你没跟他说过，他不懂，他没想过。我们只在那里害怕，他们会怎么样怎么样，你得教他判断。比如你问她，他到底喜欢你什么?"喜欢我长得挺漂亮的。"他好你的色。你就要跟她讲，"以利交者，利尽而交疏；以势交者，势倾而交绝。"利、势变化莫测，都是过眼烟云。"以色交者，花落而爱渝。"因为美色不能一直保持。可能这个女孩会跟你讲，我管不了那么多，反正他现在喜欢我就好了。你可以顺着她讲，对，他现在喜欢你，但他假如遇到比你还漂亮的，他会不会又喜欢别人? 所以情感不是建立在欲、色跟利上。应该是什么?"以道交者，天荒而地老。"

当然，接着还要引导回来，你希望别人爱你，那你有什么值得别人爱的? 得让她了解要充实自己、提升自己，经营幸福美满婚姻的德行跟能力，而且你要告诉她一个人生真相，"龙交龙，凤交凤，老鼠的孩子会打洞"。假如再有学问一点，"有德此有人，有人此有土。""方以类聚，物以群分。"姻缘也是自己的心、德行感召来的，你假如重德，就会遇到能欣赏你德行的人；重色，当然吸引来的就是好色的人。

好，我们下节课再继续来看文章。谢谢大家!

孝悌忠信：凝聚中华正能量

第十六讲

尊敬的诸位长辈、诸位学长，大家好！

我们接着看《曹刿论战》。第一段是齐鲁要开战，曹刿想见他的君王。为什么要见？"国家兴亡，匹夫有责"，国家面临战乱，他当然要挺身而出。第二段，他见到庄公，**"问何以战？"**您凭什么打这场仗？您有什么把握打这场仗？我们弘扬文化也好，我们在不同的行业服务大众也好，面对这些因缘，我们也要懂得评估，要量力而为。在评估的过程当中有八个字很重要，"度德量力，审势择人。"从这场战争来讲，度德，一个领导者有没有德，影响到整个团体人心的团结状况；然后还要衡量自己有没有将领兵卒；谋略，是否具备天时地利；择人，谁当主帅？人存政举，这个人挑对了，他带领军队可以很有向心力；这个人错了，可能就全军败丧。这一仗是庄公亲自挂帅，所以曹刿问了庄公这个问题，庄公也开始思考。

"公曰：衣食所安，弗敢专也，必以分人。"让人感到舒适、美好的衣食，不敢独享，必定会分给需要的人。**"对曰：小惠未徧"**，这是小小的恩惠，而且它并没有普遍利益老百姓，**"民弗从也。"**人民不会跟从您去打这个仗。**"公曰：牺牲、玉帛，弗敢加也，必以信。""牺牲"**就是祭祀的三牲，牛、羊，还有猪。**"玉帛"**，**"玉"**是玉石，**"帛"**是丝织品，这些都是祭品。这些东西我不敢虚报，而且是用真诚的心来敬神。**"对曰：小信未孚"**，这个小的诚信还得不到神的信任。**"孚"**是取信、使信服。**"神弗福也。""弗"**就是不会，神不会降福。真正力行道德、爱民如子，神才会降福。

所以林则徐先生讲的"十无益"一开始就说，"父母不孝，奉神无益"。一个教书的人，当老师的人，不教好学生，奉神无益；一个政府官员，不好好爱护人民，把这个国家治理好，每天拜神也无益；我们每个人没有尽到自己伦常的本分，修行拜佛都无益。因为根本没了，就没有生命力，只是做样子给人看，那是形式的东西，最后就变成自欺欺人。所以传统文化重实质，尤其神明更不可欺，我们要依照神明的教诲，遵循天理去做，自然感得福报。《左传》就讲，"祸福无门，惟人自召。"

"**公曰：小大之狱，虽不能察，必以情。**""情"就是了解实情。大小的诉讼案件，虽不能一一明察，但一定尽我的忠诚，来求得这些案件的实情，不让人受冤枉。"**对曰：忠之属也**"，曹刿听了很高兴，这件事确确实实是忠于人民的表现，是真正忠于职守，爱民。"**可以一战。**"民心的团结其实是能不能作战的关键。假如民心都不团结，发生内乱，还怎么去打仗？为什么曹刿能从这一点分析出可以一战？

我们感受一下，人心跟监狱有什么关系。诸位学长，你们家里有没有打官司的经验？你可能被人家诬告了，那一段时间，为了证明自己是清白的，家里的人轻不轻松？这只是要洗刷自己的罪而已，假如是被诬告成死刑，这个家族会怎么样？像热锅的蚂蚁，能奔走赶紧去奔走，不能让自己的亲人就这样被诬陷。而在监狱里面的人，不知道自己的未来会怎样，可能很沮丧、很惶恐，会不会被误判？我能出这个监狱吗？这个时候假如真的帮他伸冤了，你看这个人，包括他的家族，会怎么感谢官员、感谢政府！传出去之后，老百姓一听，连那个受难的人政府都这么用心地帮他解困，就会愈来愈有向心力。

被诬告的人，那是很痛苦的。我们来看一篇文章。大家来体会一下这个感受。

子羔为卫政，刖人之足。卫之君臣乱，子羔走郭门。郭门闭，刖者守门，曰："于彼有缺。"子羔曰："君子不踰。"曰："于彼有窦。"子羔曰："君子不遂。"曰："于此有室。"子羔入，追者罢。子羔将去，谓刖者曰："吾不能亏损主之法令，而亲刖子之足。吾在难中，此乃子之报怨时也，何故逃我？"刖者曰："断足固我罪也，无可奈何。君之治臣也，倾侧法令，先后臣以法，欲臣之免于法也，臣知之。狱决罪定，临当论刑，君愀（qiǎo）然不乐，见于颜色，臣又知之。君岂私臣哉？天生仁人之心，其固然也，此臣之所以脱君也。"

孔子闻之，曰："善为吏者树德，不善为吏者树怨。公行之也，其子羔之谓欤！"

"子羔为卫政"，子羔叫高柴，小孔子三十岁，为人憨直忠厚，在卫国从政。"刖人之足。""刖"是一种刑罚，把人的脚切掉。他当官时把一个人的脚砍掉了。"卫之君臣乱"，卫国发生内乱，"子羔走郭门。"子羔赶紧走，"郭门"就是外城的城门。"郭门闭"，城门关起来，"刖者守门"，守门的人就是那个曾被砍掉脚的人。"曰：于彼有缺。"结果这个人跟他讲，那里有面墙缺个口，比较矮，你可以从那里爬过去。"子羔曰：君子不踰。"我学君子之道，君子不爬墙。命可以不要，教诲不敢忘。这是达到什么境界？屹立不摇。但学问还有一个境界，叫通权达变。所以以后大家遇到这个情况，跳也没有关系。不过我们要佩服他，我们平常没有人看到的时候，孔子的教诲就不知道去哪里了，他是危难关头都不敢忘，这是我们跟贤人的差距。

"曰：于彼有窦。"看他不爬，又告诉他，那里有个洞穴。"子羔曰：君子不遂。"君子不可以钻洞，有失威仪。两个建议都没有接受，结果追杀的人来了。"曰：于此有室。"这个人就说，这里有个房间，你先躲起来。"子羔入，追者罢。""罢"就是罢手而归。"子羔将去，谓刖者曰：吾不能亏主之法令，而亲刖子之足。"子羔准备离开的时候对这个人说，我不能违背国家的法令，亲自执行刑法，把你的脚切掉了。"吾在难中，此乃子之报怨时也"，我在危难当中，这是你报冤仇最好的时候，"何故逃我？"何故协助我逃走？

"刖者曰：断足固我罪也"，这是我罪有应得，"无可奈何。"这也是没有办法的事。"君之治臣也"，"君"是指子羔，您在审判我的案件的时候，"倾侧法令"，"倾侧"就是再三找方法、查法令，再三考虑用哪一个刑，"先后臣以法"，前前后后多次研究我这个案件，"欲臣之免于法也"，希望我能够减轻或者免于刑罚。古代为官者，都有一个称呼叫"父母官"，老百姓犯罪，就像自己的孩子犯罪一样，尽量想办法。所以《论语》当中讲道，"上失其道，民散久矣。"老百姓犯罪了，领导者不能一味地指责，要想方法帮他们减轻；更重要的，这些刑事案件愈多，愈要重视教育。恶习要改很难，所以"建国君民，教学为先"，要防微杜渐，禁于未发。

"臣知之。"我很了解这个情况。"狱决罪定"，这个罪最后确定了，"临当论刑"，要行刑的时候，"君愀然不乐"，您的表情非常难受，非常不安，"见于颜色"，都表现在脸上，"臣又知之。"我也知道。"君岂私臣哉？"您难道是偏爱我一个人吗？"天生仁人之心"，您是天生就有爱心，"其固然也"，本来就是如此。"此臣之所以脱君也。"这就是为什么我一定要帮大人您逃走。

"孔子闻之，曰：善为吏者树德"，"吏"就是当官的。当官很重要的是树立德行，一来爱护人民，二来为人民所效法，叫"恺悌君子，民之父母"。"言思可道，行思可乐，德义可尊，作事可法，容止可观，进退可度。"就是随时随地都在给老百姓做好榜样，树德。"不善为吏者树怨。"树立老百姓对他、对政府的埋怨，甚至是怨仇。

"公行之也，其子羔之谓欤！"公正的为人处世，这句话大概讲的就是子羔这样的人。子羔也行刑了，可是他却在树德。子羔有没有违背法律、原则？没有。我们在目前的社会，情理法常常不知道怎么兼顾，顺了人情，好像规矩破掉了；不顺人情，坚持规矩，好像又伤了很多人的心。这里就给我们启示了，规矩不能轻易动，动了规矩，流弊很大。"拜托，就给我一次机会，就这一次，一次就好了。"他走后门。请问大家，真的就一次吗？曾经走一次后门的，以后不来找你了吗？不可能，他已经尝到甜头，以后一有机会还会再来。

再者，请问这件事会不会传出去？传出去了，你怎么立足？甚至于其他的人也来走后门。你很仁慈，可是"慈悲多祸害，方便出下流"，会给自己跟单位制造很多麻烦。我们再想想，这对那个走后门的人好吗？不好。为什么？第一，他占了正常渠道人的便宜。损不损阴德？那是用福报做坏事，怎么会不损阴德！再来，走后门进来的人，他面对事情的态度对不对？他以后什么事都找关系，一辈子能力很难起来。自己争取来的，会很珍惜；不是自己争取来的，很容易就糟蹋这个因缘机会。

所以事实上，坚持原则才公平，才对每一个人好。可是人情又不能太抵触，怎么做？原则坚持了，其他的做到仁至义尽。子羔做到了，他守了原则，而且对方知道你已经尽力了，不会再为难你。而当你整个过程尽心尽力帮他，他感动，会记忆很深刻。从这个故事，我们再回到《曹刿论战》。

曹刿听完，说可以一战，"**战，则请从。**"作战的时候，请国君允许我跟着去，"**从**"就是跟随。这一段是提醒我们，领导者确实要培德，才有人民的团结、凝聚。"**公与之乘，战于长勺。**"庄公让曹刿跟他坐同一辆车。"**公将鼓之**"，庄公想要击鼓，击鼓为进兵的信号。"**刿曰：未可。**"曹刿讲，还不行。"**齐人三鼓**"，齐国的军队已经鼓了三次，"**刿曰：可矣。**"现在可以进兵了。"**齐师败绩。**"齐国军队被打个大败。"**公将驰之**"，"驰"就是驱车追赶。"**刿曰：未可。**"还不行。"**下，视其辙**"，他首先下车看一下车轮辗过的痕迹，"**登，轼而望之**"，登上车，扶着车前横木眺望齐国军队的状况。"**曰：可矣。**"好，可以追了。"**遂逐齐师。**"把齐国军队完全逐出去。

"**既克，公问其故。**"战败了齐军，庄公就请教他，为什么这么做？"**对曰：夫战，勇气也。**"作战能不能胜，勇气是一个重要的基础，有一股不怕死的勇气就容易战胜。"**一鼓作气**"，一般第一次击鼓，军队士气最高。"**再而衰**"，第二次击鼓，士气就稍微衰退一些，这是很正常的心理状态。"**三而竭。**"敲了三次，还没真打，"杀——"好像喊得有点没气了。所以这一场胜仗，也是因为曹刿有智谋，很冷静，抓住这个契机点。"**彼竭我盈**"，"彼"是指齐军。齐军的士气已经衰耗了，而我们第一次鸣鼓，正是士气最饱满的时候。"**故克之。**"所以能够战胜他们。

"**夫大国难测也**"，齐是大国，比鲁国大很多。"难测"就是虚实还难以琢磨。"**惧有伏焉。**"害怕有埋伏。"**吾视其辙乱**"，我看他们军车走的痕迹非常混乱，确实是惊慌失措。假如是故意打败仗，退的时候还是很有规矩。"**望其旗靡**"，又看他们军队乱得一塌糊涂，旗子都倒了。所以从车痕，从他们军队旗帜的状况，可以确定是打败仗，没有埋伏。"**故逐之。**"所以追击他们，就打胜仗了。

《左传》的文章写得很精彩，都是层层推进、环环相扣，读起来很有味道，对我们的人生也有很多启示。第一段，"肉食者鄙，未能远谋。"《谏太宗十思疏》，大家有没有想到哪一句？"不念居安思危，戒奢以俭。"其实"肉食者"这三个字已经在暗示，他们都是高官，生活都很富裕，慢慢地没有危机意识，就很难为国家深谋远虑。所以顺境容易淘汰人，逆境才能磨炼人，"生于忧患，死于安乐。"

我们这个时代是不是有史以来物质最丰沛的时候？是。可是我们的下一代呢？最惨的一代。全世界现在最头痛的问题之一，就是下一代的教育问题。孩子都在安逸当中享乐，我们教过他们勤俭、刻苦这些态度、德行吗？"忧劳可以兴国，逸豫可以亡身。"其实奢侈本身就是不懂礼，人一放纵就是不懂礼。为什么？不爱惜资源，对物品不尊重，糟蹋。再来，人也不尊重自己，都变成欲望的奴隶，怎么会尊重自己！

我们冷静来看，世界上很多社会问题的原因在哪里？一来是掌权的人无德；另外是社会大众奢侈，没有量入为出，花钱花得凶。这些情况假如继续恶化，我们的孩子以后还能这么花钱吗？是不是该调整调整，刻苦、勤奋一点，居安思危！所以我们这个大时代，其实是最需要深谋远虑的时代。因为我们遇到的是空前严重的问题，而我们的危机意识却是有人类以来最迟钝的。

我们面对最大的危难，却最没有敏感度，只想着明天吃饱就好，我这个月薪水发下来就好。谁在想怎么让下一代还能生存下去、真正学到伦理道德这些做人的根本？讲到这里，我就对马来西亚校长职工会肃然起敬，让全国的华小接受《弟子规》圣贤的教诲，这不简单！现在哪一个国家不是拼经济，重利轻义？而且只看眼前利，看得很短。以前的人为什么不轻易离婚？因为想到自己的孩子。现在的人为什么这么轻易就离婚？他不考虑那么多，好恶情绪特别强烈。其实都是功利的思想观念侵蚀了我们的心，现在人想到的多是自私自利，而不是道义，这是最大的危机。所以怎么扭转整个大自然的破坏？转变人心是最根本的，把伦理道德因果教育普遍传递开来。"能以身任天下后世者，天不能绝。"

"君子安而不忘危"，这个态度非常重要。人没有忧患意识，就像温水煮青蛙，青蛙很温暖、很舒服，最后被煮死了。真的，人过安逸的生活，欲望就不知不觉地膨胀。下一代没有勤俭的态度，都是享受，他就懒惰，就不感恩。我们的爸爸妈妈勤俭，又特别感恩，又特别有责任心，都是从刻苦当中形成的德行。所以假如你们家很有钱，不要让孩子知道，这才是有智慧。孩子三四岁坐在车上就想，以后我妈的钱是我的。养个败家子，三四岁就在打父母财产的主意，家长还觉得小孩子好可爱，这就是没有防微杜渐的洞察力。真的，有钱，最保险的是放在哪里？放在阴德里面，"积善之家，必有余庆。"

"子曰：人无远虑，必有近忧。"人没有深远的思虑，必然遭遇不可预测的忧患。现在的人，往往夫妻、孩子、亲人之间出现一些状况，就会措手不及，甚至于很难接受，怎么我儿子会这样？怎么事情会这样？其实这些事，可能三年五年前都有征兆了，看不到，都没有去分析、去思考，都忽略了。为什么现在的人警觉性这么差？名利心太重，观照能力、觉察力就低。所以欲令智迷，利令智昏，是真的，不是假的。

《韩诗外传》里面有一个故事，有一个小偷到一个大户人家偷金子，光天化日之下当场被活捉了，把他押到县衙，县太爷很纳闷，你大白天到大户人家偷东西，这么多人，你没看到吗？他说，有吗？我只看到金子。这个故事，很值得人深思。现在的人重名重利，什么都没看到，只看到钱而已，或者只看到升官。孩子需要什么、家庭需要什么、父母需要什么，他可能麻木不仁，没有那个感同身受的心，都被欲望给障住了。所以这句话提醒我们，做事目标要远大、要有远虑，办事要周详，还要预防流弊，这么做了，后面会不会有副作用、不良影响？人要清醒到这种程度，要很冷静。其实只要无欲，人就能无私，就能冷静。只要有欲了，就很难无私，很难客观。所以要成就事情，还得从格物开始。

做人，我们学的是修身齐家治国平天下。既然要修身齐家治国平天下，就要想得远。怎么经营我的家族、团体，怎样给这个社会带个好头，这是远虑。现在商场没有商道，社会危难，从我开始。现在社会缺乏伦理道德，从我的小区开始来落实伦理道德，给天下做榜样。把我们学的修齐治平真正落实在我们这一生。随分随力，在自己的小区开始做，不分彼此，由我无私来奉献，我带头。整个小区，大家是生命共同体，下一代都在这个环境成长。这个环境充满人情味、充满道德、充满热心，有哪个住户会反对？但还得有人带头，把这个风气带起来。

所以这个远虑，就是很深远地为国家社会、为民族着想，而不只是我做个好人就好了。孔子讲，"汝为君子儒，无为小人儒。"心量要够大，希望把自己的家庭跟单位搞好，能够带动社会良善的风气。商道从我开始，师道从我开始，医道从我开始，君道从我开始，夫妻道从我开始，媳妇道从我开始，丈夫道从我开始，孝道、为人父之道、为人母之道从我开始复兴起来，这样就对了。我们假如还不能这样远虑，下一代能不能承传文化，能不能继续生存在这个地球上，都是个问题。我们出现在这个大时代，要不怨天、不尤人。孔子就是这样，"下学而上达"。"下学"，学伦常道理，从所有人事物当中明白这一生的责任在哪里。"上达"，达天命，知道这一辈子不能混，该干什么重要的事。

"士不可以不弘毅，任重而道远。""为天地立心，为生民立命，为往圣继绝学，为万世开太平。"每个人曾经发的愿，一定要圆满，不然就不守信用。其实人生很有意思的，以前我总想着要做生意赚钱，怎么干到最后还得回来当老师。所以，该你干的，跑都跑不掉，老实一点，欢欢喜喜去做，干了以后，心里特别踏实，这就是孟子讲的"仰不愧于天，俯不怍于人"的那种快乐。

讲到这里，我们来看看《易经·系辞下传》中的几段话。

> 子曰："危者，安其位者也。亡者，保其存者也。乱者，有其治者也。是故君子安而不忘危，存而不忘亡，治而不忘乱，是以身安而国家可保也。"《易》曰："其亡其亡，系于苞桑。"
>
> 《易》之兴也，其于中古乎? 作《易》者，其有忧患乎?

"**子曰：危者**"，什么是危险的状况? "**安其位者也。**"就是安居其位，作威作福。每一个位置是要服务人、带领人的，位置愈高，责任愈重，所以要考虑得深远，老百姓还没担忧，就先担忧了，这样就能提早教化老百姓，百姓就不会有那些忧患跟痛苦。所以假如地方政府知道夫妻相处很重要，每一对夫妻结婚以前先上课，那就是政府在尽职责。教化人民，是所有有权力的人，不管你是公家还是私人，应该尽的责任。

"**亡者，保其存者也。**"会危亡的是什么情况? "保其存"就是自以为能长久保存，没有危机意识，沾沾自喜。"**乱者，有其治者也。**"最后为什么会混乱? 自以为已经太平了。我们看很多要亡国的都是粉饰太平，那个亡国之君还在那里载歌载舞，旁边的人都只讲好话，不给他讲实话，他自己也没有用心去了解状况。或者是真正不错，他自满了，你看，我的成绩比以前的都好，比古人都好。人一自满，德行能力就上不去，谏言听不进去，乱就要来了。所以人要时时觉得不足，要战战兢兢，才会不断提升德行跟能力。为什么说少年得志大不幸? 年纪轻轻就觉得自己不可一世，一直守在自己以前那个成绩里面，跳不出来。

"**是故君子安而不忘危**"，即便在安定的社会，他也不忘会有危难，居安思危。有一位官员参与了整个国家社会的经济建设，民众一直在歌颂这些发展。结果三十年之后，他说对不起国家，因为他掌权的时候，不断地追求经济，却忽略了教育。现在他觉得有愧! 所以必须要在富裕的时候，看到危险在哪里，不能忘了人心是本，教育是本。"**存而不忘亡**"，生存得不错，不忘灭亡的危险。"治而不忘乱"，虽然太平，却不敢忘了随时有可能会动乱。"是以身安而国家可保也。"自身平安，还能把国家治理好，都来自于谨慎的态度，居安思危的态度。

"《易》曰：其亡其亡，系于苞桑。""其亡"就是或许会有危亡，或许会有危险。常常这么警惕的人，因为有危机意识，反而很安全。"系于苞桑"，比喻就像绑在丛生的桑树上一样，很稳，不会倒。反而是每次都说没事没事，其必有事。是不是这样？你看很多人，"没关系"，"没问题"，最后都一大堆问题。因为他把事看得太轻松、太容易，没有那种慎重、戒慎恐惧的心，就做不好事情。

第二段提到，"《易》之兴也"，《易经》的兴盛，"其于中古乎？""中古"就是商末周初这段时间。"作《易》者，其有忧患乎？"周文王是在监狱里面作的《周易》，所以它含有很高的居安思危的警觉性。为什么《易经》可以趋吉避凶，不是没有原因的，它都洞察得很深远。比方坤卦，"履霜坚冰至"，一个人踏着薄薄的霜，什么不远了？冬天的坚冰。他可以洞察机先、见微知著，有这个谨慎，有这个能力、智慧。

《说苑·敬慎》中有一篇文章，说的是当官的人要很谨慎。

孙叔敖为楚令尹，一国吏民皆来贺。有一老父衣粗衣，冠白冠，后来吊。孙叔敖正衣冠而出见之，谓老父曰："楚王不知臣不肖，使臣受吏民之垢，人尽来贺，子独后来吊，岂有说乎？"父曰："有说。身已贵而骄人者，民去之；位已高而擅权者，君恶之；禄已厚而不知足者，患处之。"孙叔敖再拜曰："敬受命，愿闻余教。"父曰："位已高而意益下，官益大而心益小，禄已厚而慎不敢取。君谨守此三者，足以治楚矣。"

"孙叔敖为楚令尹"，"令尹"就是丞相，就是君王底下最高的行政长官。"一国吏民皆来贺。"官员、老百姓都来祝贺。"有一老父衣粗衣，冠白冠"，"粗衣"就是很粗糙的衣服，"白冠"，那是吊丧的。"后来吊。"他还来得比较晚。所有的人来祝贺，突然有一个人穿丧服来吊丧，假如是你今天升官，看到这一幕会怎么样？你看贤人不一样，看到老人来了，不管他是什么用意，最起码要尊重。

"**孙叔敖正衣冠而出见之，谓老父曰：楚王不知臣不肖**"，楚王不知道我不贤，还让我做令尹，实在很惭愧。"**使臣受吏民之垢**"，"垢"就是诟病、指责。让我接受吏民的指责。这是"治理吏民"的一种谦虚的说法。"**人尽来贺**"，所有的人来祝贺，"**子独后来吊，岂有说乎？**"只有您来吊唁，您是不是有什么要指教、要给我提醒的？"**父曰：有说。**"有些建议。"**身已贵而骄人者，民去之**"，自己富贵而骄傲，那老百姓会舍弃他。其实，所有领导者、有地位的人都要省思，有了地位，造福于人，造福于学生，造福于员工，而不是在那里作威作福，傲慢不堪。"**位已高而擅权者**"，有高位的擅用职权，"**君恶之**"，君王会厌弃你，会罢黜你，这样也对不起领导的信任。"**禄已厚而不知足者，患处之。**"自己的俸禄已经很厚了还不知足，最后贪赃枉法，就要遭受灾祸了。而且在高位，"尔俸尔禄，民膏民脂"，怎么可以贪？怎么可以糟蹋？"下民易虐，上天难欺"，这些积下来的恶，老天爷都记住了。弄权一时，凄凉万古。

"**孙叔敖再拜曰：敬受命，愿闻余教。**"人家穿着丧服来，还这么直截了当警告他，孙叔敖很欢喜，恭恭敬敬接受老人的教训，请他继续讲。"**父曰：位已高而意益下**"，位置愈高，愈要谦虚。"**官益大而心益小**"，官位愈大，决策影响的面愈广，愈要小心谨慎，不可马虎。"**禄已厚而慎不敢取。**"俸禄已经很多了，不敢再多取国家的一分钱。"**君谨守此三者，足以治楚矣。**"守住这三个原则，就能治理好楚国。为什么？因为他以身作则，身修家齐国治。最后，在孙叔敖的治理之下，楚国大治。谁有功劳？这位老人功劳很大，这是国家民族的救星。所以，所有掌权者要有孙叔敖这样的心境，才能真正尽好自己的本分，才能让国家免于危难。

好，这节课就跟大家先讲到这里。谢谢大家！

孝悌忠信：凝聚中华正能量

第十七讲

尊敬的诸位长辈、诸位学长，大家好！

几千年来我们的老祖宗说"寓教于乐"，所有的艺术都含摄伦理、道德、因果在里面。所以，我们不得不佩服我们的祖先。汤恩比教授说，解决二十一世纪的社会问题要靠孔孟学说跟大乘佛法，所以我们面对这个大时代，要共同担起这个使命。

所以师长是我们的榜样，最近老人家搜集了两套书，大力弘扬。一套叫《群书治要》，唐太宗那个时候编出来的一套治国宝典。后来传到日本去了，到了清朝，又从日本传回中国。《群书治要》非常精辟地记录了几千年治理天下的这些道理。另一套书是《国学治要》，收录了《四库全书》的精华。我们有五千年的智慧，五千年的经验，五千年的方法，五千年的效果，不管是治家还是治国，这都是全世界最高的智慧。我们要行道、做出来，进而给世界信心，把中华文化向世界弘扬开来。

我记得自己在念高中的时候，大学联考考得不好。因为我大学联考前一天都睡不着觉，太紧张了，得失心很重。其实得失心很重是近因，大家知不知道远因是什么？远因就是没有福报。有福报的人怎么考都考得好，没福报的人平常模拟考都很好，正式考试就考不好。为什么没有福报？我们现在思考问题，都会一直往根源去想，君子务本。"求木之长者，必固其根本。欲流之远者，必浚其泉源；思国之安者，必积其德义。"我们祖先几千年的思维，都是从根本去思考问题。比方医学，"不治已病治未病"；政治，"不治已乱治未乱"。各个行业都务本，强调的都是商道、医道、师道、君道、臣道，都抓本分，抓根本。

请问大家，现在各行各业重视什么道？金钱之道。本末倒置！我们是不是中国人？我们是不是中华民族的儿女？黑头发、黄皮肤，但如果思维都是自私自利，那我们不是真实的中华儿女，甚至我们的行为是在侮辱我们这个民族。所以这一生能明白自己的问题在哪，心里比较踏实。所以为什么我大学联考考不好？因为从小看同学考试考得比我好就嫉妒，考得比我差就高兴。那时候也没读《朱子治家格言》，幸灾乐祸，无形当中就折了很多福，考试就考不上。后来明理了，心念一转，不要自私自利，要处处为人着想，"君子成人之美，不成人之恶"，念头一转，怎么考都考得还不错。所以祸福在哪？一念之间。

虽然我大学联考考得不是很好，但是告诉大家，我有一科是全班第一名，哪一科？三民主义。近代一百多年的思想，尤其重视民主的发展，重视制度宪法的设计，花了很多精神，不知道多少专家学者在那里研究。请问大家，国家跟社会愈来愈安定了吗？努力不一定会有好结果。这一句话，大到治国、治天下，小到治家。请问大家，这五千年来，哪个时候的父母花最多时间教小孩？我们这一代。请问大家，五千年来，哪一代教得最不好？付出的心力应该跟成果成正比，为什么成反比？本末倒置。治家的本在哪？治国的本在哪？德者本也，人存政举，有德的人才是国家社会最重要的基础，而时间都耗在枝末上。只要有好人，他自然就能够用到好的制度，可是没有好人，制度再好，变成政客玩弄的工具。

所以我们学习传统文化、学习古文，学习的是什么？智慧。"治国经邦，谓之学。"这才是真实学问。"修身、齐家、治国、平天下"，这叫学问。记一大堆经句跟知识、词汇，那是玩弄文章。"安危定变，谓之才。"能够在家庭社会、民族危难之际扭转乾坤，这叫才能。各个国家都说，宪法是国家的大根大本，没错，法者，国之本也。但什么是法之本？人者，法之根源也，宪法、制度是人来用的，得要有好人！这个人是指什么？圣贤君子。圣贤君子来带领人民，国家就有福，叫人存政举。《才德论》中讲，什么才是真正的人才？"德者，才之帅也。"所有的才能要为他的德行所用。所以，人才是本。什么是人才？有德的才是人才。我们现在家庭教育、学校教育、社会教育，有没有把道德教育摆在第一位？所以本末不能倒置！

治国，要从我们的经典中才能真正找到问题根本解决的方法。所以我们自己要先深入中华文化，才可以去帮助其他不同的民族、国家。大家有没有突然觉得肩膀有点重？用心去领受就不会觉得重，会觉得什么？会觉得很幸福。为什么？这一生没白来，踏实，有意义。人就怕上了年纪，觉得这辈子没干一件有意义的事，那个时候才觉得很沮丧、很没意义。

我们祖先的教诲里面有没有平天下的智慧？有！大家看唐朝时候，各个种族跟宗教融合在一起，这么和谐。历史记载，唐朝时有的国家的语言要经过九次翻译，皇帝才听得懂，然后皇帝回答要再经过九次翻译给那个人听，大家看当时整个汉文化影响的国家民族有多少。唐朝那个时候各个民族的文化都在神州大地弘扬，没有冲突，而且丰富了我们本有的文化。我们的文化兼容并蓄，所以怎么样让天下太平？师长曾告诉我们，宗教与宗教和睦相处，政党与政党和睦相处，种族与种族和睦相处，国与国和睦相处，这四个做到了，世界就能和平。而这个重点在哪？要平等对待，不能有高下，不能批评，不能瞧不起人。

宗教与宗教和睦相处，在我们这个时代非常关键，因为宗教徒非常多，如果宗教徒有使命感，他接受这些经典的教诲，愿意去承担这些使命，宗教和睦了，能带动整个伦理道德的复兴。可是假如宗教徒之间不和谐，不只不能带动社会道德的复兴，甚至还会产生副作用。为什么？非宗教徒一看，你们说仁慈博爱，结果你们彼此都相处不好。请问，他们会相信宗教徒吗？会相信宗教的经典好吗？所以宗教之间不和睦相处，那是宗教徒用自己的行为玷污了宗教神圣的教诲，不只没有功还有罪过。

那怎样宗教与宗教才能平等对待、和睦相处？找到下手处，这个问才有意义。大家看，颜回好学，而且他很会问。颜回问孔子怎么样做到仁，孔子说，"克己复礼为仁"。首先要克除自己这些习气，克除习气是自爱，不能让自己变成欲望的奴隶、习性的奴隶。自爱进而爱人。我们还有这么多贪心傲慢，不要说去爱人，人家跟我们一接触，就被我们伤害了。所以孔子讲"克己复礼"，一个人克除习气，就能恢复对人的恭敬、对人的爱心。颜回接着问，"请问其目"。请问落实在生活工作、处事待人当中，从哪里下手？大家有没有经验，听到一个很好的道理，"太好了，太好了！"结果一回到家，不知道从哪里做。我们要学颜回，善学，学的都是实实在在的，没有虚的东西。孔子回答："非礼勿视，非礼勿听，非礼勿言，非礼勿动。"所接触到的，看到、听到的，只要会影响自己的恭敬心，会让自己起邪念的都不接触。因为一接触这些东西，邪思邪念很多，我们看到人哪能对人家尊重？那就谈不上尊重，谈不上爱护了。

　　所以，还得从自爱下手，只要会污染自己的东西，都不碰，要有自知之明。比方说我们今天一起学习一个礼拜的中华传统文化，一个礼拜之后去看一场战争片，一个半小时，或者去逛百货公司，琳琅满目的商品。请问大家，一个礼拜学的东西还剩多少？七天的道理已经抛到九霄云外了，可能什么贪念都起来了。这个时代要记住，"非礼勿视，非礼勿听"，不要随波逐流。我们还是要有判断力，怎么吃是对的，怎么穿是对的，不能人云亦云。"非礼勿言"，只要自己情绪已经起来了，最好别讲话。为什么？我们已经对人不恭敬、情绪用事了，这个时候赶紧先离开现场，深呼吸一下，调整调整，心平气和才可以讲话，不然言语也是失礼。还有"非礼勿动"，起心动念不可以违背性德，违背性德叫自暴自弃，就不自爱了。从颜回跟夫子这段对话，我们要学会举一反三。有人告诉我们任何一个好的道理、好的理念，我们马上提醒自己，从哪里下手，《论语》这段话就利益我们一辈子。

　　我们都知道宗教和平很重要，从哪里下手？不同宗教互相学习彼此好的文化。因为我们学习了就会互相尊重、互相欣赏，进而互相沟通，然后和而不同。互相学习，互相切磋，但保留不同的部分，这就是君子处事的风范，"君子和而不同"。而那个共同的部分，可能就是所有学习经典的人共同的责任。在我们这个时代，我们有责任把共同的伦理道德因果教育弘扬出去，这是所有学圣贤智慧的人应该有的使命感。大家看师长到天主教去讲《玫瑰经》，讲得很好，他们都印光盘流通学习；现在道教流通很多师长讲的《太上感应篇》。从这里我们要学到师长胸怀天下的这份心境，见到了，能做多少，尽心尽力，不分宗教，不分种族。

《耶稣基督嘉言录》里面提到，"虚心的人有福了，因为天国是他们的；温柔的人有福了，因为他们承受土地。"大家要举一反三，这一句话另外一个意思就是，傲慢的人悲惨了，傲慢的人要接受审判了；脾气大的人没福了，太刚硬的人没福了。"怜恤的人有福了"，怜悯别人的人，有慈悲心的人有福了。"清心的人有福了"，清心寡欲的人，知足常乐的人有福。"使人和睦的人有福了"，我们一开口，要化解人与人之间的冲突。如果增加人与人之间的对立冲突，言语就造孽了。"为义受逼迫的人有福了"，你为了道义，还被人家欺负，没关系，人欠你，天还你。"人若因我，辱骂你们、逼迫你们、捏造各样坏话毁谤你们，你们就有福了，你们应当欢喜快乐。"你们最近有没有被人骂？有就恭喜你，业消掉了，福快来了。"凡向弟兄动怒的，难免受审判；凡骂弟兄是'拉加'（叙利亚语，一无所知的意思）的，难免公会的审断；凡骂弟兄是'魔利'（傻瓜）的，难免地狱的火。"所以不能瞋恚、不能动怒、不能骂人，这些都要接受审判。大家看，这跟我们老祖宗教的都一样，都是相通的。彼此了解，互相学习，互相尊重就和谐了。

"你在祭坛上献礼物的时候，若想起弟兄向你怀恨"，本来要去献礼物给上帝、给基督，但想到你做的事让人家不平、让人家埋怨，"那就把礼物先留在坛前，先去同弟兄和好，然后再来献礼物。"这个好！能够得福的是什么？是依教奉行的人，不是献礼物献得多的人。所以依教奉行才是真正的供养，实质大过形式，西方宗教也是这么教的。林则徐先生说的，"父母不孝，奉神无益；存心不善，风水无益"。

还有一句很好，"只是我告诉你们，要爱你们的仇敌，为那逼迫你们的人祷告。"大家想一想，假如人们都深入这些教诲，现在哪有国家跟国家的战争？哪有那些纷乱？都是不听话造成的。"这样就可以作你们天父的儿子"，这叫好儿子。"因为，他叫日头照好人，也照歹人；降雨给义的人，也给不义的人。"这就是学习上天平等的慈悲。"你们要小心，不可将善事行在人的面前，故意叫他们看到。"这是心法。《朱子治家格言》说，"善欲人见，不是真善。""善欲人见"，那是带着名闻利养的心，要发自内心去行善；做样子给人家看，那变伪君子了。

"你们不要论断人，免得你们被论断。"你看这不是"种瓜得瓜，种豆得豆"吗？用《弟子规》讲，叫"人有短，切莫揭，人有私，切莫说"。"因为，你们怎么论断人，也必怎么被论断；你们用什么量器量给人，也必用什么量器量给你们。"这就是因果的道理。《大学》讲，"货悖而入者，亦悖而出；言悖而出者，亦悖而入。"你讲骂人的话，过不了多久，收回来的就是人家骂你。所以曾子就讲明白了，"出乎尔者，反乎尔者也。"你爱心出去了，因缘成熟，人家的爱心就回到你身上；你的怒气出去了，时节成熟，人家的拳头就挥回来了。所以有一句俗话叫"打人就是打自己，骂人就是骂自己"，很有道理。

"为什么看见你弟兄眼中有刺，却不想自己眼中有梁木。"梁木就是很粗的木头。我们都是拿着放大镜去看别人的缺点，拿望远镜看自己的缺点。其实可能我们比人家不好，还尽挑别人毛病。我们老祖宗讲，"工于论人者，察己必疏。"很会论断别人的人，看自己的问题看不清楚。子贡口才最好，有一天子贡批评人，"子贡方人"。"子曰：赐也，贤乎哉"，子贡，你很贤德了吗？"夫我则不暇。"我对治自己的毛病时间都不够，哪还有那么多的时间去论断别人的长短？夫子这些教诲、心境很值得我们学习。夫子说，"德之不修，学之不讲，闻义不能徙，不善不能改，是吾忧也。"每天担心的是道德、道义有没有做到，自己的缺点有没有改过来。这是圣人用功的地方。

"你们愿意人怎么待你们，你们也要怎么待人。"爱人者人恒爱之，敬人者人恒敬之。"掩盖的事，没有不露出来的；隐秘的事，没有不被人知道的。""若要人不知，除非己莫为。"《中庸》讲，"莫见乎隐，莫显乎微。"从一些小动作就可以看到一个人内在的状况，骗不了人。俗话又讲，"举头三尺有神明"，更骗不了神明。"我弟兄得罪我，我当饶恕他几次呢？

到七次可以吗？"有人问耶稣这个问题，耶稣就讲："我对你说，不是到七次，乃是到七十个七次。"四百九十次，不简单！包容人四百九十次，我看浪子都回头了，顽石都点头了。《德育课本》里面，张公艺先生家里九代同堂，皇帝问他，你怎么治理这个家的？他在纸上写了九十九个字，九十九个"忍"字。家里的人做的事情实在忍不住了怎么办？再忍，能忍九十九次，我看事情早解决了。忍到第九十九次，那个功夫已经修到什么事都忍得了，都包容得了。

"有一个人来见耶稣说：我该做什么善事，才能得永生？"要求这么圆满的果，因是什么？应该做什么事情？耶稣对他说："你为什么以善事问我呢？只有一位是善的。你若要进入永生，就当遵守诫命。"哪些诫命？"不可杀人、不可奸淫、不可偷盗、不可做假见证。当孝顺父母，又当爱人如己。"你看完全是我们儒家讲的孝道、仁爱之道，而且包括什么？五常。不要杀人，仁；不要偷盗，义；不要做假见证，信；不要奸淫，礼、智都包含在里面。这跟佛家讲的不杀生、不偷盗、不邪淫、不妄语、不饮酒都是相应的，确实是英雄所见略同。了解了这些，还互相不信任、互相批评就没有道理了，那也是造口业。

所以从我们开始落实，学习不同的种族、宗教好的文化，赞叹他们的文化，尊重他们的文化，很多纷争就没有了；再共同来推展伦理道德因果教育。《孝经》讲，"敬其父则子悦；敬其兄则弟悦；敬其君则臣悦。"敬耶稣基督，则基督教徒悦；敬圣母玛利亚，则天主教徒悦；敬安拉，则伊斯兰教教徒悦。这些经典很活，无量义在里面，从我们能真正对一切人礼敬做起。我们今天学习传统文化，每个人的收获不同，根本在哪？在我们心的真诚恭敬。愈真诚恭敬，收获就愈大。所以我们一起学习古文，这些都是千古文章，我们要带着诚敬的心来领受老祖宗的教诲。

五千年的文化当中，我们最熟悉的是五经，五经当中最悠久的是《易经》，六十四卦。之前跟大家提过"鼎卦"，三足鼎立。但是我们假如没有量力而为，这个鼎可能足就折掉了，菜肴就翻了。这一卦还提醒我们做什么事情要度德量力，不可硬撑，不可轻诺。"泰卦"，地天卦，地在上、天在下。明明天在上、地在下，怎么这一卦是地天卦？什么表天？什么表地？在夫妇关系里面，男子表天，女子表地。这一卦就是告诉我们，太太站在先生的角度想一想，先生站在太太的角度想一想，互相设身处地就通了，阴阳相济，就不会隔阂了，这叫"否极泰来"。"否卦"叫天地卦。天都是想着他自己，地也想着他自己，没办法沟通。有一位太太，以前就常常抱怨她的先生：我付出这么多，怎么先生都不多体恤我一点。结果有一天她转了个念头，不能把先生只当做我的先生，这是占有！先生不只是我的先生、我的丈夫这个角色，他还有哪些角色？他还是人家的儿子、人家的大哥、人家的弟弟、人家的父亲，可能他还是人家的领导、人家的老师，各种角色，他都得去尽他的本分，怎么可以要求他只专注我这个部分？要体谅先生的不容易，甚至是夫妻一体去成就彼此的德行跟本分。念头这么一转，从抱怨就变成体恤了。这就是一念之间，否卦就变泰卦了。

所以诸位学长，否极泰来在哪里？在我们的一念之间。请问大家，现在内心里面还有没有对哪一个人有怨？假如内心没有埋怨，任何一个人都不怨了，笑起来应该像婴儿般的笑容。你看小朋友，你刚骂完他，过三秒钟，他就跟啥事都没发生过一样。我那时候在小学教书，刚训完学生，下课他回去收拾书包，才过了三十秒，他看着我，"老师拜拜！"我还转不过来。所以心里没有装这些拉里拉杂的东西，那种天真、淳朴就表现出来了。所以《易经》里面的义理给我们的启发非常大。

上一次跟大家谈到《曹刿论战》，曹刿要去见君王，他的乡人就说"肉食者谋"，你干吗去凑热闹？他说"肉食者鄙"。这就提醒我们，人在顺境当中，在福分当中，很难守得住，容易堕落。其实我们最近学的，都表现出这个精神。包括《谏太宗十思疏》，"夫在殷忧，必竭诚以待下；既得志，则纵情以傲物。竭诚，则胡、越为一体；傲物，则骨肉为行路。"人习气一起来，傲慢一起来，就要败了，败相就露了。所以怎么样才能永保吉祥，这个学问要不要学？

有一次鲁国国君问孔子，我听说把房子往东边盖不吉祥。孔子实在是尽忠到极处，抓住每一个机会把治国的大道告诉他。孔子说，我只听过，圣贤人讲五点不吉祥，没听过房子往东边盖不吉祥。哪五点？"损人自益，身之不祥。"一个人自私自利就折福了，灾祸很快就来了。"弃老而取幼，家之不祥。"一个家庭里面忽略老人，不孝顺老人，都围着小孩转，宠爱他，家之不祥。"释贤而任不孝，国之不祥。"贤德的人不用，都找那些谄媚巴结，只会说大话的人，国之不祥。尤其民主国家选举领导人，你会选吗？投票投错了，你选出来的人，你要负因果责任！所以我们投票要战战兢兢，如临深渊，如履薄冰，选出来的国家领导人贪污，你有罪过；选出来的国会代表打架，你要背因果责任。

怎么选好人？依《论语》来选，依经典选。《论语》讲，"巧言令色，鲜矣仁。"很多人都喜欢挑口才一级棒的，结果在国会里面骂人骂得特别凶，下一代很难教，因为他们是公众人物。《论语》又讲，"孝悌也者，其为仁之本与。"挑好人，要挑仁爱的人，要看他孝不孝顺父母，友不友爱兄弟。所以古人懂，举孝廉，孝则有德行的根本，廉就不贪污，孝廉是做人做事的大根大本。第四点提到，"老者不教，幼者不学，俗之不祥。"整个社会的风俗为什么不吉祥？因为上一代没有把这些伦理道德因果教给下一代。最后，"圣人伏匿，愚者擅权"，圣贤的教诲没人学，觉得落伍，功利主义的思想横行，那些专谈杀盗淫妄的书、电视节目受热捧，"天下不祥"。

所以转变灾祸，就要从承接这些智慧开始。我们都清楚习气一起来，灾祸就要来了。那怎么样保持这一生没有灾祸，都是吉祥？《易经》六十四卦里面只有一卦全都是吉祥的，就是"谦卦"。"谦卦六爻皆吉，恕字终身可行。"从这一句当中，我们体会到谦虚、恭敬、谨慎才能不招感灾祸，才能吉祥。所以礼让、忍让、谦让，这些德行是一个人趋吉避凶的关键所在。

我们接下来看几篇文章，体会一下谦虚谨慎的重要性。这几篇文章都是从刘向《说苑》节取出来的。《说苑》汇集了汉朝以前很多圣贤留下来的教诲，很精辟。

> 存亡祸福，其要在身。圣人重诫，敬慎所忽。《中庸》曰："莫见乎隐，莫显乎微。"故君子能慎其独也。谚曰："诚无诟，思无辱。"夫不诚不思而以存身全国者亦难矣。《诗》曰："战战兢兢，如临深渊，如履薄冰。"此之谓也。

"存亡祸福，其要在身。" "存亡祸福"，最根本在哪里？在一个人的修养。比方人贪财、贪色，祸就来了，他能洁身自爱，祸就避开了。傲慢，祸就来了；谦虚，福就来了。**"圣人重诫"**，圣人特别重视自我的警诫，自我提醒。别人的提醒有限，自己能时时提醒自己，重要。到什么程度？每个念头都要谨慎。所以观心为要，观自己的每一个起心动念。因为每一个念头就像一颗种子，善念是善种子，恶念是恶种子，种子只要种下去，念头只要起来，以后一定会招感来果报。因为因缘一成熟，种子就发芽，就成长。所以不是不报，时候未到。这个道理真明白了，人谨慎到什么程度？不起邪念，不起妄念。有这样的警觉性，功夫就很高。**"敬慎所忽。"** 非常警惕、谨慎，不敢疏忽。**"《中庸》曰：莫见乎隐，莫显乎微。"** 在没人看到的时候最容易看清他的道德水平到底到哪里。没人看见，他可能就松懈，就放肆了。"莫显乎微"，没有比细微的事物更显著的。因为细微的地方他注意不到，习气就很容易流露出来。我们强调一个人学习，他的收获跟真诚、恭敬成正比。而什么时候提升自己的恭敬心？《曲礼》一开始就说"毋不敬"，对所有人都恭敬。一个人看到领导恭敬，看到下属傲慢，这种恭敬是假的，这种恭敬叫谄媚。我们对有钱人恭敬，对没钱的人傲慢，这种恭敬都是表相的东西。所以人的恭敬在哪里提升？在对一切人上，不只对人，对一切事，对一切物，都在提升自己的恭敬。这就是善学、善于提升自己境界的人。

我们看"谨","朝起早，夜眠迟"，恭敬生命，恭敬时间。"晨必盥，兼漱口"，要恭敬自己的身体。一个人对自己的身体恭敬，爱整洁，也是对所有人的恭敬。自己脏兮兮的，人家一接触我们吓坏了。"冠必正，纽必结；袜与履，俱紧切。置冠服，有定位；勿乱顿，致污秽。"所以谨慎、恭敬延伸到什么？对一切物品恭敬，不浪费，不乱放。每一个物品背后有很多人的劳力付出，"一日之所需，百工斯为备。"各行各业付出了，才有这些用品。所以用心的话，我们还会带着一分感恩心来用这些东西。比方说我们读经典，那是每一代圣贤人传下来的，那是圣贤教诲；哪一代人不传，我们现在都看不到；而且经典成就了一代一代的圣贤，我们哪有对书不恭敬的道理？包括我们家里的物品，不都是家人辛勤付出赚来的钱去买的吗？怎么可以不恭敬！所以真正恭敬的人，是去领受物品背后的爱、付出，没有不敬的。

所以一个人修养好不好，从一个家庭来讲，看厨房，厨房很干净，这家的修养不错。再来看厕所，能把厕所刷得很干净，这个恭敬是真功夫。再来看房间。老祖宗提醒我们，**"故君子能慎其独也。"** 独处的时候更加地谨慎，这样才能提升自己的修养。曾子是宗圣，我们学习他哪里？"毋自欺，必自慊（qiè）。"人要提升道德，首先要打破自欺。见到好的教诲，尽心竭力去奉行。发觉自己有习气，赶紧就像被毒蛇咬到一样，宝剑抽出来就砍下去。每一天觉得对得起自己，他就能自慊。"慊"就是自足，自己觉得很踏实，不会沮丧，不会觉得苟且偷安。但是下手的地方在哪里？慎独。所以圣贤人的快乐，都是在立身行道。

孔子的快乐在哪？"不怨天，不尤人。"孔子下手的地方，好学。"下学而上达。"学这些五伦人事的道理，了解它的根本，进而通达天命，通达天人合一的学问，那就不怨人、不尤人，下学而上达。我们看颜子的快乐，"不迁怒，不贰过。"下手的地方在克己。子思，传《中庸》，他能"不援上，不陵下。"他下手的地方在居易。"居易"就是守好自己当下的因缘跟本分，不去贪求、攀求。"不援上"，不去巴结、谄媚领导，尽自己的本分。真正好的领导要用人，是看你这个人实不实在，而不是讲好话的。"不陵下"，不欺负底下的人，还爱护他们，教育他们。这是居易。孟子，"仰不愧，俯不怍。"这是孟子的快乐，他下手的地方在哪里？"集义"。孟子说他善养浩然之气。怎么养出来的？起心动念、一言一行都符合道义

诸位学长，这五位圣人的智慧德行融入了我们生命没有？有没有当下不怨天，不尤人；仰不愧，俯不怍；毋自欺，必自慊；不援上，不陵下？把这些圣贤的心法领纳在心中，每一天都有很大的收获。

好，这节课我们先交流到这里。谢谢大家！

第十八讲

尊敬的诸位长辈、诸位学长，大家好！

我们接着讲《说苑》这几段教诲。"谚曰：诚无诟，思无辱。"谚语讲，一个人懂得战兢惕厉，警诫言行，他的言行就不会出轨，不会违背道德，这样他以后的人生才不会产生耻辱。"诟"就是诟病、侮辱。比方人在顺境的时候，就比较容易贪着，甚至于放纵。所谓"老来疾病，都是壮时招的；衰后罪孽，都是盛时造的"。一个人老来的疾病，什么时候造成的？都是壮年得来的。年轻的时候，反正身体好，没关系，该加衣服没加，最后寒气都进去了，可能三四十岁慢性病就产生了。一个人的运气不好，祸不单行，人家都找他麻烦，那些麻烦什么时候造成的？就是他春风得意的时候，对人家傲慢、不客气，最后自己气衰了，人家心里想"不是不报，时候终于到"。所以一个人想知道自己人际关系如何，什么时候看？在自己运势比较不好的时候。人家都来帮助你，你做人就成功；你运势不好，人家落井下石，在旁边拍手叫好，那就是我们以前待人苛刻，或者傲慢。所以"诚无诟"，时时要警诫，佛门说"持戒"，孔子也说"君子有三戒"，这些教诲都非常重要，都是禁于未发，就是养成好习惯，不要染着坏的习性。

孔子说，"少之时，血气未定，戒之在色。"色不戒，身体就完了。这些道理现在人不懂，所以纵欲，把身体搞坏了。彭鑫博士是位中医师，很多人去找他看病，有的人才二十几岁，看起来像四十岁的人，那就是纵欲太多，身体都耗空了，福分都折完了，所以相貌就很老。不只从小要让孩子懂这个道理，不可放纵欲望，甚至于夫妇之间都要懂得节制。有一本书很重要，叫《寿康宝鉴》，里面讲了怎么样节制欲望，欲望不节制，铁定伤害自己。老祖宗讲的，"百善孝为先，万恶淫为首。"放纵欲望，身心一定会受到很大的影响。所以已经成家的人，这本书一定要看，不然说实在的，怎么样爱护另一半、爱护下一代，我们不一定懂。比方他的病没有完全好，假如还行房的话，病就会跟严重。所以这些道理不写出，我们根本不懂。

大家看现在有几个人是寿终正寝？为什么？都不懂得这些养生之道，过度糟蹋自己的身心。大家可能想，"现在平均寿命变长了！"告诉大家，这个时代可悲在哪里？拿出来的统统是表面的东西。寿命延长，延长在哪？躺在床上的时间延长了。再来是什么？出生死亡率减低了。所以人的寿命长，都是虚的。现在一二十岁的人就有高血压，还有十几岁就洗肾的，身体愈来愈糟糕。

我们这个时代特别喜欢讲数据。现在我们的国家，九年义务教育普及率几乎百分之百。很多地方大学不用考，都可以进去，大学太多了。所以学历是空前地高，可是我们懂得做儿女的本分吗？懂得做下属的本分吗？这些做人最基本的真的懂了吗？离婚率愈来愈高，种种迹象都显示不会做人，甚至高学历犯罪的人愈来愈多，我们还拿着这个教育普及率炫耀，那不是自欺欺人吗？一个家庭，孩子学历很高，却不孝，对外不敢讲，晚上偷着流眼泪。人家说，"你孩子这么会读书！"还要装出笑脸，"是是是。"心里面在流血。我们要的是人生实质的幸福，不是打肿脸充胖子。

以前的人没有高学历，纵使不识字都懂得怎么做人。请问大家，我们是要个个学历好，然后夫妻常打架，孩子教不好，还是虽然没有很高的学历，可是相敬相爱，家庭和乐？（答：后者。）理虽如此，可是大家看，人现在苦苦追的是什么？名利。坦白讲，连学传统文化的人都很难放下。在学校教书，"你假如读个研究所，每个月薪水加几百。"去读了。当老师最重要的是薪水加几百吗？最重要的是什么？"师者，所以传道、授业、解惑也。"我们真懂做人的大道了吗？真可以传给孩子做人做事最重要的能力跟智慧了吗？能解他人生的迷惑了吗？"道高一尺，魔高一丈。"什么意思？人那种欲望的魔太容易起来了。道德要慢慢地熏，所以为善终年不足，为恶一日有余。学坏学得很快，学好得要一段时间的熏习才行。所以这个时候环境就很重要，"近朱者赤，近墨者黑。"要让自己家里、小区都是伦理道德的环境，潜移默化，孩子才能在其中受好的影响。所以里仁为美，孟母三迁，境教非常重要。希望我们诸位学长发心，在自己的小区把传统文化、伦理道德弘扬开来。

我到台湾耕心莲苑社区，非常感动，创办人是陈瑞珠老师。社区的一个委员，我跟他坐了差不多一个小时，两百多个孩子在那里学习。每一个孩子走过来，"叔叔好！"他马上叫出他们的名字，然后还能说出这些孩子家里的情况怎么样。比如他妈妈工作到九点多，平时他都是跟着我们一起，我们看着他读书，陪伴他。感觉整个小区就是一个大家族。突然过来一个孩子，一百九十公分。他站在那个孩子面前很开心，又跟我讲，这个孩子叫什么名字，十年前他是什么状况。他都还记得这么清楚。他跟这些孩子没有血缘关系，非亲非故，但把所有的晚辈当成自己的晚辈，都要关心、都要照顾。

他们还提到，一开始的时候，很多妇女反对他们在小区里办学。反对是好事还是坏事？好事，真金不怕火炼。告诉大家，闽南有句话叫"嫌货才是买货人"。你今天做生意，他在那里挑毛病，这个不够好，那个不够完美，给你挑半天。其实挑得愈苛刻的，愈是要买的人。不挑毛病只是看看的人，反而不会买。所以反对得愈强烈的，可能她对小区愈有使命感。她有担心，办学会不会让这个小区不安宁？可是你的真诚真的让她明了，主委讲，现在一大早起来帮忙洗菜、煮饭的，就是那些刚开始反对最强烈的人。他们小区有一个餐厅是整个小区共有的餐厅。所以没有坏事，牛顿先生说，"作用力跟反作用力是相同的。"现在身边亲朋好友最反对《弟子规》的，只要你的德行现前，以后他是最支持《弟子规》的。其实没有反对，只是还没有了解，真了解了老祖宗这些法宝，哪有人不喜欢的！所以行有不得，反求诸己，皆思己之德未修，感未至。

其实当初我也曾打算在自己小区教《弟子规》。我记得我那时候辞掉工作，准备考试进入小学教师的行列。刚好我们家对面就是一所小学，我在那里打如意算盘，让我考上这一所，我这辈子就在这里教。为什么？台湾规定带一个班只能带两年，两年你怎么可以让一个孩子的德行完全扎根，让他的正知正见完全建立？既然有缘跟孩子相遇了，就要尽心尽力。假如我就住在学校对面，我所教过的学生都知道老师住哪里，两年我尽力爱护他们，他们知道老师很为自己着想，以后人生撞个包就回来找你擦药了。然后我还想着平常礼拜六、礼拜天放假，我就在小区教《弟子规》，"人之初，性本善"，你付出多了，人家就响应了。

　　一百九十一个人参加考试，有二十一个人进入复试。二十一个人当中，只有我一个男的。复试时要口试，还要试讲，在台湾当小学老师不容易，过五关斩六将，关关不好过。结果试讲还可以，因为我都教几年书了。口试之前，我对着上天讲，"你们要保佑我，我考上了，一定尽心尽力在这里教你们的孩子、教你们的后代。"我还没进考场，那个学校的老师看到我，"今天有男的进复试，我们学校最缺男老师了。"我想十拿九稳，就进去了。坐在三位校长前面，他们问我的第一个问题："你有行政经验吗？有没有做过学校的行政工作？"我才进学校二三年，都是带班，哪有行政经验？我说没有。"你有过带学生比赛并获奖的经历吗？""没有。""你有过代表学校出去比赛并获奖的经历吗？"我从小就没什么才华，说没有。我心想完了，没机会了。他们问我这么多问题，就没有问我，你有没有爱心？教书最重要的是什么？爱的教育，要有爱心！都没问有没有爱心，那学校是干吗的？学校是要去拿奖杯的？是要去比赛的？学校是要去教孩子做人的！大家注意看，本末倒置在种种现象当中都呈现出来了，重利欲，不重道义，什么事都先考虑功利。就因为这样，我伤心地离开了我的故乡，到了海口。

　　所以大家要相信，只要自己还有一点爱心，希望为这个社会做点事，遇到任何事都不要难过，"塞翁失马，焉知非福。"人的福气是自己的心感召的，不要因为当前的一些际遇，就开始丧志、抱怨，那些境缘就是在考验你的心性。你考不上，难不难过？抱不抱怨？假如难过、抱怨，这个心态就跟传统文化不相应，我们就很难去跟大众交流，因为我们的心跟经典不相应。所以往往在遇到一些境界的时候，可能就是老天要称称我们的斤两。"天将降大任于斯人也，必先苦其心志，劳其筋骨，饿其体肤，空乏其身，行拂乱其所为。"假如我们去弘扬中华文化，自己烦恼一大堆，最后一定会影响别人。大家看，烦恼从哪里来的？从爱憎来。喜欢这个人，讨厌那个人；喜欢这件事，讨厌那件事；喜欢这个工作，讨厌那个工作。一分别，一有好恶，就生贪着。贪不到就生气、就骂人、就跟人结怨，嗔、痴都是从贪来的，贪又从分别来的。

所以每一个人都会有境界考试，考我们能不能放下分别、放下好恶、放下执着，对人平等慈悲。好恶心放不下，我们一当领导就麻烦，铁定底下的人分党分派。这是皇帝党，这是太子党，这是皇后党，分一大堆派。为什么？"上有好者，下必甚焉。"我们一有好恶，底下的人就察言观色，就开始分党分派。所以要把私心打掉、把好恶打掉，才能真正和睦团体，然后去服务社会大众。《礼运·大同篇》开篇就说"大道之行也，天下为公。"要去私、去好恶，才能选贤举能。好恶心重的人，选不了真正好的人才，心已经不正了，看人怎么可能会准？心有所好乐，不得其正。

我们刚刚讲到"诚无诟"，血气未定是戒之在色。"血气方刚，戒之在斗。""斗"就是好胜心太强，见不得人好。所以从小要教育孩子成人之美，懂得见人善即思齐。因为一个人好胜，就容易嫉妒别人好，这个时候他在团体当中会嫉贤妒能，甚至暗中破坏事情，造的孽太大了。嫉妒贤德之人，让国家、团体不能用到这么好的人，影响的面非常大。有句话讲，"进贤受上赏，蔽贤蒙显戮。"为国家、团体推荐贤德之人，受君上，甚至于老天最大的封赏。我们看春秋鲍叔牙推荐管仲，当自己的上司，当宰相，他不嫉妒，只要为国家好，他都欢喜。而鲍叔牙的后代，十几世都是齐国的名大夫，享很厚的福，"积善之家，必有余庆。"秦国宰相李斯，当到宰相福报大不大？才华又高，可是嫉妒心没去掉。他的师弟韩非子，道德比他好，他嫉妒，把自己的师弟害死在监狱里面，最后李斯跟他的儿子被腰斩东市。"蔽贤蒙显戮"，很明显，没多久就遭很惨烈的果报。所以一定要去除孩子的好斗、嫉妒心，不然他往后会遇到非常多的障碍跟境界。

一个人在修学的过程当中一定要去贪欲，不只是贪物质，包括贪名、贪权位，都要去掉。我们只问自己有没有德行、能力去担任那个工作，绝不去贪求一个位置。贪欲要去掉，嫉妒心要去掉，贡高我慢一定要去掉，不然道业、德行要上去太难了。每天看到不如自己的就傲慢，看到比自己好的就嫉妒，统统被这些习气牵着鼻子走，那还在弘扬传统文化吗？那就造罪孽了。所以格物修身是根本，这样才能真正利益得了他人。

"思无辱"，慎思才不会招感来耻辱。看到这个"思"，大家想到什么？在人生的每一个境界，当前要思考，过后要反思。《谏太宗十思疏》中，一个领导者时时都要慎思什么？在每一个境缘当中自己有没有起贪。"见可欲，则思知足以自戒；将有作，则思知止以安人。"都是要伏自己的贪欲。"乐盘游，则思三驱以为度。"不然玩人丧德、玩物丧志。不能傲慢，"念高危，则思谦冲以自牧；惧满溢，则思江海下百川。"有没有海纳百川的度量？"忧懈怠，则思慎始而敬终。"要慎始慎终，不可以懈怠，行百里者半九十。还要伏得了自己的情绪，太高兴也不行。"恩所加，则思无因喜以谬赏。"今天太高兴了，这个人没有这么大的功劳，封他一大堆，人心就不平。脾气起来了，"罚所及，则思无因怒而滥刑。"不要因为生气而判罚太重，可能就伤及无辜。

从"十思"再回到这篇文章，讲得太好了，一开始就告诉我们，"存亡祸福"，其要在什么？修身格物的功夫。伏不住贪嗔痴慢疑，怎么可能会没有灾祸？怎么可能不带灾祸给他人？你看多少大忠臣，都是因为皇帝的怀疑，错杀了。接着讲，"**夫不诚不思而以存身全国者亦难矣。**"一个人处世不能够时时警诫、慎思，而能够保全自己、家庭，甚至于保全国家的，那几乎是不可能。所以这一点也告诉我们，人生要经营好家庭、事业，是没有侥幸可言的，是不能放纵的。一放松，顺境就淘汰人，习气就染上了。"**《诗》曰：战战兢兢，如临深渊，如履薄冰。此之谓也。**"《孝经·诸侯章》

讲，"在上不骄，高而不危；制节谨度，满而不溢。"从这一段话我们可以知道，守住富贵，要去骄傲、去奢侈。一个领导者做不对了，整个国家的危害就非常大。我们注意看历史，每一个朝代开国的那几个皇帝很重要。比方汉朝"文景之治"，文、景这两位皇帝最凸显的就是孝道。《弟子规》讲，"亲有疾，药先尝，昼夜侍，不离床。"说的是汉文帝。二十四孝里面，孝子最多的就是汉朝，因为领导人做得好，上行下效。忠臣最多，在历史当中留名的，哪个朝代？宋朝，你看岳飞、文天祥、范仲淹、司马光……因为宋朝开国的宋太祖、宋太宗都非常尊重读书人，不污辱读书人。尊重读书人是因，感得读书人效忠是果，带头的人重要！

明朝不尊重读书人，开国皇帝把大臣的裤子脱下来当众打屁股，读书人都不愿意出来了。所以明朝后期很多皇帝都没怎么读书，甚至一点学问都没有，很糟糕，就乱了。所以"以慎重之行利生，则道风日远"，恭敬、谨慎，利益我们的子孙，家道才能传之久远。我们要传家，得有好的家规、家道、家学、家业。我们现在扪心自问，自己的德行能传多久？《了凡四训》讲，"有百世之德者，定有百世子孙保之。"孔子做到了。"圣与贤，可驯致。"诸位学长，你们立好目标没有？要传多久？立好了，走路都有君子之风。再延伸到企业团体，我们现在企业的文化，能让企业传多久？这就是我们领导者的目标。像中国的一些老字号，传了几百年，靠什么？靠德义！思国家之安者，必积其德义。所以诸位学长，学管理要去哪里学？告诉大家，找一家企业去学最好，这个企业的名字叫"中华民族"，已经五千年了。

我们现在有这个机缘跟大众推展、弘扬中华文化，我们所做所行对后面的人影响也非常大，我们不能不谨慎对待，一定要期许自己给家族、给社会民族带一个好头。有这样的态度，就能够敬慎地去处世待人。

我们接着看下一段。

孔子观于周庙而有欹（qī）器焉，孔子问守庙者曰："此为何器？"对曰："盖为右坐之器。"孔子曰："吾闻右坐之器，满则覆，虚则欹，中则正，有之乎？"对曰："然。"孔子使子路取水而试之，满则覆，中则正，虚则欹。孔子喟然叹曰："呜呼，恶（wū）有满而不覆者哉！"子路曰："敢问持满有道乎？"孔子曰："持满之道，挹（yì）而损之。"子路曰："损之有道乎？"孔子曰："高而能下，满而能虚，富而能俭，贵而能卑，智而能愚，勇而能怯，辩而能讷，博而能浅，明而能暗，是谓损而不极。能行此道，唯至德者及之。《易》曰：'不损而益之，故损；自损而终，故益。'"

"孔子观于周庙而有欹器焉"，"周庙"，祭祀周朝历代先王。"孔子问守庙者曰：此为何器？对曰：盖为右坐之器。"这是放在君王右边的一个器具。"孔子曰：吾闻右坐之器，满则覆，虚则欹，中则正，有之乎？"我听说这个欹器满了就会翻覆，少了会倾斜，装得适中才会保持中正，不偏不倚，是这样吗？"对曰：然。"是这样的。"孔子使子路取水而试之"，孔子叫子路拿水来试试看，果然是这样。"孔子喟然叹曰：呜呼，恶有满而不覆者哉！"哪里有自满了、骄傲了而不倾覆的道理？荀子讲，"百事之成也必在敬之，其败也必在慢之。"傲慢没有不失败的。"竭诚则胡、越为一体，傲物则骨肉为行路。"所以傲不可长。孔子在《论语》里面讲，"如有周公之才之美，使骄且吝，其余不足观也已。"一个人的才能高到跟周公差不多，可是他傲慢、吝啬，那这个人不可能有大作为了。傲慢一起，自满一起，道德学问就出现瓶颈，上不去了。

"子路曰：敢问持满有道乎？"子路也很会学习，抓住这个机会，马上接着说，那有没有满了一直保持的方法？"孔子曰：持满之道，挹而损之。""挹"，就是懂得贬损、减损自己，人家赞叹来了，马上谦虚对应，让功于众。"子路曰：损之有道乎？"怎么减损而不自满？孔子接下来的话，对我们人生提醒非常大。每个人都希望富贵、智慧，种种人间好的福分都能保持，如何保持？"孔子曰：高而能下"，自己地位很高，懂得卑下，懂得低下头来，战战兢兢。"满而能虚"，一个人方方面面比较圆满了，懂得虚心、谦卑下来。"**富而能俭**"，有钱了，但不离节俭。"**贵而能卑**"，尊贵了，却能够卑下。其实人懂得卑下，才是真正的高贵。人敬者是真贵之人。"**智而能愚**"，有智慧，懂得收敛，不要张扬，懂得大智若愚。"**勇而能怯**"，"怯"不是胆怯的意思，是懂得谨慎以对，小心谨慎。

有一段话讲，"何谓至行? 曰: 庸行。何谓大人? 曰: 小心。""行"是指德行。什么样的人德行很高? 如何去观察?"庸"是指平常，从他最平常、最细微的事情去观察，"莫见乎隐，莫显乎微。"李炳南老师的学生对老人家的行持有一些叙述。学生吃糖果，糖果包装上面有一些字他很珍惜，把字剪下来，爱惜字纸。剪下来之外，还提醒学生糖果纸上面有甜味，会招蚂蚁，这样可能在烧纸的时候把蚂蚁给烧死，所以连这个纸都要先去洗干净。所以慈悲的心细腻到这么小的细节，这叫"庸行"。何谓大人?"大人"是德行好，而且能扛大任的人。君子最重要的特质是什么? 谨慎，不说大话。

有一次孔子对颜回讲，"用之则行，舍之则藏。"假如有国家愿意用我们，我们一定尽力去推行圣贤的大道，治理好这个国家。没有人用我们的时候，我们也很安心自在地学习圣贤之学，也不会觉得怀才不遇，还是很自在。"一箪食，一瓢饮，在陋巷，人不堪其忧，回也不改其乐。"颜回是这样。孔子也说，"饭疏食饮水"，吃粗茶淡饭，"曲肱而枕之"，直接拿手臂当枕头，"乐亦在其中矣。"他们有道义之乐。所以，有机会，尽心尽力; 没机会，也是自在，也是享受。夫子说他跟颜回做得到这种人生的境界，子路在旁边听了，就说，夫子，假如带领三军去打仗，你会找谁跟着你一起去? 大家听懂没有? 子路很勇猛，武艺高强，所以跟老师撒娇一下。孔子很有智慧，抓住这个机会点教育子路。孔子讲，"暴虎冯 (píng) 河"，空手打老虎，只身游过很深的大河，这样的人，我不会找他跟我一起。"必也临事而惧，好谋而成。"面对事情戒慎恐惧、不敢马虎，方方面面考虑各个因素，慎重去做，深谋远虑。这样的人是运筹帷幄之中，决胜千里之外，这样的人才是真正的勇，不是匹夫之勇。

接着讲"辩而能讷","讷"就是言语比较迟缓，不是那种滔滔不绝的。他虽然很有辩才，但是他不轻易显露。夫子平常在家里，因为附近很多是他的长辈，或者是亲属，所以孔子在家里的时候，一般人不会觉得他这个人有什么特别，因为他也不多话。可是夫子到了朝廷，那就是辩才无碍。因为朝廷每一个决策影响的是整个国家的命运，这个时候夫子一定把很多利弊得失都分析得清清楚楚，这个时候是辩才无碍。假如我们什么时候话都很多，铁定有问题；什么时候话都很少，也有问题。该讲的时候不讲，不该讲的时候又讲，那问题就大了。现在很多团体开会，开会的时候没人讲，开完会好多人讲，这都不符合规矩。该充分沟通的时候，该讲都要讲，为团体好，对事不对人。假说我们在开会的时候，都是人身攻击，那也不对。大家讲清楚，建立共识，有任何意见赶紧反映出来。反映完了，领导者有权力决策，决策了大家就配合，这叫为人下属之道。假如决策完了还在放马后炮，还在后面掣肘、搞破坏，都不妥当。

"博而能浅"，学识很广博，但内心都觉得自己很浅薄。其实愈学愈有觉照力，发现自己很多问题，甚至于见识愈广，愈体会到人外有人、天外有天。"明而能暗"，很多事情看得很明白，但是在该装糊涂的时候可以装糊涂，不然就会显得刻薄、苛刻，人家一接触我们就很害怕，"这个人又要过来挑毛病了，赶快先去上个卫生间再说。""是谓损而不极。"其实所有的态度都跟谦虚是相应的，所以谦卦六爻皆吉，在这里就显现出来了。懂得"损"了之后，才不会到"极"，物极就会反。

"能行此道，唯至德者及之。"德行很好，才做得到。"《易》曰：不损而益之"，已经满了，你不损它，还一直给它添加，"故损。"为什么？自满了，就招来灾祸了。大家看，一个人傲慢了，下属还给他煽风点火，他的灾难来得快。一个事事争胜、事事争先的人，一定有人把他挤下去，一定有人挫他的锐气。有一句闽南话叫"恶马恶人骑，赤兔马遇到关老爷。"赤兔马是不是很厉害？遇到关公就把它制住了。恶人，最后遇到比他恶的人，"方以类聚，物以群分"，自己不好的心念会感来恶缘，善就感善缘。"自损而终"，自己懂得谦虚、谦退，自己减损自己，"**故益。**"反而得到益处。什么益处？可以持满。富贵、德行都不后退，而且能够始终如一保持这样谦退的态度，那就终身受益。

我们看下一段。

桓公曰："金刚则折，革刚则裂；人君刚则国家灭，人臣刚则交友绝。"夫刚则不和，不和则不可用。是故四马不和，取道不长；父子不和，其世破亡；兄弟不和，不能久同；夫妻不和，家室大凶。《易》曰："二人同心，其利断金。"由不刚也。

"**桓公曰：金刚则折**"，金属太坚硬，容易折断。这也提醒我们，人的个性太刚强，就很容易遇到一些障碍。我们看牙齿跟舌头，牙齿特别刚硬，舌头柔软，请问牙齿的寿命长还是舌头的寿命长？柔弱胜刚强。"**革刚则裂**"，皮革太硬反而容易开裂。"**人君刚则国家灭**"，国君太刚强，国家灭亡。这个刚强可能表现在错杀忠臣，可能表现在穷兵黩武。"**人臣刚则交友绝。**"人有时候太刚直，不通人情，不懂得体恤，最后可能身边都没有朋友。"**夫刚则不和**"，太刚强就不和顺。"**不和则不可用。**"天时不如地利，地利不如人和，跟人和不了，能力再强，也很难利益团体。团体常常得帮助他处理人事纷争，今天又跟谁过不去了，这样的话就成事不足，败事有余。"**是故四马不和，取道不长**"，四匹马不能配合得好，马车也走不长远。"**父子不和，其世破亡**"，家道可能就要破亡，传不下去了。"**兄弟不和，不能久同**"，兄弟就可能要分家，不可能长久住在一起。"**夫妻不和，家室大凶**"，现在离婚率这么高，毁掉的是下一代。下一代从小看父母不和，内心非常难过，他这一辈子要再相信人与人能和，就很不容易了。所以夫妇要为大局着想，为孩子一生健康的人格着想。以前为人父母、为人长辈都懂，几乎所有的人都懂，都知道不要在孩子面前冲突、吵架。"**《易》曰：二人同心，其利断金。**"团结的力量非常大，夫妇同心，家就旺了；兄弟同心，门前泥土也化黄金。"**由不刚也**"，能够同心，就是因为不刚强，能够柔和，能够设身处地，不强势，不自我，不刚愎自用。

接下来看一段。

> 《老子》曰："得其所利，必虑其所害；乐其所成，必顾其所败。"人为善者，天报以福；人为不善者，天报以祸也。故曰："祸兮福所倚，福兮祸所伏。"戒之慎之。君子不务，何以备之？夫上知天则不失时，下知地则不失财。日夜慎之，则无害灾。

"**《老子》曰：得其所利，必虑其所害**"，这就是很谨慎的态度，面对事情，不能只看到它的利，还要先审它的害处大不大。我们现在很多都是求眼前利，未来的祸患大得没法想象。比方说现在物质这么发达，我们要吃什么有什么，大家尝到甜头没有？可是现在癌症一大堆，慢性病一大堆，从哪里来的？吃来的。虽然科技很发达，但科技的东西没有仁慈做基础，出来的东西伤害人的身体、伤害人的心灵。你看现在这么多电脑游戏，不是从仁慈出来的，都是打打杀杀，小孩子从小看，每个人暴戾之气都很强。美国有一个十几岁的大男孩，把他家里的人统统都杀害了，因为他从小就玩杀人游戏。结果到警察局去，他一点惶恐都没有，警察很惊讶："你犯了这么大的错你都不知道吗？""哪有什么错，待会儿他们就活过来了。"那种长时间游戏的刺激，让他完全活在一个虚拟的环境里面。所以现在人眼光都很短浅，只看眼前，赚到钱就好了，都不知道自己做的事可能害了多少人。

"**乐其所成，必顾其所败。**"一个人假如有成就了就开始沾沾自喜，败相也出来了。为什么说少年得志大不幸？因为他"乐其所成"，觉得自己了不起，傲慢一起来，败就要来了。所以"靡不有初，鲜克有终"，守成不易。"**人为善者，天报以福；人为不善者，天报以祸也。**"老子这段话也很重要，提醒我们任何一言一行，都会招感来福和祸。真明白因果报应，这个人就谨慎，不敢乱来。所以了解伦理道德，耻于作恶；明白因缘果报，明白因果教育，不敢作恶。**"故曰：祸兮福所倚，福兮祸所伏。"**一个人在面对祸的时候，能够沉稳、能够反省自己，他的福就要来了。因为在他处理这个祸的过程当中，身边的人会佩服他的德行。由于他又反省自己，又带动大家反省，还积累了这次错误的经验，这些都成为他往后成功的垫脚石。**"福兮祸所伏"**，人享福了、纵欲了，祸紧跟着就来了。**"戒之慎之。"**要警诫、谨慎。**"君子不务，何以备之？"**君子不致力于谨慎、恭敬、小心的态度，就很难防备人生的灾祸。**"夫上知天则不失时"**，上知天道就不失天时。比方农夫，他就懂得春耕夏长这些天时。**"下知地则不失财。"**知道在地里种什么好，他就能获得财货。**"日夜慎之，则无害灾。"**日夜能戒慎恐惧，不掉以轻心，就不会有灾祸。祸患往往起在很细微的地方，什么地方？起心动念上。贪念起来了，很细微，没有警觉到，往后就会愈来愈严重。所以俗话讲，"小时偷针，大时偷金。"闽南话讲"小洞不补，大洞你就很辛苦。"小的问题你都没察觉，它会愈来愈严重。就像黄河的堤防，一个小洞一疏忽，最后就溃堤了。

我们看下一段。

曾子有疾，曾元抱首，曾华抱足。曾子曰："吾无颜氏之才，何以告汝？虽无能，君子务益。夫华多实少者，天也；言多行少者，人也。夫飞鸟以山为卑而层巢其巅，鱼鳖以渊为浅而穿穴其中，然所以得者，饵也。君子苟能无以利害身，则辱安从至乎？"官怠于宦成，病加于少愈，祸生于懈惰，孝衰于妻子。察此四者，慎终如始。《诗》曰："靡不有初，鲜克有终。"

"曾子有疾"，曾子生病了，**"曾元抱首，曾华抱足。"**两个儿子在旁边守候他。**"曾子曰：吾无颜氏之才，何以告汝？"**曾子也很谦虚，说，我没有我的同学颜子的才能和智慧，我拿什么告诉你们？**"虽无能"**，我虽没有很高的才能，"君子务益。"君子务必要利益人，利益身边有缘的人。**"夫华多实少者，天也"**，开花开得很多，一般反而结的果实很少，"天"，就是自然的道理。**"言多行少者，人也。"**说多做少的是一般的人。话说得很满的人，往往不能实现的多。这都是提醒我们做人要务实，不可虚华，讲大话。**"夫飞鸟以山为卑而层巢其巅"**，鸟可以飞得很高，它把自己的巢建筑在山顶上。**"鱼鳖以渊为浅而穿穴其中"**，鱼鳖是在渊底做它的洞穴。**"然所以得者"**，它们有上山下海这么高的能力，却会被捕获，问题在哪？**"饵也。"**贪吃饵食。**"君子苟能无以利害身，则辱安从至乎？"**不贪这些欲望，就不会自取其辱了。人还有放不下的，还有贪的，就会陷进去。就好像鸟虽有在山顶上做巢的能力，被饵骗了，还是陷入灾祸。所以我们虽有明德本善，可是假如不革除欲望，这一生还是会堕落得很惨，所以恭敬、谨慎重要！

接下来这四点，对我们的提醒很重要。**"官怠于宦成"**，当官的人，往往因为有点成就了，就自满、懈怠了。或者达到某种职位，就开始享福了，没有真正为人民谋福祉。**"病加于少愈"**，病稍微好一点，人就开始松懈，还没恢复又有病因进来了，病情更为严重。**"祸生于懈惰"**，祸从哪里生？人一懈怠，一懒惰了，祸就容易生起来。**"孝衰于妻子。"**有一句话叫"娶了媳妇忘了娘"，说实在的，假如真的是这样，他也不是真孝子，孝的深度还不够，其实就是衰于自己的情欲了。我们在这些境缘当中能不能不随顺习气，保住自己的德行、成就？**"察此四者"**，细心体察这四个方面的道理，**"慎终如始。"**谨慎的态度一直保持到最后，才能办得了大事。有点功劳、有点成就就不可一世，一有钱就开始放纵自己，这都是无法成大事的表现。**"《诗》曰：靡不有初，鲜克有终。"**人都可能有好的开始，但很少能够善终。就像我们修学一样，一开始都很猛，但是能常保持精进，每一年比前一年更用功，这就非常难得。

这是《说苑》中关于敬慎的教诲，对于我们自身道德、德行的保持很关键。立名于一生，而一不谨慎，失之倾刻，"一失足成千古恨"。所以一个人要敬慎，成就一个家道也要敬慎，谨慎为保家之本。位置愈高，所做的决策影响的面愈大，愈要敬慎。公门好修行，一个国家的领导人，做对了一件事，功德无量，做错了一件事，造的孽也很大。

好，这节课就跟大家分享到这里。谢谢大家！

孝悌忠信：凝聚中华正能量

第十九讲

尊敬的诸位长辈、诸位学长，大家新年好，祝福大家，也祝福大家的家庭，岁岁平安，年年如意！

我们每个人都有很好的理想，我们希望家庭、社会都是平安如意，但是平安如意是结果，"种瓜得瓜，种豆得豆"，我们要顺着自然的轨迹、天理去求它的因。怎么追求平安如意？诸位学长，大家想一想，现在的家庭跟社会有没有愈来愈平安如意？我们先不要管社会怎么样，你的人生有没有愈来愈平安如意？学了老祖宗的教诲，用在人生当中，应该可以愈来愈平安如意。"诸恶莫作岁岁平安，众善奉行年年如意。"想要岁岁平安，就要能够诸恶莫作，所以我们在新的一年很重要的是反思。人每天要反省，每年也要做一个反省，让我们新的一年学习颜回的精神，不贰过。前事不忘，后事之师，习气淘汰掉、错事不再犯，我们就能愈来愈平安，愈来愈如意。

所以每一年最后一天，最重要的是静下来反思，才能踏出正确的一步，踏向正确的方向。结果现在的人，每一年最后一天做什么？狂欢不睡觉。假如他们隔天就全明白了去年错在哪，那狂欢没关系。假如狂欢之后，睡到中午还没醒，熬夜又伤肝，这样可能不是很妥当。而且狂欢的时候可能吵到别人，人家都没法睡觉了。所以人现在不清楚自己的行为对自己的人生有什么意义，对他人有什么影响。只要我喜欢，有什么不可以！讲这句话的人，要负很大的因果责任。很多人听到这句话，可能就开始放纵自己，想干什么就干什么。所以做任何事情要很冷静，对自己有没有利益？对他人有没有利益？有利益的事情去做才有价值。

人生的意义、目标在哪里？诸位学长，我们人生走了几十年，这个问题有没有深深思考过？目标、意义就是我们人生的灯塔，让我们时时走得很踏实。假如我们连人生的目标都搞不清楚，每天真的浑浑噩噩，过一天算一天。我记得我在念书的时候，目标就是考试，考完高中，目标又变成考大学，大学考完，目标是考研究所……那是不是目标？我们读书的目标在哪里？是学历还是学问？学问也不是目标，我们拥有了学问要做什么？服务社会、利益社会，这才是目标。我念初中的时候背过一句话，"生活的目的在增进人类全体之生活。"生活的目的是要利益整个社会，不管我们从事哪个行业。

而服务人的动力在哪里？动力就是我们这节课一直在深入的德目，"忠"、"信"。不管在哪个行业，答应了别人，一定给人家做到最好，守信尽忠。对家庭有忠信的人，一定忠于父母，忠于另一半，忠于下一代。他所承诺的，甚至于根本没有付诸言语的，都终身奉行。这就是一个人的责任心，源源不绝向目标迈进的动力所在。我们现在冷静想想，年轻人能想到为谁尽忠？他们想怎么玩就怎么玩，都只想自己。年轻人有没有想到他必须要实践什么信诺？对父母应该有什么信诺？对国家应该尽什么信诺？难道我们读书读了十几年，从没有提起一念为自己的国家社会吗？这一念起来了，我们就要对得起我们这一份信诺，尽心尽忠。

现在人不是以担起责任、服务为人生的目标，目标变成什么？享乐。赚了钱做什么？享受。这样人生就会觉得很麻木，一没事干就找乐子，因为他内心不充实、很空虚。我之前在学校带班，小学六年级。校外教学是让孩子们去校外学习，寓教于乐，所以我给他们推荐了很多博物馆、植物园，可以增长他们的见识，可是讲了半天，他们都没兴趣。最后一听游乐园，眼睛都发亮。没办法，学生要去，我得跟着去。到了游乐园，我都看傻眼了，那个机器把人拉到好高，然后直接掉下来，所有的人在那里"啊！"请问大家，这对人生有什么意义？我们的时间都花在这些毫无意义的事情上面，然后说好刺激。五千年来，我在书上没看过通过刺激得到快乐的，怎么我们这个时代创造出这样的东西来？

这种快乐绝对比不上我们今天从事小学教育，尽心尽力把课教好，看到学生坐在底下点头。他听明白了，回去之后真正帮父母分忧解劳，他的父母打电话来，"老师，我的孩子最近比较懂事了。"当我们听到父母这么说，高兴，觉得人生很有价值，做这个事情值得！那种快乐是持久的，是充实的。所以只要会消失的，那叫刺激，不是真正的快乐。什么叫刺激？就是暂时把痛苦忘掉，就好像吸鸦片一样，可是药效没了，痛苦还在。所以大家看，游乐园愈来愈多，乐了吗？怎么抑郁症的人愈来愈多？所以人明理了，心才能安，做有意义的事，心才不会空虚。明理，有智慧了，知道怎么解决人生问题，才不会钻牛角尖，才不会烦恼愈来愈多。所以我们这几节课谈忠信，是真正树立人生目标之后，拥有源源不绝的动力。我们假如尽本分做哪件事，觉得没动力，忠信的心出问题了。

我们深入忠信，让每一年都是充满着动力，来创造我们人生的价值。"生活的目的在增进人类全体之生活。"我们在每一个行业都要尽心服务大众。这几年在内地，我发现一些企业家很不简单。他们把伦理道德、传统文化带到企业，利益企业员工，又把这些好的传统文化教诲，给予所有的客户。他们是人饥己饥，他们觉得现在的人假如不明这些道理，活得很痛苦，所以能做多少，尽力做多少。像胡小林董事长，他给他的员工谈话的时候说道："你们可以生意没做成，但经书不能不送出去。把《弟子规》这些儒释道的经典，一定要送到家家户户，你们就是有孔孟的精神、利众的精神。"这是利益大众的爱心。

包括刘芳总裁。她所有的员工在帮女客户服务的时候，这些女客户都是躺在那里不动，乖乖地听。而且来的很多是有钱的人，高官的太太或者官员，她们的烦恼比一般人多。救人危急，她们最痛苦的时候，赶紧把甘露送给她们。包括我们新疆有一位侯总，他是做铁门的。他自己带领他手下的主管办幸福人生讲座，让社会大众来学，他那些总经理、经理做义工。当然也是他带头，感动了他这些主管。结果他去年的业绩比上一年翻了一番，订单做到半夜十二点都做不完，人家都要找他。为什么？信任他。他办很多课程，利益了不少人，这些人就来找他做生意。然后他很不好意思，他说我办课程，没有要跟大家做生意的意思，你们不要因为我办了这个课程就一定买我的产品。可是因为他办这个课程，人家就觉得他真心为人好，这样的人值得信任。

所以"信义为立业之本"，一个人诚信，又非常有道义，这个人做事业一定成功。所以我们要把信义的根扎在孩子的心中，不管他干哪一个行业，铁定有成就。"生活的目的在增进人类全体之生活。"企业家这么做了，诸位学长，我们能不能做？"我又没做生意，我是公务员，每天坐在办公室，见不到人。"你身边没有人？你的亲朋好友这么多，可以把这些无上的智慧、经典送给他们。以前春节聚会就是打麻将，转变习惯，习惯转了，命运就会转，变成讨论中华传统文化。不过不要操之过急，你评估一下客观情况，如果一下扭不过来，可不要逞强，不然到时候人家过年都不找你，不想跟你一起吃饭。扭不过来，麻将继续打，没关系，但是麻将桌上多讲几句《弟子规》，多讲几句经典，多讲几句五伦大道。然后打了两圈，听你这么一讲，"我看就别打了，你刚刚说哪个光盘很好，拿过来放，我们先看。"这叫顺势而为。

我们接着来看《信篇》"绪余"的第二段。

孔子曰："道千乘之国，敬事而信。"《中庸》云："上焉者虽善无征，无征不信，不信民弗从。下焉者虽善不尊，不尊不信，不信民弗从。是君臣之间必以信，而君民之间亦必以信，岂父子夫妇昆弟朋友之间而可不信乎？"欧阳修曰："尝读周郑交质篇，信不由衷，质无益也。不禁反复思之，窃谓信必由衷，自信始可以信人。吾人持身涉世，全赖信为维持。盖信居五常之后，而贯八德之中。君臣父子夫妇昆弟朋友，非信无以成其德而笃其伦。若谓信专属朋友，犹不足以尽信之量也。"

"孔子曰：道千乘之国，敬事而信。" "道"是治理的意思，"乘"是兵车，拥有千乘以上的，这是大的国家。治理大的国家要做到什么？"敬事而信"，对于国家的每一件事情，非常恭敬、慎重地去处理，而且讲求诚信，不失信于人民。上位者恭敬谨慎又诚信地来做事情，必然人民会非常欢喜，而且信任他，团结在一起为国家谋福利。

"《中庸》云：**上焉者虽善无征，无征不信，不信民弗从。**""上焉者"是指天子、国家领导人，"**虽善**"，他提出了一些好的政策，"**无征**"，没有历史的验证。我们这个民族很注重历史，思想、做法，没有历史的验证，甚至于无可考证，老百姓会怀疑。不相信，人民很难非常欢喜尽心地去配合。大家看一些历史，臣子在跟君王谏言的时候，常常都会论完一个道理之后，举事，从以前的历史当中挑出例子，印证他讲的道理。皇帝一听，"对"，以前的朝代是这个样子的，就很容易接受他的谏言。假如没有历史验证，不可考究，信的基础可能就不够。所以做一件事不容易，方方面面要具足条件。

"**下焉者虽善不尊**"，他不是天子，不是国家领导人，就好像孔子，他有圣人的智慧，可是，"**不尊不信**"，他没有那种尊位，很难号令天下。"**不信民弗从。**"他还是没有办法帮国家制礼作乐。"**是君臣之间必以信，而君民之间亦必以信**"，所以君臣之间共同为国谋福祉，也要互相信任。"信"的反面是怀疑，国君假如怀疑忠臣，可能国家的危难就来了；国君信任忠臣，国家的福祉就来了。我们看唐太宗用了魏征，整个国家的兴旺几年就办到了。所以尊贤很重要，尊敬这些有智慧、有德行的人，能带动整个国家良善的风气，推出人民最需要的政策。

《谏太宗十思疏》中提到"想谗邪，则思正身以黜恶"，怕有谗言，更重要的是端正自己的德行，自然这些邪的人就不敢靠近。"方以类聚，物以群分"，有德行的领导人感来的就是好的臣子，这是从根本去解决问题。所以实在说谗言是疑心感召来的。"谗不自来，因疑而来。"因为疑心起了，才会感来谗言。离间的言语，"间不自入，乘隙而入。"人与人之间有一些隔阂、嫌隙，人家才能够进这些离间的话，而且很难觉察。

所以孔子也提到，"浸润之谮（zèn），肤受之愬（sù），不行焉，可谓明也已矣。""谮""愬"其实就是进谗言，离间的话。我们看衣物沾到水，很快衣服就湿润了，不知不觉。再看皮肤，请问大家，你现在皮肤上面有没有灰尘？它什么时候上来的？不知道。水慢慢渗透了，灰尘慢慢沾上来了，"不行焉"，就是马上可以察觉这些是谗言的，这是很明白的人，"可谓明也已矣"，而且看得很深远，知道听谗言对家庭、对团体的负面影响太大了。

"肤受之愬"还有另外一个讲法。"肤"是表面，就是说这些谗言，事实上都只讲事情的表面，没有把实情讲出来。有时候我们听一个人谈某件事情，觉得怎么会搞成这样？可是你再去问一个真正比较了解状况的人，其实没那么大的事。为什么会有这个情况？其实根源在当事人内心有一些贪心，或者有一些怨恨、情绪，他借事想要达到他的目的。所以谗言很考验一个人的理智跟觉照。

唐玄宗开创开元之治，也是很有见识、很有学问才做得到。当时有很多好的臣子，韩休、张九龄常常都给唐玄宗谏言，常常纠正唐玄宗哪里不对，唐玄宗对他们还挺害怕的。有一次唐玄宗又想玩乐玩乐，结果才要玩，突然良心不安，"韩休知不知道？"他话才说完，韩休的奏章来了，批评他不可以这样。"玩物丧志，玩人丧德。"不行。皇帝好不好做？历代皇帝旁边都跟着史官，左史记事，右史记言。大家想象一下，他走到哪里，就有左右二史站在那里，他敢干坏事吗？当皇帝战战兢兢。后来唐玄宗瘦下来了，旁边的人就说："皇帝，这个韩休、张九龄太不像话，让您都瘦了好几斤。"这样的话是不是谗言？是！他还在那里煽风点火。所以这些近臣没有远见，都用好恶论事情，喜欢皇帝，然后看这些忠臣就不顺眼。结果唐玄宗不简单，他跟这些大臣之间没有什么隔阂，他欣赏这些大臣的正直。假如他被这几个大臣劝了以后，"好，你们给我记住，改天我找个机会，非给你们好看不可。"他假如有这个心，旁边的人再一煽风，会怎么样？忠臣可能就危险了，所以"谗言慎莫听，听之祸殃结，君听臣当诛。"所以唐玄宗不简单，他还说瘦了我一人，肥了天下人，值得。从这里再延伸开来，不只是君臣之间要信任，不能有嫌隙，家庭也不能有嫌隙。孩子把父母哪一件事记怨在心上了，枕边风一煽就出状况了。兄弟之间，兄长假如记了什么不愉快了，朋友进一些谗言，兄弟就要打架了。

所以孔子在《论语》里面赞叹，没有任何人可以离间闵子骞家人的感情。这句话给了我们人生什么启示？大家有没有信心，任何人不能离间我跟亲人、团体的感情和信任？那我们读这句《论语》就很有收获了。现在要翻过来，再看另外一个角度。现在身边的亲人、下属、同仁会进谗言，会批评，有时候是他根本不懂道理，批评人习惯了，也不是有害人的心。有时候养成习惯，尽看别人的缺点，看不到优点，这个时候我们有一个责任，引导他改掉这个坏习惯。不然这个专看别人不好、专讲别人是非的习惯，一定会毁了他一生。所以真正爱护他，还要反过来提醒、教导他。夫妻之间也是这样，"领妻成道，助夫成德"。今天另一半在批评自己的父母，你要规劝他，看到父母的好，记父母的恩，放下那些怨恨。这是真正利益另一半，从根本上利益。一个人连父母都怨，这一生不可能有真正的快乐。

之前跟大家讲过这个例子，《德育课本》里面，崔少娣嫁到苏家以前，四个大嫂已经吵架吵到拿家伙要打架了。所以她家里的人很担心，过去怕凶多吉少。可是崔少娣的信念非常坚定，她至诚相信没有人是不能感化的。这也是信，相信"人之初，性本善"。所以她都从自己要求起，尊重爱护她的大嫂，关心、爱护她们的孩子，有好东西都先让给她们，慢慢地家里人都信任她。本来是互相传些是是非非，她的仆人也跑来跟她传是非，结果她训斥了自己的仆人，还带这个仆人去给她大嫂道歉。诸位学长，当你听到这里的时候，感觉怎么样？这么严格，这么凶。但是你想一想，她是不是很苛刻的人？不是！她很有爱心，所以底下的人她应该也是很体恤照顾。可是为什么遇到这个情况这么严格？因为那个好论人是非的习惯，得要给她当头棒喝，让她记住不要再犯。这个时候，严格是真慈悲，放纵了是不慈悲，"慈悲多祸害"，你反而让她对坏习惯都没有警觉、改不过来。这些女仆以后还要嫁为人妇，这个问题不解决，她以后不会幸福的。

这里提到"君臣之间必以信，而君民之间亦必以信"，而信任不是求来的，是自己做到，让人家很自然信任我们。人有时候没把这些道理想清楚，好多不必要的烦恼会产生。"他都不信任我，都说我坏话；领导都不重用我，没看到我的能力……"耗在这些情绪里面。其实，人真正要觉得羞耻的，不是别人不信任、不重用我们，是什么？我们有没有做得让人家信任。所以"君子耻不修，不耻见污"，羞耻自己没有真正的修养、修行，不羞耻人家污辱我们。其实人家污辱我们，不也是考验我们的修养吗？人不知而不愠。而且他怎么不去找别人，专找你，为什么？你上辈子欠他的！骂完了，还债了，无债一身轻。所以人真正把道理想清楚了，当下就过人人是好人、事事是好事的日子。所以理得心就安了。

假如一个人骂你骂得很凶，连续骂了三个月，你还保持笑容，我保证他一定学《弟子规》。他会说天底下还有修养这么好的人，到底是什么来历？所以真正我们这样去处世，处处都能为人演说，让人家觉得你很有修养。"耻不信，不耻不见信。"羞耻自己没有做出值得人家信任的行为，不羞耻人家不信任我。"耻不能，不耻不见用。"羞耻自己没有真正好的能力来担起重任；真正有这个能力，人家不用，也可以处之泰然。孔子对颜回讲，"用之则行，舍之则藏。"他们都有圣人的德行跟智慧，但没有人用他们，他们还是能够乐天知命，这才是修养处。

"岂父子夫妇昆弟朋友之间而可不信乎？" 一开始举的是君臣、君民之间，接着又说到不只是君臣、君民之间要信，五伦当中都要信，才能和谐圆满五伦之道。"昆弟"，"昆"是指哥哥。我们称贤昆弟，这是对人家兄弟的尊称；夫妻称贤伉俪，我们常说伉俪情深；父子称贤桥梓，桥是指父道，梓是指子道。关于"桥梓"，有一个典故。周公的儿子伯禽去拜见父亲，结果父亲打他，觉得他做得不对。见了三次，结果三次都被打。他也很聪明，被打一定是有错，赶紧去请教一个叫商子的贤者，商子就让他去看桥树跟梓树，桥树长得很高，高而仰；梓树长得很低，低而俯。伯禽看完了，自己也悟到了。高仰是父道，我们从小都觉得父亲很崇高，我们听从父亲的教诲；儿子要恭敬，要礼拜父亲，是低俯，这是子道。

父子之礼是很有道理的，你说儿子长得比爸爸还高，跟爸爸讲话的时候，爸爸得仰视着儿子，你说怪不怪？不过这也要会变通。有一次，我们有个朋友遇到一个长辈，《弟子规》说，"长者立，幼勿坐，长者坐，命乃坐"，那个长辈坐下去了，没叫他坐，他就一直站着跟长辈讲话。长辈讲到脖子酸了才说，你为什么不坐下？这就是不会变通。看她讲得这么吃力了，赶紧顺势说，"阿姨，我可不可以坐一下？"学，不要学成书呆子。这礼其实还是顺乎自然。我第一次给我父亲拜年，请我父亲、母亲坐，然后我当儿子的跪下来，才知道跪着比站着舒服多了。跪下来的时候，不知不觉，就想到父亲这几十年对我的照顾、栽培。人高高在上的时候，都不懂得感恩，真正屈下来的时候才知道感恩。

"欧阳修曰：尝读周郑交质篇"，欧阳修曾读过周天子跟郑国国君交换人质这篇文章，都很叹息。天子是君，郑国是臣，哪有说跟自己的君交换人质？所以没有守君臣之道。而且交换人质，"**信不由衷**"，信不是出于真心。这句话很值得我们深思。现在的契约是愈来愈多，人的信用提升了吗？现在的法律愈来愈多，犯罪减少了吗？所以法律是不可能根本解决问题的。所以我们接下来要讨论的另一个德行重点，叫"礼"。孝悌忠信礼义廉耻，礼是防范于未然，让人从小懂规矩，就不会去做坏事，防微杜渐。法律是很具体的一些刑罚执行，看得到；礼是在人的生活点滴当中，重要性不见得会凸显。可是大家看看，现在没有礼了，人心堕落得多快！

大家记不记得小时候，我们去买一些东西，忘了带钱，老板说，"下次拿来就好了。"人与人都是互相信任，都是发自真心。这里提到"信不由衷"，不是真心出来，"**质无益也**。"人质抵押也没有用。"**不禁反复思之，窃谓信必由衷**"，"窃"就是私底下思考，认为信必须从内心发出来。"**自信始可以信人**。"自己做出诚信的行为，才能赢得别人的信任。"自信"，首先要不自欺，然后不欺人。而且，要相信自己性本善，才能相信别人也是性本善。我们都不相信自己改得了习气，相信身边的人能改习气吗？《孔子家语》里面说，"小人以其所不能不信人。"自己做不到就不相信别人做得到。"**吾人持身涉世**"，"持身"就是修养自己，"涉世"就是处世待人。"**全赖信为维持。**"全都赖信用、信任在人群当中立足。包括修养自己，也要靠信任自己，才能够不断突破自己的习气。假如不相信自己，那就兵败如山倒。"**盖信居五常之后**"，仁义礼智信，信居后。"**而贯八德之中。**"孝悌忠礼义廉耻都要信。我们失信于父母，哪有孝？失信于兄弟，哪有悌？失信于领导、同仁，哪有忠？失信于他人，就失礼了，不恭敬人了。失信于人，就没有义，无廉无耻了。有廉耻之人，值得人家信任；无廉耻之人，谁都不敢用。"**君臣父子夫妇昆弟朋友**"，信贯五常、贯八德、贯五伦，"**非信无以成其德而笃其伦。**"所以没有诚信，没有信用，不可能成就德行，也不可能笃实和睦伦常关系。"**若谓信专属朋友，犹不足以尽信之量也。**"假如说只有朋友之间要信，那就不能够真正把信的精神了达通透，对信的理解就很狭隘。我们看这个信，诚信、信任、信义、忠信，这样的心境应该是对一切人，这是举一反三。我们用心去体悟了，就知道"己所不欲，勿施于人。"人家用这个态度对我，我很难接受，我也不应该用这个态度去对人。人家失信于我，我很难过，我也不应该失信于人。人同此心，心同此理。常用这样的心境，就能体会到每个道理无量的含义了。每一个好的教诲，真的贯五伦（即君臣、父子、兄弟、夫妇、朋友这五种人伦关系）、贯五常（即仁、义、礼、智、信这五种行为准则）。

比方节俭，一个人有节俭的心，很多善良的行为就会产生，比方他能把多余的用来帮助别人，布施。所以节俭能培养一个人仁慈的美德，丁福保先生的《少年进德录》里面说："俭而能施，仁也。"节俭，他就不会贪求，不会贪污，"俭而寡求，义也。"节俭，把它当成家训，"俭以为家法，礼也。"俭的生活习惯变成家道了，用节俭来教育后代，"俭以训子孙，智也。"勤俭为持家之本，勤俭也为服务之本，一个人又勤劳又节俭，他才能真正做好他的工作，去尽他的本分。一个人懒惰又奢侈，他到任何一个单位，都给人家添乱，败坏风气，还有可能会贪污。

《训俭示康》中强调节俭"德之共也"，节俭是有德者共同的德行。"侈者恶之大也"，一个人一奢侈，很多坏的习性就来了。但是节俭要跟仁义礼智相应，假如跟贪心相应，那就麻烦了。"节俭而吝啬，不仁。"你们有没有看过《守财奴》？守一堆带不走的东西，最后临终的时候，眼睛都合不上，不得好死。积财丧道，留了那么多钱，该帮忙的人都没有伸出援手，伤自己的仁慈之道。"俭而多求，不义。"他很节俭，但是很贪心，公司里有的东西，拿回家里来，不义。节俭到奉养父母都很吝啬，就无礼，无礼于父母。

所以真正节俭的人是自己很省，对于应尽的道义很慷慨。很多人很节俭，但是只要兄弟需要，几年的积蓄全部拿出来，一点都不心痛。为什么？他心里没有利的念头，只有义，他没有被利污染。所以假如对父母的奉养反而吝啬了，这就是无礼。节俭以后想着，就是要把这些财物、房子统统留给我的后代，这叫没智慧，俭而无智。有句话讲道，"毋以嗜欲杀身，毋以财货杀子孙。"

这节课先跟大家谈到这里。谢谢大家！

第二十讲

尊敬的诸位长辈、诸位学长，大家好！

我们接着看《信篇》"绪余"第三段。

> 信者，所以立世也。一片真诚，无一可假，无一可伪。人参三才而立，伦常最重。五常，信居其末。而仁义礼智，实皆不可假，故信贯五常。五伦，信属朋友。而君臣父子夫妇兄弟，实皆不可伪，故信又贯五伦。其为德也，心口如一，言行相顾，历始终而弗贰，处常变而不移，大信不约，岂仅在然诺盟誓间乎。女子之信，尤以守贞为主，故大易言坤之体曰利永贞。文言曰：坤，至柔而动也刚，至静而德方。贞一不二，信守靡他，则得矣。

"信者，所以立世也。" 诚信是立身处世重要的基础。**"一片真诚，无一可假，无一可伪。"** 每一个念头、每一个言行都要真诚，不是假的，不是虚伪的，没有一个动作是应付的，都是发自真诚的心。**"人参三才而立"**，人跟天地并列三才，是非常尊贵的，我们可不能不诚信，做出羞辱自己人格的事情，那就变成自取其辱，自甘堕落。**"伦常最重，"** 我们说"人无伦外之人，学无伦外之学"，真正能通达五伦之道，进而落实力行，人生就会幸福，人与人就会和谐。

"五常，信居其末。" "五常"是仁义礼智信，"信"摆在末。**"而仁义礼智，实皆不可假"**，这些都是性德，都是从真心做出来的，来不得半点虚假。**"故信贯五常。"** 信贯穿五常每一个德行的精神，没有信就没有真正落实仁义礼智。**"五伦，信属朋友。而君臣父子夫妇兄弟，实皆不可伪"**，信，就是一片真诚，无一可假，无一可伪。所以五常都不可假，五伦都不可伪，我们面对父子、君臣、夫妇、兄弟，都要真诚相待。

君臣关系，我们在《出师表》中看到了孔明的一份赤诚的心，受任于败军之际，奉命于危难之中。他出来帮刘备的时候是刘备最落魄的时候，之后操心操了二十多年，而且是战战兢兢，生怕自己做不好，"恐托付不效，以伤先帝之明"，他就为了报刘备的知遇之恩，二十多年来不敢丝毫的懈怠。所以这个君臣关系都是从至诚心做出来的。我们看范仲淹范公，"居庙堂之高，则忧其民；处江湖之远，则忧其君。是进亦忧，退亦忧，然则何时而乐耶？其必曰：先天下之忧而忧，后天下之乐而乐乎！"范公对国家的那种赤诚都流露出来了。

父子关系也不可伪，二十四孝很多故事，都是把古人对父母的至孝记录下来。子路"百里负米"，就是想到父母能吃好，他就高兴，哪怕是百里扛这么重的米，他都欢喜！那份心可贵，那份心境是我们的学处。"黔娄尝粪"，黔娄不只尝粪当下那一念至诚的孝心值得我们学习，他当了官，有俸禄了，还不确定父亲是不是真病了，马上就把利禄给放下，辞掉工作，回家看父亲有没有真的病了，家里是不是真有事。那个时候出去当官，可能离家很远，他的孝心没有被任何外在的条件、名利所污染，可贵在这里。包括"陆绩怀橘"。诸位学长，我们看到最想吃的东西，第一个念头是什么？学处就在这一念心上面，可贵！包括"实夫拜虎"。一个人面对老虎，他首先想到的是什么？是不能奉养父亲母亲，而不是自己马上要没命了。当下他那份至孝，连最凶猛的动物都感觉到了。古人选这些德育故事，表现出来的是什么？"实皆不可伪。"都是至诚的心。我们看汉文帝，"亲有疾，药先尝，昼夜侍，不离床。"三年服侍他的母亲，常常连衣服都没有脱，帽子也没有脱掉，怕刚好母亲有需要的时候来不及处理。我们一位同事的父亲就是这么做的，他奶奶身体不好，他父亲就守在奶奶身边，然后牵一条绳子绑在自己身上，母亲有什么不舒服，拉绳子他就赶紧起来处理。他的孩子看在眼里，哪有不动容的道理！

这份信，不只是父母跟子女之间。汉朝有一位女士十六岁嫁到陈家，没隔多久，她先生出去打仗。先生托付她，我这么一去，不知道能不能回来，能不能请你奉养好我的母亲？她答应了。结果她先生一去就战死了，她婆婆也很厚道，看她这么年轻就守寡，就催她改嫁。她说我不能改嫁，要我改嫁，我就自杀。"弃托不信，背死不义。"不能够完成对人家的承诺，是不守信；丈夫已经死了，违背给他的承诺，背死就不义。古人在这一些心境上特别让人动容，他们把道德良知看得比自己的命还重，宁可守住道德而死，也不愿违背道德而活。后来她的婆婆活到八十四岁。我们估计一下，她应该是婆婆三四十岁嫁过来，到八十四岁，最少照顾了四十年。后来为她的婆婆办后事，因为没钱，连住的房子都卖掉了。古人在奉行信义的时候，毫不为己。这个事情汉文帝知道了，汉朝以孝治天下，赐她四十斤的黄金，佩服她，表扬她。皇帝很有智慧，这么有德行的人一表扬，全国向她效法。

再来，夫妻之间。我们来看一下刘廷式的例子，不是结完婚守信，是还没结婚就守信。

> 刘廷式，定邻女为婚。俄入太学，越五年登第。及归，则定婚女双瞽（gǔ）矣；家又不振。廷式涓日成礼，女家辞曰："女子已为废人，何可奉箕帚？"廷式竟娶之，生二子。及倅高密，盲女得疾死，廷式哭之哀。时苏轼为守，慰之曰："予闻哀生于爱，爱生于色。子娶盲女，爱从何生？"廷式曰："某知所亡者妻，所哭者妻而已，不知有盲。若缘色生爱，缘爱生哀，色衰爱绝，于义何有？今之扬袂倚市，目挑心招者，皆可使为妻耶？"苏为叹服。盲女所生二子皆登第。

"**刘廷式，定邻女为婚。**"才订婚而已，还没有下聘，还不算过门。"**俄入太学**"，之后他就入了太学读书。"**越五年登第。**"考上进士。"**及归，则定婚女双瞽矣**"，回来的时候，这个女子双眼失明了。"**家又不振。**"不只眼睛瞎了，家庭又中落。"**廷式涓日成礼**"，选了日子要跟她成婚，"**女家辞曰**"，女家推辞。从这里我们看出来，古人真的是厚道，不想占人家一点便宜。"**女子已为废人**"，她眼睛瞎了，"**何可奉箕帚？**"怎么还可以当你的妻子？结果刘廷式坚持。可能他想，假如他不娶这个女子，这个女子以后的日子不知道要怎么活！违背道义，他觉得一生心里不安。"**廷式竟娶之，生二子。**"娶了这个女子，两个人生了两个儿子。"**及倅高密**"，他在高密这个地方当副守的时候，"**盲女得疾死**"，妻子因病去世了，"**廷式哭之哀。**"他很伤心。

"**时苏轼为守**"，刚好那个时候苏轼是太守，"**慰之曰**"，安慰他说，"**予闻哀生于爱**"，我听说人的哀痛是因为有爱，"**爱生于色。**"爱是因为有美色。爱一个人的美色，最后失去了，才会哀痛。"**子娶盲女，爱从何生？**"你娶的太太是瞎了眼的，长得又不是很美丽，你这个爱从哪里来？"**廷式曰：某知所亡者妻，所哭者妻而已**"，大家看这句话很有力道，古人记的就是这个情义。我只知道去世的是我的妻子，没有什么漂亮不漂亮的。这一生有缘结为夫妻，就是一份情义，跟漂亮没有关系。"**不知有盲。**"爱就是接受她的一切。夫妻如此，父母对子女如此，子女对父母亦如此，延伸到五伦关系亦如此。"**若缘色生爱**"，如果因为色而生起了爱，"**缘爱生哀**"，因为有爱才生哀痛，"**色衰爱绝**"，色衰了，爱就没有了，"**于义何有？**"那不是毫无情义吗？"**今之扬袂倚市**"，"**袂**"就是袖子，"**目挑心招者**"，街上那些扬袖召唤行人的风尘女子长得都挺漂亮的，"**皆可使为妻耶？**"她们都有色，可以娶做妻子吗？"**苏为叹服。**"苏轼听完非常地佩服。"**盲女所生子皆登第。**"生出来的孩子都很优秀，为什么？胎教好！母亲怀孕的时候，统统都是感激先生、感激夫家的道义，胎教怎么可能不好？

我感觉苏轼问这个问题，是故意的。你们可不要说，苏轼怎么讲这种肤浅的话？告诉大家，苏轼也很有修养、很有道义。他曾经积攒了几十年的钱，买了一间房子。有一次走在路上，遇到一个老人哭得死去活来。他当官，对人民很有爱心，"老人家，你怎么了？""我们好几代传下来的房子，到我这一代卖掉了，我太对不起祖先了。""你家在哪？"老人说在哪里，他一听，就是他买的这栋房子。当场撕掉契约，"老人家，你回去住吧！"

大家想一想，你撕得下去吗？一栋房子！所以我们有时候看到这些，头皮发麻，古人那种心境，我们实在是差得太远，很惭愧。

男人有修养，女人也很有修养。《德育课本》里讲到一个故事，林应麒的女儿许配给钱灼的儿子，还没结婚，钱灼的儿子突然手脚痉挛得了怪病。这些读书人都很厚道，钱灼看自己儿子这样，就跟林家讲，我儿子变这样，反正还没娶，让你女儿改嫁吧！林应麒也是读古书的人，觉得不忍心，想再观察观察。十年过去了，钱家又来了，我儿子病没好，赶紧让你女儿找个人嫁了。林应麒动心了，就去找他女儿商量这个事情。结果女儿对父亲讲，人最珍贵的就是这一颗心，当时心里已经许诺他了，不能违背。林应麒听完，成全他女儿的这份信义，让女儿嫁过去了。嫁过去没多久，丈夫的病就好了。所以告诉大家，浩然之气可以治病，那种情义、道义可以治病。

我们再举一个例子。

> 文绍祖，福州人。有子，聘柴氏女。寻柴女中风，绍祖欲更之，其妻怒曰："我有儿，当使顺天理，自然长久；悖礼伤义，是为速祸。"即娶柴女为妇。次年，子即登第；柴氏风疾竟瘥。生三子，皆登第。

"**文绍祖，福州人。有子，聘柴氏女。寻柴女中风**"，"**寻**"就是不久，还没娶过来，只是下聘，就中风了。"**绍祖欲更之**"，想换一下，"**其妻怒曰：我有儿，当使顺天理，自然长久；悖礼伤义，是为速祸。**"违背礼义，是自己感召灾祸。"**即娶柴女为妇。**"娶了柴氏女当媳妇。"**次年，子即登第**"，来年他儿子就考上了。"**柴氏风疾竟瘥。**"瘥愈了。"**生三子，皆登第。**"两代人出四个进士！那不只是会考试、会读书，是什么？在这些境界当中都守住道德的标准，守住良心不违背。可以想象，当时这个女子一定非常感动，我都这样了，对方还把我娶过去，心中感恩，病就好了。

这是跟大家举到男女还没结婚就守信义，不简单！我们现在是结了婚，百般不守信义，都想着要怎么离婚。差太远了。问题就在没有教育，这要怪小学老师，我难辞其咎。家庭、学校要教给孩子做人的道理。

兄弟，是悌这一伦。我们看《祭十二郎文》，韩愈就很守信义。他在十二郎的灵柩前讲，以后你的孩子统统交给我。后来培养十二郎的孩子考上进士，也很有发展。我们看古代很多女子，父母很早走了，留下几个弟弟，为了照顾弟弟，终身不嫁；甚至还有哥哥嫂嫂走了，要照顾侄儿，也终身没嫁。这真正都是至诚。

"**故信又贯五伦。其为德也**"，信成就人的道德，表现出来的风范，"**心口如一，言行相顾**"，讲了一定做到，心口一致。"**历始终而弗贰**"，自始至终，没有二心，再怎么辛苦，都不会违背道义。我们刚刚举的这些例子，他们的人生轻松吗？虽不轻松，但是他们的心踏实，他们的心无愧。我们现在的人很难体会到孟子讲的"仰不愧于天，俯不怍于人"，应该做的事都尽到了，没有对不起良心，那是大乐，躺下去五分钟就睡着了。心里面常想着有愧良心的事情而睡不着的人，别吃安眠药了，赶紧去做，"从前种种，譬如昨日死；从后种种，譬如今日生。此义理再生之身也。"司马光先生讲，"平生所为之事，无有不可语人者。"他这一生所做的事，没有一件见不得人的。我们不要觉得自己没机会了。都有机会，浪子回头金不换，我们从今天开始做的任何一件事都能像司马光先生一样，那我们就对得起司马光先生给我们的表演、榜样。

"**处常变而不移**"，"常变"指人世间的际遇、因缘变化非常大，但不管遇到任何人生的境界、困难，也不会改变信念。一个人信义的力量非常强。我们上一代、上两代的妈妈很辛苦，养那么多孩子，而且还是大家庭，公公婆婆甚至小姑小叔都得照顾，没有喊苦，没有喊累，她们的力量从哪里来？忠信、信义的力量。现在小家庭了，物质也比较丰富了，结果现在的妈妈一天喊好几次苦。为什么？她那种信义的力量愈来愈弱，自我的念头愈来愈强。所以人愈自我，心量愈小，能力也愈来愈小。信义愈强，心量愈大，潜力就愈来愈大。所以有句话叫"为母则强"，一个母亲对家庭有责任的时候，那个力量愈来愈强。本来弱不禁风，孩子一生，左手抱一个，右手拉一个，甚至发生火灾的时候连冰箱都搬出来了。

"**大信不约**"，古人的诚信，没有任何纸上的约定，但终身不变。"**岂仅在然诺盟誓间乎。**"这种信义岂是这些盟誓、契约而已？这些是形式。古人没有这些形式，都终身不违背，而且多做少说。这种山盟海誓不挂在嘴上，但是真正每天尽心尽力去完成他的道义。我们现在是说很多，每次没做到，就找一大堆借口。

"**女子之信，尤以守贞为主**"，坚守贞洁。从心境来讲，首先女子的感情很专一，先生去世了，"事死者，如事生。"我们也看过一些长辈，先生走了，她常常在先生的牌位前面说，孩子现在表现怎么样、什么情况，你不要担心。就是那种心境，好像先生就在身边一样，用情很专。让她再去跟一个男子结合，在心理上她不愿意。这是从夫妻感情的专一来看。再来，她嫁过去之后，跟公公婆婆有了感情。先生走了，公婆又没人照顾，她对公婆就像父母一样，她也会觉得要专一。古人感受、思考事情，不是以自利为出发点，会从道义当中去思考，还有那份情感，还有责任。

很多女子不改嫁，还因为孩子。她一改嫁，孩子就没办法照顾。有时候夫家不接受，孩子留给爷爷奶奶，她不忍心，觉得应该尽力把这个孩子带大。有一些男子，妻子去世了，终身没有娶，为什么？怕娶了新太太又生了孩子，会对前妻的孩子有分别心。可能每个人当下面临的家庭状况不一样，但是古人在思考这些事的时候，那份心都是把义摆前面、把信摆前面，而不是自己。

"**故大易言坤之体曰利永贞。**"《易经》里面提到坤卦，"坤"是表女子之德，表阴柔。"利"就是吉祥、有利，"利永贞"就是可得永远贞正，长享正命。因为女子有德，她自己，包括她的家庭都会吉祥。而且女子重贞洁，不只是她的家吉祥，应该说是整个社会的吉祥。老祖宗讲"万恶淫为首"，现在社会为什么这么乱？跟淫乱脱不开关系。年轻人还没结婚，淫乱把他这一生的福报都折完了。结婚以后的淫乱，不只两个人受伤害，两个家族都有可能抬不起头来，甚至造成杀害。因为忍不下这口气，怒火控制不了，造成伤害的情况很多。而且只要淫乱，下一代绝对出不了好的人才。所以男女能守道义，能守德行、忠贞，这是社会安定祥和最重要的基础。

我们看现在离婚的这么多，一个班上单亲家庭都快一半了。夫妇不正，整个五伦都乱了。古代这么重视女子的节操，不是没有原因的。为什么教女人很重要？女人要教育下一代，女人影响整个社会风气，是很重要的一个稳定力量。

"文言曰：坤，至柔而动也刚"，我们看母亲很柔软，可是她扛的责任很重，从不退缩，从不沮丧、逃避。所以真正的柔，是柔中有刚。柔到最后，什么事都没原则，那叫烂好人，不叫真柔。至刚，刚中有柔。男人很有情义，在外面风风雨雨，他都忍下来、扛下来，回到家里，对自己的父母、妻子很温柔、很体贴，刚中有柔才是真刚。一个男人面对谁都凶巴巴的，那叫暴力，不叫真正的刚。很多忠臣虽然很刚直，但是为了大局都能屈能伸。

"至静而德方。"女子的举止形态非常地安静、柔和、柔美，她这样的风范、德行很自然地可以布于四方，让天下人学习。尤其是国家领导者的太太，或者是忠臣、读书人的妻子，他们有德了，影响当地的风气。因为以前的人常常很关注这些有德行的人，打听他们家的事，以他们为榜样。所以以前的人可贵，专门打听有德的事情，我们现在是常常打听八卦。以前的人是耻闻小人之恶，不想听到人家的不好。所以我们从自己做起，这个社会风气才能改。

"贞一不二"，情感忠贞不变心，"信守靡他"，对她的先生忠贞不二。"则得矣。"她就做到了坤卦讲的"至柔而动也刚，至静而德方"。

接着我们看《信篇》"绪余"的第四段。

女子之信，不惟从一而永终，抑且刚方而正始。所谓守贞也，如持玉卮，如捧盈水，心不欲为耳目所变，迹不欲为中外所疑，然后可以成清洁之身，全坚贞之信，何则？男子事业在六合，苟非渎伦，小节犹足自赎。女子名节在一身，稍有微玷，万善不能掩瑕。然居常处顺，十女九贞；惟当困苦颠连之际，金久炼而愈精，滓泥污秽之中，莲含香而自洁，则守节死节者，亦什九也。然皆为妇德。能死者未必不能守，能守者未必不能死，或死或守，亦各全其信耳。碎玉一朝，与茹荼百岁，无所轩轾，苟非势迫无奈，固无庸强践旧迹尔。

"女子之信，不惟从一而永终"，不只从一而终。**"抑且刚方而正始。"** 就是指我们刚刚读到"至柔而动也刚，至静而德方"这两句。"刚方"就能"正始"，她很有正气，而且慎于始。所以信不只是所谓的从一而终，包括自己的德行要让人信任，不能让人误会，更不能让人玷污了。所以坤卦还讲道，"君子敬以直内，义以方外"，对内，时时都是用恭敬来要求自己，不能做出违礼之事，不能动邪念；对外，都是情义道义，立榜样，然后影响身边的人。

"所谓守贞也"，守好自己的贞洁、德行，**"如持玉卮"**，"玉卮"是古代的酒器，用玉做的，一不小心滑下去就摔破了。所以持身就好像端着贵重的玉卮，不敢丝毫松懈、放纵。**"如捧盈水"**，那种对自己的要求，好像捧着已经满了的水，假如走得很匆忙，水就溢出来了。**"心不欲为耳目所变"**，不会因为看到什么听到什么，而产生欲望，改变自己的这颗心，不被耳目、境界所转。现在可能有人立不住，有很好的物质享受，就变心了，男女都有可能。所以德行要从小扎根，不能自私自利，不然人这一生不知要做错多少事，不知道要伤多少人的心。**"迹不欲为中外所疑"**，她的行迹不让他人对她的德行产生怀疑，这是她战战兢兢的地方。所以古人在处世当中还强调避嫌，怕人家怀疑。其实避嫌在现代还是很重要，不避嫌，一些误会，甚至于一些闲言闲语传出来，就不好了。一切时都要敬慎——恭敬、谨慎来处世。**"然后可以成清洁之身，全坚贞之信"**，因为有这样的定力，这样的谨慎，可以成就她清洁之身，坚贞之信。"何则？"这是什么道理？"男子事业在六合"，好男儿志在四方。"六和"是上下东西南北。"苟非渎伦"，"苟非"就是假如不是，"渎伦"就是逆伦。假如是逆伦这个错就没有办法挽回，假如没有犯这么大的错，"小节犹足自赎。"他痛改前非，浪子回头，还可以赎罪。"女子名节在一身，稍有微玷"，"玷"就是白玉上的污点，她的行为有损她的德行，"万善不能掩瑕。"玉上的斑点叫"瑕"，纵使她做很多善事，他人还是很难释怀她德行上的缺点，因为人们对女子的坚贞、节操要求会比较高。刚刚也跟大家谈过，女子是社会稳定的关键。所以这不是对女子比较苛刻，在这种两性阴阳的社会，女子贞操不能够重视，不能信守的时候，整个社会道德会快速崩溃。可能女同胞觉得，这不公平，告诉大家，天底下没有吃亏的事情，你愈有德，愈有福报，愈受人尊敬。所以大家看，男人有成就了，最感激的人大多都是他的母亲。所以真正能为后代、为整个社会着想，这一念心是无量的福报。

这个心境，也是我们这一代人跟祖先不同的地方。我们现在考虑的就是我这么做又不影响别人，有什么关系。古人是我这个行为有没有给社会带来不好的影响，都有大局的观念。为什么？因为以前是大家庭，他一不好了，"德有伤，贻亲羞"，让整个家族都蒙羞了。他有这样的态度，很自然的，他也会用这样的心去对社会、对国家，他的行为不能玷辱国家社会。现在的小家庭功利主义强，都只想到自己。以前小朋友做错事，不认识的长辈看到了也会教训他。为什么？这些都是社会的下一代。小孩的父母看到了，赶紧感谢这个长辈。所以社会会乱，乱在人不明事理，心偏了，心太狭隘了，只顾自己，都没有想到自己到底给家庭、给社会带来好还是不好的影响。

"然居常处顺"，女子的人生比较顺利，没有风波的，"十女九贞"，大多能做到忠贞。"惟当困苦颠连之际"，困苦颠连的情况下，"金久炼而愈精"，遇到这些很难的境界的时候，反而愈能凸显这些女子的德行。"滓泥

污秽之中，莲含香而自洁"，莲花长在淤泥当中，开出来却非常清净，这也是比喻女子遇到恶逆境界的时候，能以德行来立身处世，这种清净的精神长存在天地之间。**"则守节死节者，亦什九也。"**十个有九个能做得到。古人都有女子的教化，纵使面对这么难的境界，必须以死来全自己贞洁的时候，也能做得到。**"然皆为妇德。"**有的是守一生不变，守节；有的是宁为玉碎不为瓦全，这是死节。而守节跟死节，都是表现妇女的德行。**"能死者未必不能守，能守者未必不能死，或死或守，亦各全其信耳。"**都是守信、守节。能死者决定能守，能守者决定能死。为什么？坚定的意志，或死或守，只是她遇到的境界不同而已。大家觉得守比较难还是死比较难？都难。守不简单，守多少年？有的几十年。死，当下那个意志非常坚定，这样的德行连天地鬼神都尊敬。

　　"碎玉一朝"，舍身取义，**"与茹荼百岁"**，**"茹荼"**就是受尽苦难，**"荼"**本来的意思是苦菜，**"百岁"**就是比喻她一生为了守这个信义，吃了一辈子的苦。**"无所轩轻"**，不分高下，都值得佩服。**"苟非势迫无奈，固无庸强践旧迹尔。"**假如不是实在没有办法了，也不必一定要照着古人那个行迹去走。

　　我们再来看看《论语》里面提到"忠信"的句子。

　　　子以四教：文、行、忠、信。(《述而》)

　　"子以四教：文、行、忠、信。""文"就是经典，从尧舜禹汤这些圣王承传下来教诲。为什么要教这个？让人明理。所以这是属于学习当中解行相应的解这个部分，叫发其蒙。蒙以养正，用这些经典、天地道理教育他，让他明理。**"行"**，就是去做，就是积德行善。他懂这些道理了，接着要把这些道理完全落实，这个行包括所有的善行。而在解行相应当中很重要的一个动力在哪？就是**"忠信"**。人成就道德学问，动力在**"忠信"**，准绳、标准在礼义。时时以礼义要求自己，心中都是尽忠、诚信，这就是他的动力。所以这个忠很重要的是立住节操。

"信"，是诚实不欺。"与国人交，止于信。""与朋友交，言而有信。"这个信是什么？全其终。人一生坚持守信，他就能善终，盖棺论定，这个人真有德行。孔子曾经讲，"君子义以为质"，以道义为做人的本质、标准；"礼以行之"，礼义是标准；"孙（xùn）以出之，信以成之。"对家、对国、对民族都能坚持这份诚信的态度，最后就立德立功立言，留名青史。或者自己成就德行写下来的文章，也能够利益后代。所以这个诚、忠都跟信有关系。"孙"就是谦退，言一行符合礼，非常谦恭、谦退，在社会当中能守住礼让、忍让、谦让的态度。

> 曾子曰："吾日三省吾身：为人谋而不忠乎？与朋友交而不信乎？传不习乎？"（《学而》）

"**曾子曰**"，"**曾子**"是宗圣，传孔子之道，他说的这三条都不离忠信。"**吾日三省吾身**"，"**三省吾身**"，第一个意思，以下面的三件事来反省自己，第二个意思是再三反省，都讲得通。"**为人谋而不忠乎？**"为人做事情，有没有尽心尽力，尽到忠。"**与朋友交而不信乎？**"忠信，做人的动力。"**传不习乎？**"有没有忠于师长？师长教了，有没有好好去学习、去落实？另外，假如自己教书，自己教的东西，有没有熟练、有没有落实？假如自己都没有做到，那就变成骗人，"能说不能行，不是真智慧"。

> 子夏曰："贤贤易色，事父母能竭其力，事君能致其身，与朋友交，言而有信，虽曰未学，吾必谓之学矣。"（《学而》）

"**子夏曰：贤贤易色，事父母能竭其力，事君能致其身，与朋友交，言而有信，虽曰未学，吾必谓之学矣。**"一个人能做到孝又能做到忠信，假如说他没有学问，我不承认，这样的人才是真有学问的人。当然，这些孝忠信能做彻底，也都来自于学习。"人不学，不知道。"可能他不一定识字，但是一定跟他的家庭教育有关系。他的家庭不是用文字教的，是用德行，上一代的身教影响下一代。

君子不重则不威，学则不固。主忠信，无友不如己者。过则勿惮改。（《学而》）

"君子不重则不威，学则不固。"这句话对学习成败关系很大。人不稳重，就没有威严。也可以讲，没有看重自己，没有看重自己有明德、有本善，可以成圣贤，反而自暴自弃了，也是"不重则不威"。"主忠信，无友不如己者。"真正看重自己，时时守住忠信，而且交的朋友都很有德行，向他们学习。"过则勿惮改。"自己有过失，就赶紧把它改掉。

子张问行。子曰："言忠信，行笃敬，虽蛮貊之邦行矣。言不忠信，行不笃敬，虽州里行乎哉? 立，则见其参于前也; 在舆，则见其倚于衡也。夫然后行。"子张书诸绅。（《卫灵公》）

这几句前几节课跟大家交流过，我们复习一下。子张问，处世待人，怎么处处行得通? 孔子说，言语能够忠诚信实，行为能够笃厚恭敬，这样的修养，纵使到了没有开化的地方，都能跟人家处得好，行得通。"蛮"是指南方，"貊"是指北方，古代没有开化的民族。若言不忠信，行不笃敬，在自己的乡里都行不通。孔子期许学生，站着的时候，"言忠信，行笃敬"就好像立在面前一样。在车上，"言忠信，行笃敬"就在车子的横木上面，时时不敢忘。这样就能处处行得通。子张把"言忠信，行笃敬"写在他的衣带上面，常常看着它不敢忘。这样学习孔子的教诲，子张当然会很有成就。

"信"的部分的学习，就到此告一个段落，下面我们会进入"礼"这个德目。诸位学长，汤恩比教授的话，我们都听过了，"解决二十一世纪的社会问题，只有孔孟学说跟大乘佛法。"请问大家，孔孟学说跟大乘佛法在哪里？就在我们华人手里，况且我们已经学习了这么多篇古圣先贤传下来的道德文章。所以首先我们要把所学到的落实在我们的生活、工作、处事待人接物之中，再有一个利益世界的使命，把它传播出去。人生最重要的是来得有意义，做的事情可以影响世世代代。假如以天下兴亡为己任，那你这一辈子功德无量，你的家道会像孔夫子一样绵延千年不衰。而且大家注意看，我们的老祖宗太令我们佩服，所有的经典里面常常读到，"天下、天下、天下"。老祖宗的心胸都是时时为天下着想，而且很清楚，所有人与人都是互相关联的，所以老祖宗时时想着利益不同的民族跟国家。所以我们缅怀祖德，效法祖宗的精神，在我们这个时代为我们的世界做些事，尽我们的本分，尽孝尽忠，扮演好自身每个角色，这就是在为家族、为社会、为国家、为世界凝聚一分正能量。

好，这节课就跟大家谈到这里，谢谢大家！

图书在版编目（CIP）数据

孝悌忠信：凝聚中华正能量 / 蔡礼旭著.

一北京：世界知识出版社，2014.4（2020.9 重印）

（文言文——开启智慧宝藏的钥匙）

ISBN 978-7-5012-4624-3

Ⅰ.①孝… Ⅱ.①蔡… Ⅲ.①道德修养—中国—古代 Ⅳ.①B82-092

中国版本图书馆CIP数据核字（2014）第041811号

孝悌忠信：凝聚中华正能量

Xiaoti Zhongxin:Ningju Zhonghua Zhengnengliang

作　　者　蔡礼旭

责任编辑　薛　乾　　　　　特邀编辑　杨　娟

责任出版　刘　喆　　　　　内文制作　宁春江

装帧设计　周周设计局

出版发行　世界知识出版社

地　　址　北京市东城区干面胡同51号（100010）

网　　址　www.ao1934.org　www.ishizhi.cn

联系电话　010-58408356　010-58408358

经　　销　新华书店

印　　刷　天津兴湘印务有限公司

开本印张　710×1000 毫米　1/16　17.75印张

字　　数　216千字

版次印次　2014年4月第一版　2020年9月第五次印刷

标准书号　ISBN 978-7-5012-4624-3

定　　价　29.20元

（凡印刷、装订错误可随时向出版社调换。联系电话：010-58408356）